21 世纪全国高职高专计算机系列实用规划教材

SQL Server 2012 数据库原理与应用案例教程(第 2 版)

主　编　李　军

内 容 简 介

本书以介绍数据库基本概念和知识、训练学生实践技能为主旨而编写。本版在前版的基础上，进一步总结了数据库应用开发、数据库管理与调试和一线教学的经验，介绍了 SQL Server 2012 的管理与应用，同时对理论知识进行了必要的修改与补充，精简了综合应用案例，扩充了实训项目和立体化的教学资源，增加了 SQL Server 2012 安装与配置指南，着力于理论与实际应用的有机结合和可读性。本书获得了中共北京市委组织部优秀人才资助计划的资助。

本书可以用作高等学校计算机及相关专业的教材，也适合用作自学教材以及数据库开发人员的参考书，还可以用作全国计算机等级考试的培训辅导书。

图书在版编目(CIP)数据

SQL Server 2012 数据库原理与应用案例教程/李军主编. —2 版. —北京：北京大学出版社，2015.5
（21 世纪全国高职高专计算机系列实用规划教材）
ISBN 978-7-301-25674-9

Ⅰ. ①S… Ⅱ. ①李… Ⅲ. ①关系数据库系统—高等职业教育—教材 Ⅳ. ①TP311.138

中国版本图书馆 CIP 数据核字（2015）第 084375 号

书　　名 SQL Server 2012 数据库原理与应用案例教程（第 2 版）
著作责任者 李　军　主编
策 划 编 辑 李彦红
责 任 编 辑 陈颖颖
标 准 书 号 ISBN 978-7-301-25674-9
出 版 发 行 北京大学出版社
地　　址 北京市海淀区成府路 205 号　100871
网　　址 http://www.pup.cn　新浪微博：@北京大学出版社
电 子 信 箱 pup_6@163.com
电　　话 邮购部 62752015　发行部 62750672　编辑部 62750667
印 刷 者 北京鑫海金澳胶印有限公司
经 销 者 新华书店
787 毫米×1092 毫米　16 开本　16.25 印张　376 千字
2009 年 8 月第 1 版
2015 年 5 月第 2 版　　2017 年 7 月第 2 次印刷
定　　价 35.00 元

未经许可，不得以任何方式复制或抄袭本书之部分或全部内容。
版权所有，侵权必究
举报电话：010-62752024　电子信箱：fd@pup.pku.edu.cn
图书如有印装质量问题，请与出版部联系，电话：010-62756370

第 2 版前言

第 2 版在第 1 版的基础上做了较大修整，更新后的数据库管理系统为 SQL Server 2012，扩充了碎片化教学资源，精简了综合应用案例，增加了 SQL Server 2012 安装与配置指南，表述也更为规范和准确。

本书以一个贯穿始终的案例(简化的教务管理系统)为主线，全面介绍了数据库设计、管理及应用所需的知识和技能。通过学习本书，读者可以快速、全面地掌握 SQL Server 2012 数据管理与开发技术，同时对数据库原理也会有更为深入的理解。本书以方便一线教学为宗旨，语言通俗易懂，配套资源丰富实用，特色鲜明，有以下 6 个特点。

(1) 围绕教务管理系统开发这个教学案例，以实际工作任务为主线，把实际工作情境转化为学习情境，依次安排数据库基本知识介绍、SQL Server 2012 软件安装、数据库创建与管理、数据表创建与管理、数据库查删增改等教学内容，实现了工作与学习、案例整体与各个教学章节的有机结合。

(2) 项目驱动、任务导向提高了学习者的学习主动性，教师先提出学习任务，然后讲解完成任务需要的知识和技能，学生实践完成任务，有效实现了“教、学、做”一体，有效践行了“学中做、做中学”的教学理念。

(3) 行文语言在兼顾专业术语和语言应用的严肃性的同时，尽量用通俗易懂的方式来表述教学难点，尤其是对晦涩难懂的术语、操作、概念等内容都进行生活化的通俗解释，增加内容的可读性，努力做到科技与人文的有机结合。例如：第 10 章，在 ADO.NET 中，为直观解释 Connection、Command、DataAdapter、DataSet 4 个对象功能，就做了如下形象比喻：“为了实现把数据从数据库中传输到应用程序中处理，Connection 对象为在河两岸的数据库与应用程序之间建立一座桥梁，Command 对象会把应用程序的需求(用 T-SQL 语句或存储过程表达)送达到数据库服务器并执行，然后使用 DataAdapter 对象这个小车把操作结果运回来，并暂存到 DataSet 对象中供应用程序使用。”

(4) 数据库是一门理论与实践并重的课程，本书不仅关注了学生数据库设计、创建与管理等技能的培养，同时也对相关的理论知识做了安排，以增加学生的学习深度，为学生的可持续学习和发展提供支撑。

(5) 为方便教师教学，在书中适当增加教学进度安排，并对前后起承转合做了说明，为教师的成长提供帮助。

(6) 配套教材的碎片化教学资源丰富，教学大纲、教学进度表、教学课件、重难点教学视频、实训安排等资源齐全，方便教学。

建议安排学时见下表。

章节号	课堂讲授学时	实训学时	章节号	课堂讲授学时	实训学时
第 1 章	2	2	第 7 章	2	4
第 2 章	1	3	第 8 章	2	6
第 3 章	4	4	第 9 章	4	4
第 4 章	4	8	第 10 章	2	2
第 5 章	1	3	第 11 章	2	6
第 6 章	2	4			

本书第 1 版由北京政法职业学院李军担任主编，由北京农业职业学院刘红梅和辽宁工程技术大学职业技术学院张莹担任副主编，北京培黎职业技术学院刘继敏、首都经济贸易大学密云分校杨雷和北京政法职业学院郭永刚参与编写。李军编写第 1、4、10、11 章，刘红梅编写第 2、8 章，刘继敏编写第 3 章，郭永刚编写第 5 章，杨雷编写第 6 章，张莹编写第 7、9 章。

第 2 版由北京政法职业学院李军担任主编并统稿。

由于编者水平有限，书中难免有疏漏之处，恳请广大读者批评指正，以使本书得以改进和完善。

编　者

2015 年 1 月

目　录

第1章 SQL Server 2012 的安装与配置

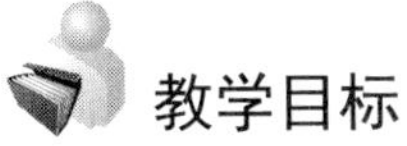

教学目标

本章介绍数据管理技术的发展历程及关于数据库技术的基本概念和术语；介绍 SQL Server 2012 的版本及软硬件运行环境，SQL Server 2012 的安装与卸载方法，SQL Server 2012 的配置及 SQL Server 2012 常用工具的使用方法。

教学要求

知识要点	能力要求	关联知识
数据库的基本概念	了解数据管理技术的发展历程及关于数据库技术的基本概念和术语	数据、数据管理、数据库、数据库管理系统、数据库系统、冗余、独立性、一致性
SQL Server 2012 的安装与卸载	掌握 SQL Server 2012 安装与卸载的方法	SQL Server 2012 版本、安装的软硬件要求与步骤
SQL Server 2012 的配置	掌握 SQL Server 2012 基本配置方法	服务器组、注册服务器
SQL Server 2012 常用工具的使用	掌握 SQL Server 2012 常用工具的使用	Microsoft SQL Server Management Studio、SQL Server 配置管理器、SQL Server Profiler

导读

我们知道，当有大量商品需要进行存储时，首先需要建立一个仓库，仓库建立好以后，还需要从入库、码放、出库及报废等每一个环节加强管理，否则这个仓库将成为一个杂货堆，正常的进货、出货及库存统计均难以正常完成。同样道理，随着信息技术的发展，面对如此海量的数据，如果没有科学的管理方法，其糟糕后果可以想象。那么如何科学有效地管理海量的数据呢？首先也需要建立一个存储数据的仓库(下文简称为数据库)。数据库建立好以后，还需要考虑数据在数据库中如何科学地进行组织，即要考虑存储哪些数据，数据以什么样的形式存储，存储以后如何管理等，如果不考虑这些问题，这个数据的仓库也会变成一个数据杂货堆，无法实现对数据的有效管理。

在第 1 章中，首先介绍数据管理的发展史，让读者了解数据库技术的基本概念和术语，接下来介绍微软公司的数据库管理系统 SQL Server 2012 的安装与配置。

1.1 数据库基础知识

数据管理技术的发展与硬件、软件、计算机应用的范围有密切联系，数据管理大致经历了 3 个阶段：人工管理阶段、文件管理阶段、数据库管理阶段。

1.1.1 数据处理的 3 个阶段

1. 人工管理阶段

20 世纪 50 年代中期以前，数据管理主要由人工完成。该阶段的计算机系统主要应用于科学计算，还没有专用的软件对数据进行管理。该阶段的数据是面向程序的，即一组数据对应一个程序。在程序设计中，不仅需要规定数据的逻辑结构，还要定义数据的物理结构(包括存储结构、存取方法等)。当数据的物理组织或存储设备改变时，应用程序必须重新编制。因此，程序与数据间不具有独立性。人工管理阶段程序与数据间的关系如图 1.1 所示。如果数据集 1 发生变化，应用程序 1 也需要修改，两者紧密结合。应用程序间无法共享数据资源，存在大量的重复数据，难以维护应用程序之间的数据一致性。

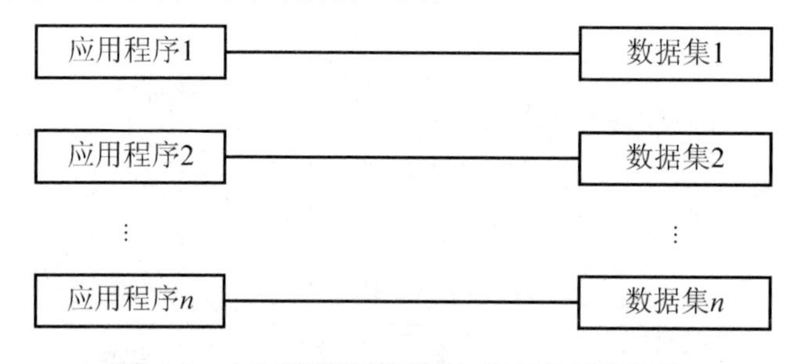

图 1.1 人工管理阶段程序与数据的关系结构

提示：关于独立性的说明。假设某学校购买了 A 公司的软件用于处理学校的各种各样的数据，数据会随着时间改变，例如教师的工资、职称等都会随着时间发生变化，如果每当数据发生变化，A 公司都得去重新修改它的软件，其后果可以想象。所以每一个软件公司都不希望自己生产的产品随着数据的变化也跟着改变，因为这样会极大地增加企业的成本。每个公司都希望能生产出“一劳永逸”的产品，即不管软件要处理的数据如何发生变化，自己的软件产品都不用再修改。也就是说软件公司都希望软件产品与要处理的数据之间具有更高的独立性。

2．文件管理阶段

20 世纪 50 年代后期到 60 年代中期，计算机的软硬件水平都有了很大的提高，出现了磁盘、磁鼓等直接存取设备，并且操作系统也得到发展，产生了依附于操作系统的专门数据管理系统——文件系统，此时，计算机系统由文件系统统一管理数据存取。该阶段程序和数据是分离的，数据可长期保存在外设上，以多种文件形式(顺序文件、索引文件、随机文件等)进行组织。数据的逻辑结构(呈现在用户面前的数据结构)与数据的存储结构(数据在物理设备上的结构)之间可以有一定的独立性。该阶段实现了以文件为单位的数据共享，但未能实现以记录或数据项为单位的数据共享，数据的逻辑组织还是面向应用的，因此在应用之间还存在大量的冗余数据，也正是大量数据冗余，导致了数据的一致性差。文件管理阶段程序与数据间的关系如图 1.2 所示。

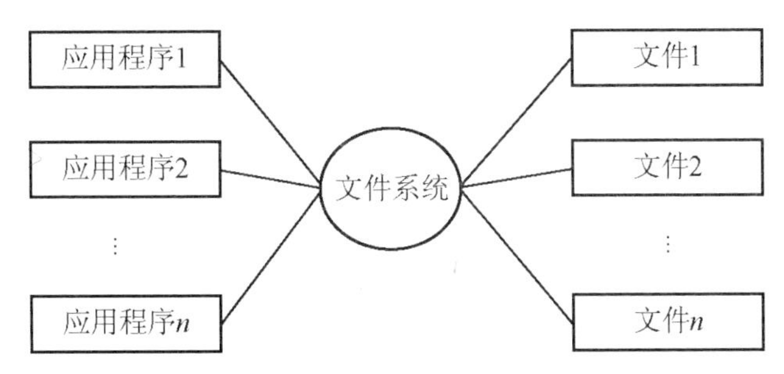

图 1.2　文件管理阶段程序与数据的关系结构

提示： 关于一致性的说明。数据冗余即同一份数据会多处存储，当此数据需要修改时，需要把所有数据都进行修改，如果一份修改了，而其他的未改，就会造成原本应该相同的数据变得不相同，也就是会导致数据的不一致。如果冗余小的话，发生不一致的可能性就小，即一致性好。

想一想：

采取什么方法可以减少数据的不一致？

3．数据库管理阶段

20 世纪 60 年代后期，进入到数据管理阶段。该阶段的计算机系统广泛应用于企业管理，需要有更高的数据共享能力，程序和数据必须具有更高的独立性，从而减少应用程序研制和维护的费用。数据库系统将一个单位或一个部门所需的数据综合地组织在一起构成数据库，由数据库管理系统软件实现对数据库的集中统一管理。数据库管理阶段程序与数据间的关系如图 1.3 所示。

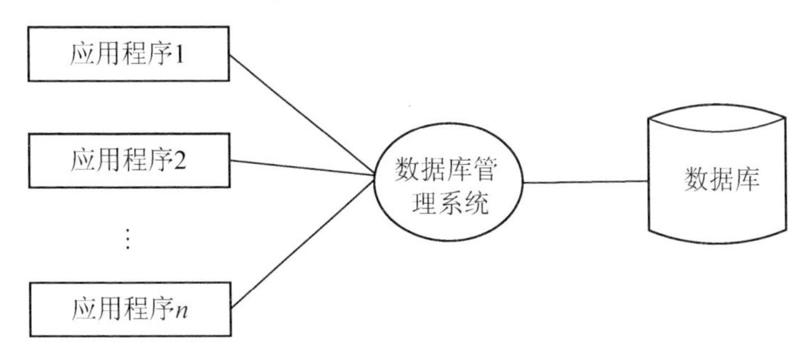

图 1.3　数据库管理阶段程序与数据的关系结构

提示： 什么是数据库管理系统？数据库管理系统是专门用于数据管理的软件，通过这个软件可以建立数据库，并可实现数据的插入、查询、更新、删除等各种操作。SQL Server 2012 是微软公司开发的数据库管理系统。

想一想：

由于当今的数据管理均需要通过数据库管理系统来完成，因此，在一个国家中数据库管理系统的重要性不言而喻。我们国家现在有自主知识产权的数据库管理系统吗？

1.1.2 数据库系统的组成与结构

1. 数据库系统术语

数据库(Database，DB)是存储在计算机内有组织的、统一管理的相关数据的集合。DB 可以为各种用户共享，具有最小冗余度和较高的数据独立性。

数据库管理系统(Database Management System，DBMS)是位于用户和操作系统之间的数据管理软件。DBMS 为用户或应用程序提供访问 DB 的方法，包括对 DB 的建立、查询、更新和各种数据控制，下面要学习的 SQL Server 2012 就是微软公司的 DBMS。

数据库系统(Database Systems，DBS)是实现有组织地、动态地存储大量关联数据，以方便多用户访问的计算机硬件、软件和数据资源组成的计算机系统。

数据库管理员(Database Administrator，DBA)是全面管理和控制数据库系统的人员。DBA 负责数据库系统的正常运行，具体职责是决定数据库中的信息内容和结构，决定数据库的存储结构和存储策略，定义数据的安全性要求和完整性约束条件，监控数据库的运行情况和使用情况，进行数据库的改进和重组。DBA 具有最大权限，可以完全控制数据库。

提示： 什么是 DBA？一个仓库会有一个权力最大的人来负责全面工作，对于一个数据库，权力最大的用户称为数据库管理员，即 DBA。

2. 数据库系统层次结构

数据库系统是指采用数据库技术的计算机系统，由数据库、数据库管理系统和构成这一计算机系统的其他部分(计算机硬件、支撑软件、操作人员等)组成。它们之间的关系如图 1.4 所示。

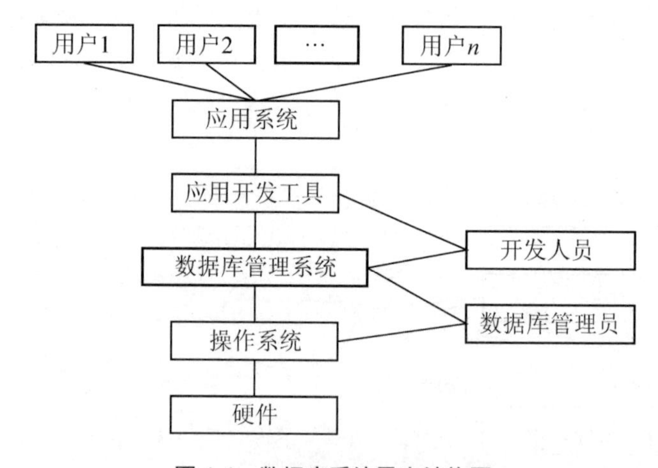

图 1.4 数据库系统层次结构图

1.2 SQL Server 2012 的安装与卸载

SQL Server 2012 基于 SQL Server 2008，是微软公司的最新数据库管理系统，其使用界面友好，操作方便。而正确的安装与配置是保证 SQL Server 2012 安全、高效运行的基础。本节将介绍如何安装 SQL Server 2012 系统。

1.2.1 SQL Server 2012 的版本

SQL Server 2012 有多种版本。安装哪种版本取决于对特性的要求和想要利用的硬件资源。不同的版本对软硬件的要求也有差异。

1. 企业版(Enterprise Edition)

SQL Server 2012 Enterprise 版提供了全面的高端数据中心功能，性能极为快捷、虚拟化不受限制，还具有端到端的商业智能——可为关键任务工作负荷提供较高服务级别，支持最终用户访问深层数据。

2. 标准版(Standard Edition)

SQL Server 2012 Standard 版提供了基本数据管理和商业智能数据库，使部门和小型组织能够顺利运行其应用程序并支持将常用开发工具用于内部部署和云部署，有助于以最少的 IT 资源获得高效的数据库管理。

3. 商业智能版(Business Intelligence Edition)

SQL Server 2012 Business Intelligence 版提供了综合性平台，可支持组织构建和部署安全、可扩展且易于管理的 BI 解决方案。它提供基于浏览器的数据浏览与可见性等卓越功能、功能强大的数据集成功能以及增强的集成管理功能。

4. Web 版

对于为从小规模至大规模 Web 资产提供可伸缩性、经济性和可管理性功能的 Web 宿主和 Web VAP 来说，SQL Server 2012 Web 版本是一项总拥有成本较低的选择。

5. 开发版(Developer Edition)

SQL Server 2012 Developer 版支持开发人员基于 SQL Server 构建任意类型的应用程序。它包括 Enterprise 版的所有功能，但有许可限制，只能用作开发和测试系统，而不能用作生产服务器。SQL Server Developer 是构建和测试应用程序的人员的理想之选。

6. 精简版(Express Edition)

Express 版是一个免费、易用且便于管理的数据库。它与 Microsoft Visual Studio 2012 集成在一起，可以轻松开发功能丰富、存储安全、可快速部署的数据驱动应用程序。Express 版还可以起到客户端数据库以及基本服务器数据库的作用。Express 版是低端服务器用户、创建 Web 应用程序的非专业开发人员以及创建客户端应用程序的编程爱好者的理想选择。

1.2.2 SQL Server 2012 的运行环境

不同版本的 SQL Server 2012 对安装环境略有不同，以下以 SQL Server 2012 企业版为例，简单介绍一下具体的安装环境要求，见表 1-1。

表 1-1　SQL Server 2012 的安装环境需求

组　件	要　求
内存	最小 1 GB，建议使用 4 GB 或以上
处理器	处理器类型：AMD Opteron、AMD Athlon 64、支持 Intel EM64T 的 Intel Xeon、支持 EM64T 的 Intel Pentium 4 处理器速度：最低 1.0 GHz，建议 2.0 GHz 或更快
硬盘	6GB 可用的硬盘空间
操作系统	Windows Server 2008 R2 SP1
Framework	在选择数据库引擎等操作时，NET 3.5 SP1 是 SQL Server 2012 所必需的
Windows PowerShell	对于数据库引擎组件和 SQL Server Management Studio 而言，Windows PowerShell 2.0 也是必备的安装组件

1.2.3　安装 SQL Server 2012

SQL Server 2012 可以是全新安装，也可以在以前版本(如 SQL Server 2008)的基础上进行升级安装。不同版本的安装对软硬件的要求是不同的，最终可选的数据库组件也是不同的，但是安装过程大同小异。本节以 SQL Server 2012 企业版的安装过程为例。

1. 必备条件

(1) 计算机软、硬件配置符合要求。

(2) 安装 SQL Server 2012 必须具备管理员权限。

2. 安装步骤

(1) 将 SQL Server 2012 光盘放入光驱，双击安装文件夹中的安装文件 setup.exe，进入 SQL Server 2012 的安装中心界面，单击安装中心左侧的【安装】按钮，该选项提供了多种功能，如图 1.5 所示。

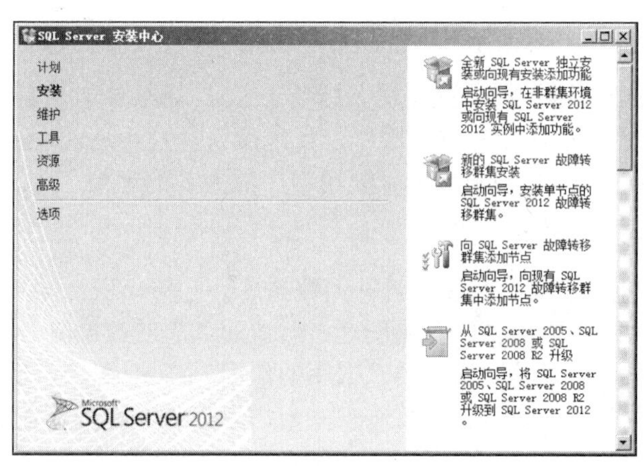

图 1.5　安装开始窗口

提示： 微软在其官网上提供了 SQL Server 2012 的免费试用版，试用期为 180 天，该版本提供了企业版的功能，随时可以激活为正式版，读者可下载安装试用。

(2) 首次安装 SQL Server 2012 的读者，需要单击【全新 SQL Server 独立安装或向现有安装添加功能】选项，单击该选项后，安装程序会对系统进行常规检测，如图 1.6 所示。

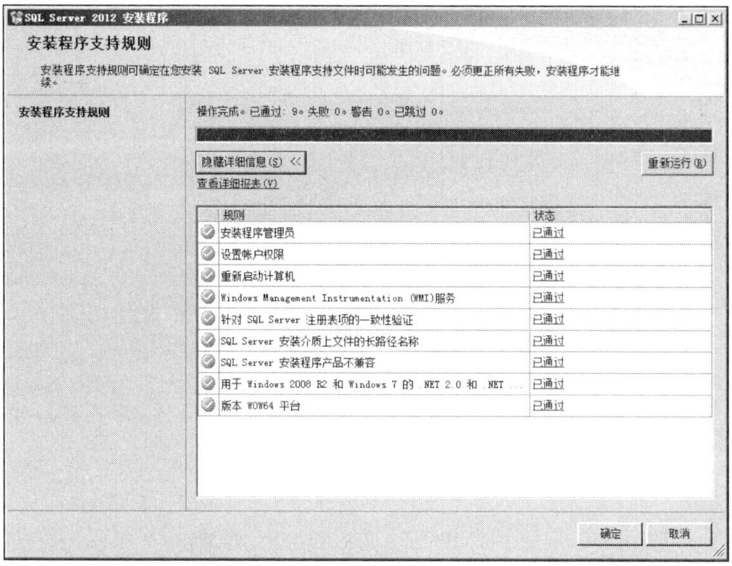

图 1.6 【安装程序支持规则】检测窗口

提示： 图 1.6 中的所有规则检测均需要通过以后，安装才可继续进行。如果某些选项未能通过，则需要先配置相应选项，例如，安装时必须是管理员账户，必须启动了 WMI 服务等。

(3) 全部规则检测完成以后，单击【确定】按钮进入【产品密钥】界面，在该界面中可以输入购买的产品密钥。如果使用的是试用版，可以在下拉列表框中选择【Evaluation】选项，然后单击【下一步】按钮，如图 1.7 所示。

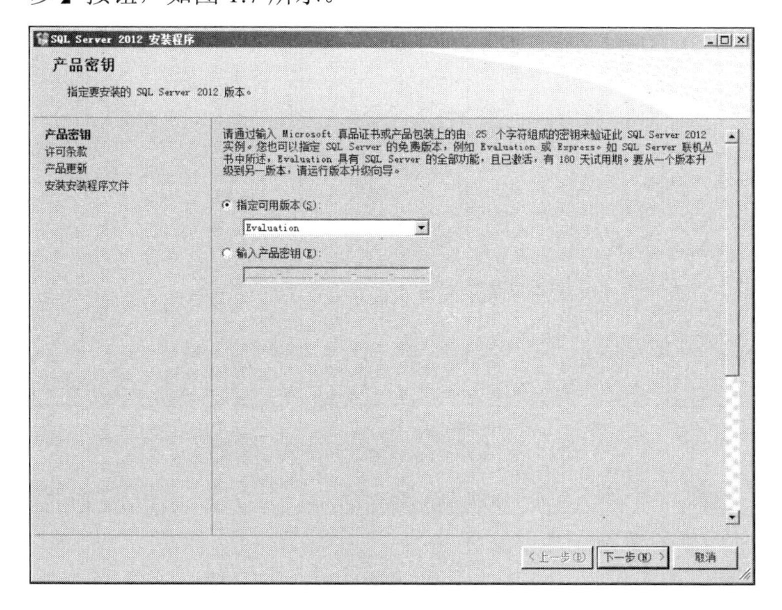

图 1.7 【产品密钥】输入窗口

(4) 打开【许可条款】窗口，选中该界面中的【我接受许可条款】复选框，如图 1.8 所示，然后单击【下一步】按钮。

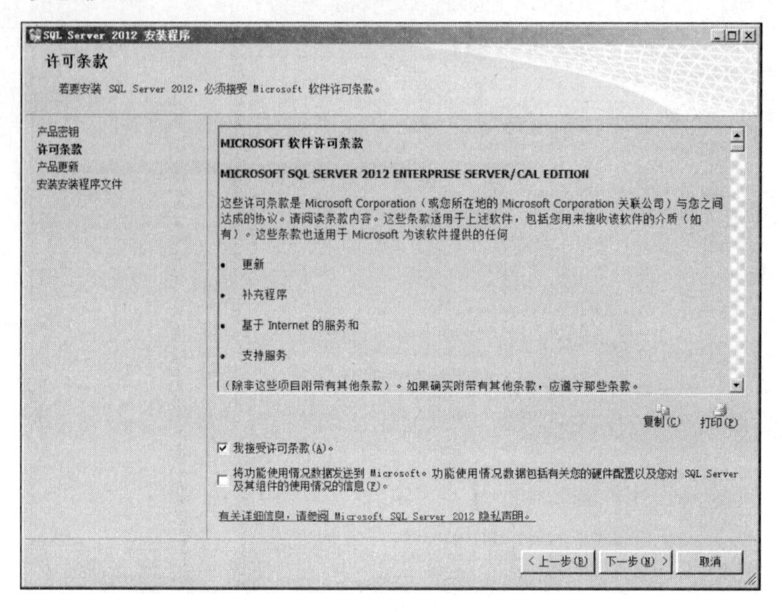

图 1.8 【许可条款】窗口

(5) 打开【安装安装程序文件】窗口，单击【安装】按钮，该步骤将安装 SQL Server 2012 程序所需组件，安装过程界面如图 1.9 所示。

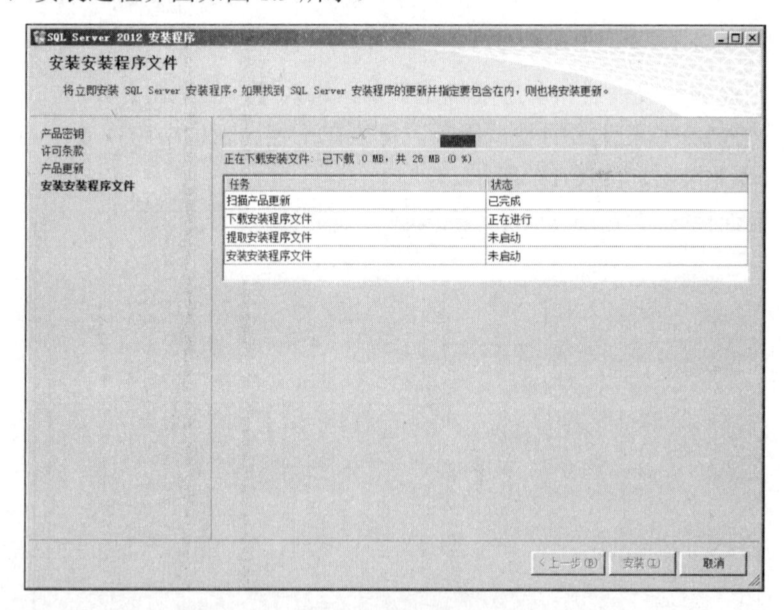

图 1.9 【安装安装程序文件】窗口

(6) 安装完安装程序文件之后，安装程序将自动进行第二次支持规则的检测，如图 1.10 所示，全部通过之后单击【下一步】按钮。

(7) 打开【设置角色】窗口，选中默认的【SQL Server 功能安装】单选按钮，单击【下一步】按钮，界面如图 1.11 所示。

图 1.10　第二次【安装程序支持规则】检测窗口

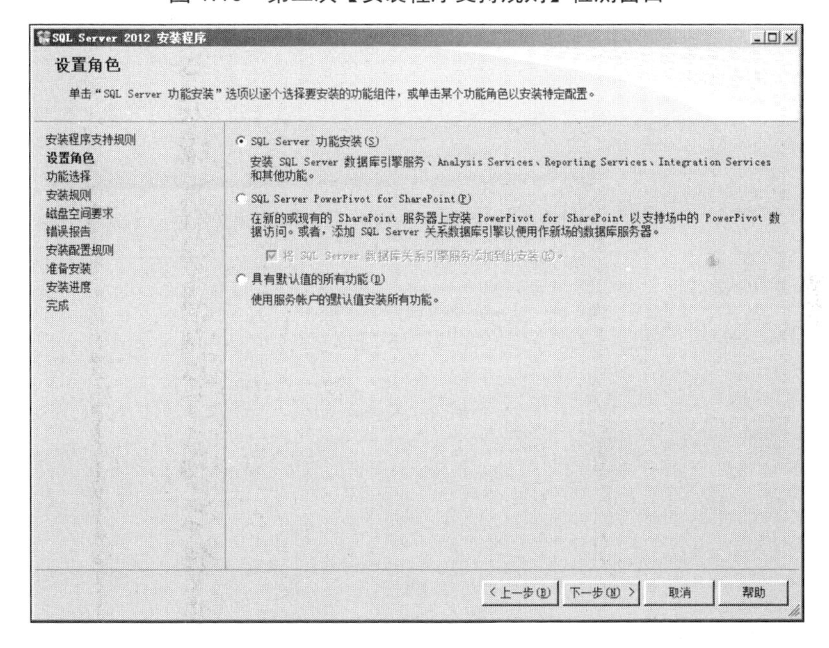

图 1.11　【设置角色】窗口

(8) 打开【功能选择】窗口，如果需要安装某项功能，则选中对应的功能前面的复选框，也可以使用【全选】按钮来选择。为学习方便，这里单击【全选】按钮，然后单击【下一步】按钮，界面如图 1.12 所示。

(9) 打开【安装规则】窗口，系统自动检查安装规则信息，单击【下一步】按钮，界面如图 1.13 所示。

提示：打开【服务器管理器】窗口，在【功能】选项中选择【添加功能】，并在【添加功能向导】中选择.NET Framework 3.5 复选框，添加所需的相关服务。

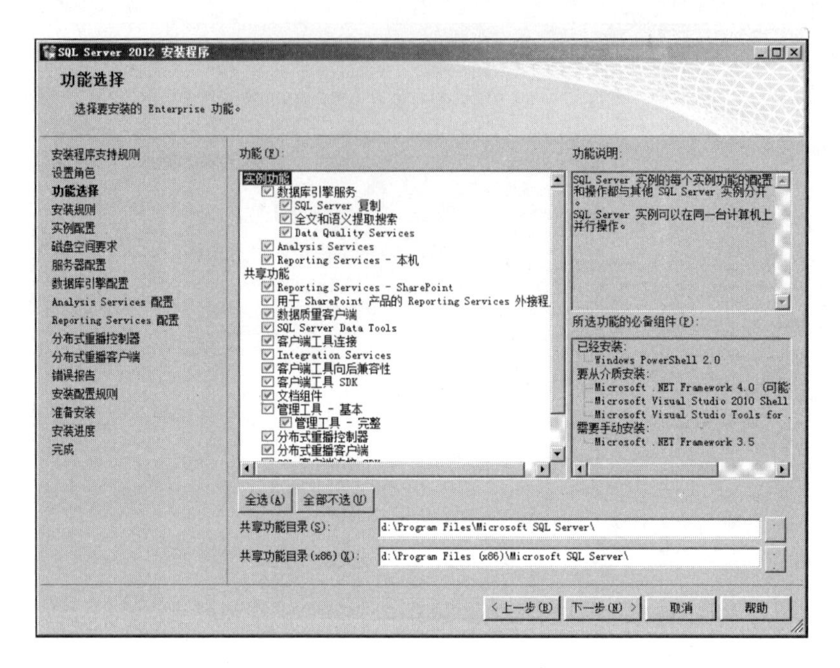

图 1.12 【功能选择】窗口

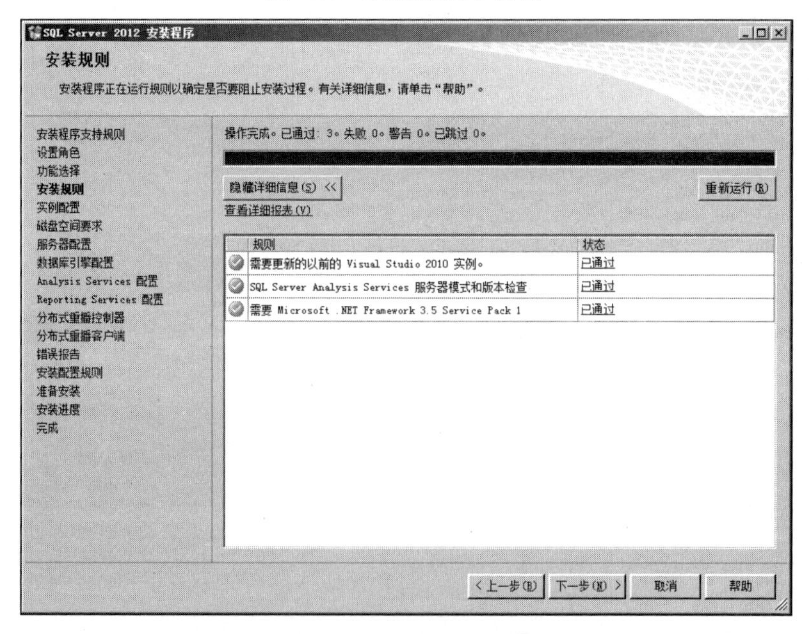

图 1.13 【安装规则】窗口

(10) 打开【实例配置】窗口，在安装 SQL Server 的系统中可以配置多个实例，每个实例必须有唯一的名称，这里选择【默认实例】单选按钮，单击【下一步】按钮，界面如图 1.14 所示。

提示： 所谓实例名就是 SQL Server 2012 服务器的名称。如果使用默认实例名，则 SQL Server 2012 服务器的名称与 Windows 服务器的名称相同。输入实例名，可以为 SQL Server 2012 服务器定义一个新的名称。

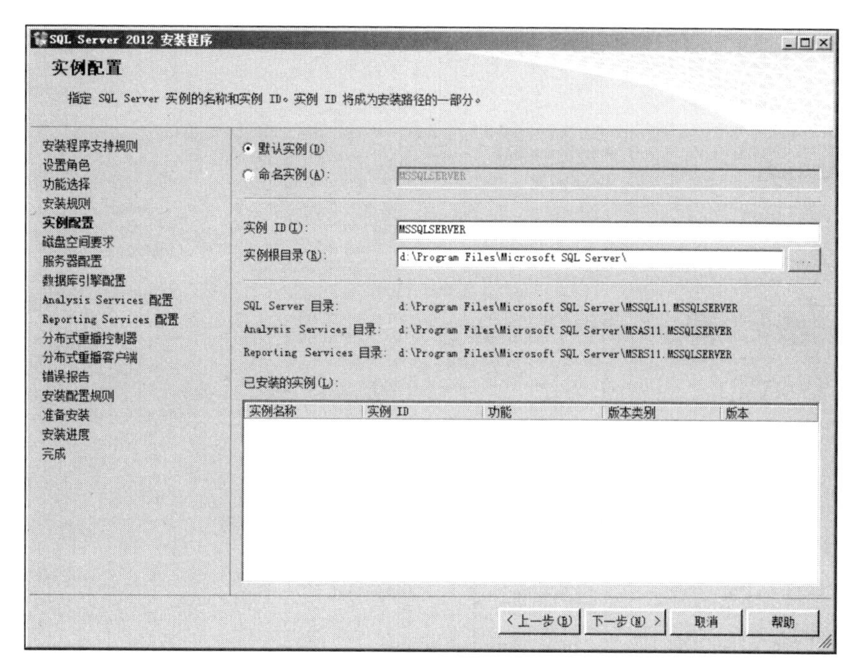

图 1.14 【实例配置】窗口

(11) 打开【磁盘空间要求】窗口，该步骤只是对硬盘空间大小进行检测，单击【下一步】按钮，界面如图 1.15 所示。

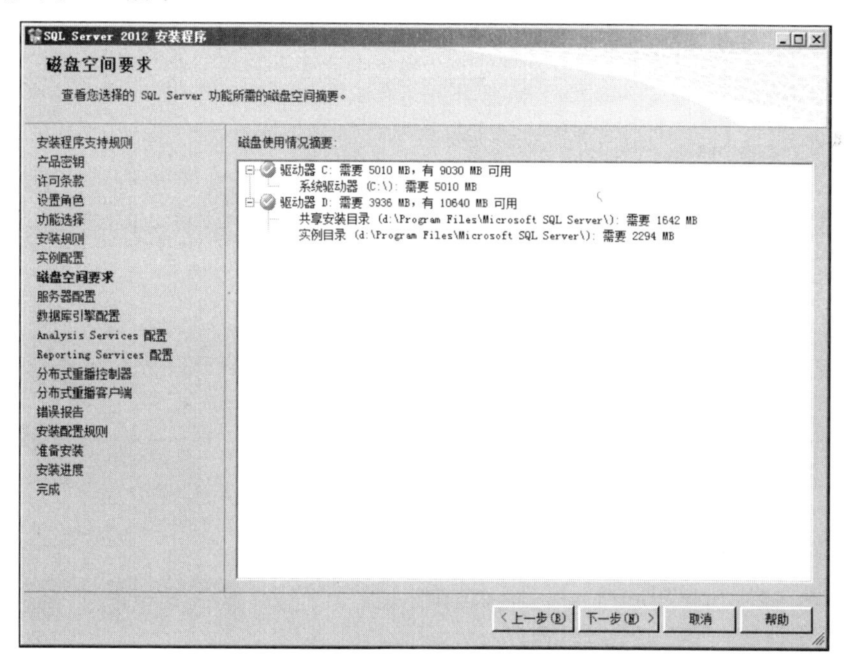

图 1.15 【磁盘空间要求】窗口

(12) 在【服务器配置】窗口中，该步骤设置使用 SQL Server 各种服务的用户，账户名称后面统一选择 NT AUTHORITY\system，表示本地主机的系统用户，单击【下一步】按钮，界面如图 1.16 所示。

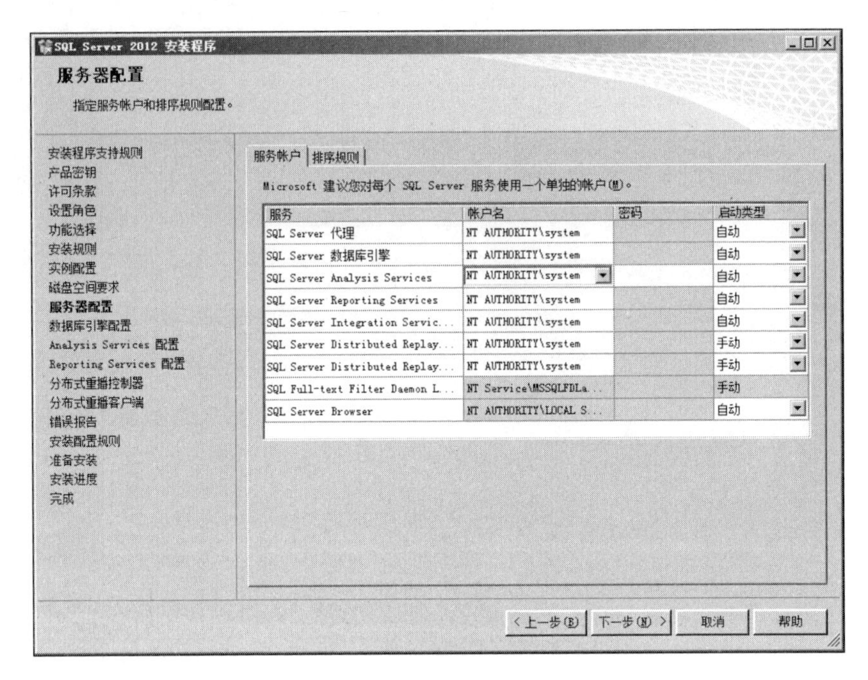

图 1.16 【服务器配置】窗口

(13) 打开【数据库引擎配置】窗口，窗口中显示了设计 SQL Server 身份验证模式，这里选择使用 Windows 身份验证模式，接下来单击【添加当前用户】按钮，将当前用户添加为管理员，单击【下一步】按钮，界面如图 1.17 所示。

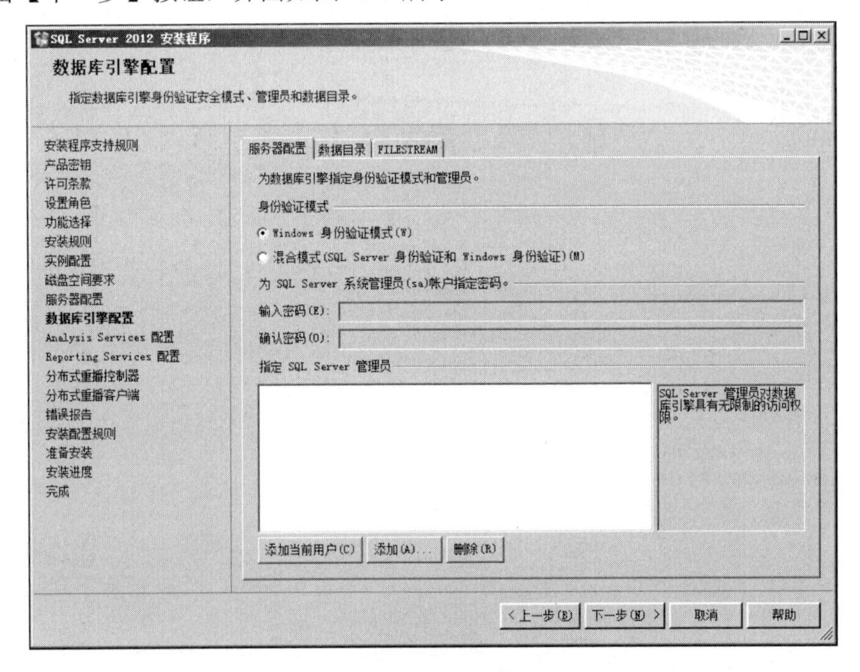

图 1.17 【数据库引擎配置】窗口

提示：身份验证模式是一种模式，用于验证客户端与服务器之间的连接。

(14) 在【Analysis Services 配置】窗口中，同样在该界面中单击【添加当前用户】按钮，将当前用户添加为 SQL Server 管理员，单击【下一步】按钮，界面如图 1.18 所示。

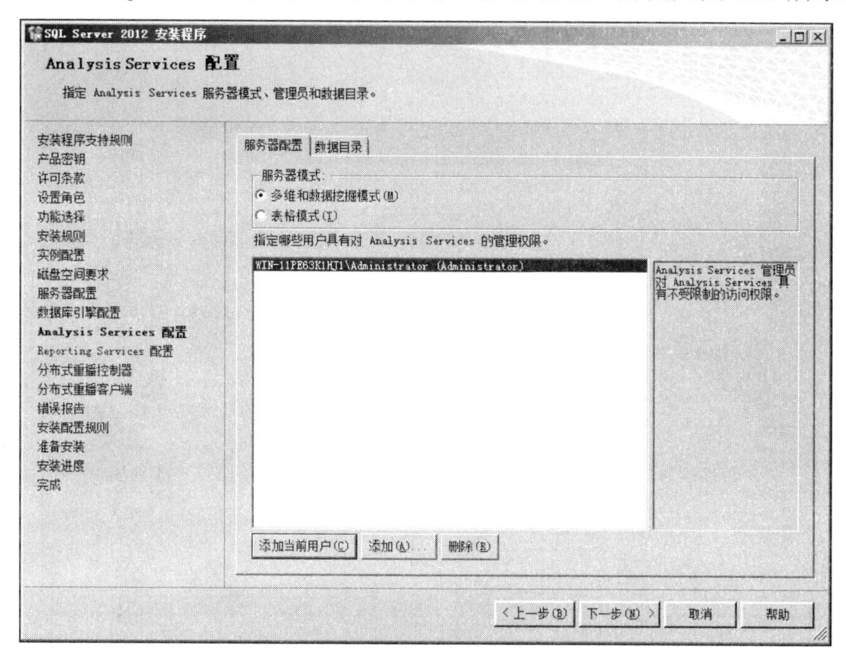

图 1.18 【Analysis Services 配置】窗口

(15) 在【Reporting Services 配置】窗口中，选择【安装和配置】单选按钮，单击【下一步】按钮，界面如图 1.19 所示。

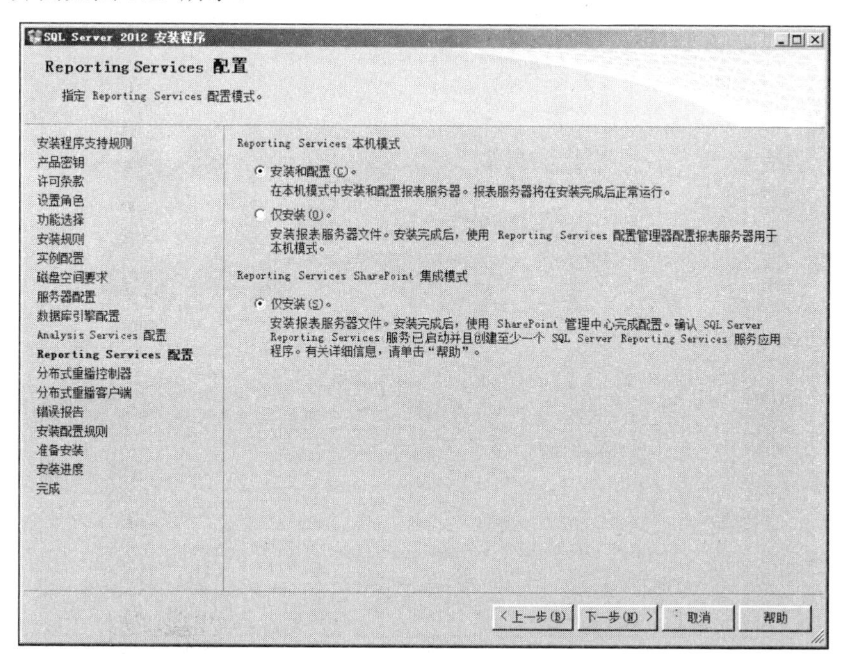

图 1.19 【Reporting Services 配置】窗口

(16) 打开【分布式重播控制器】窗口，指定向其授予针对分布式重播控制器服务的管理权限的用户。具有管理权限的用户将可以不受限制地访问分布式重播控制器服务。单击【添加当前用户】按钮，然后单击【下一步】按钮，界面如图 1.20 所示。

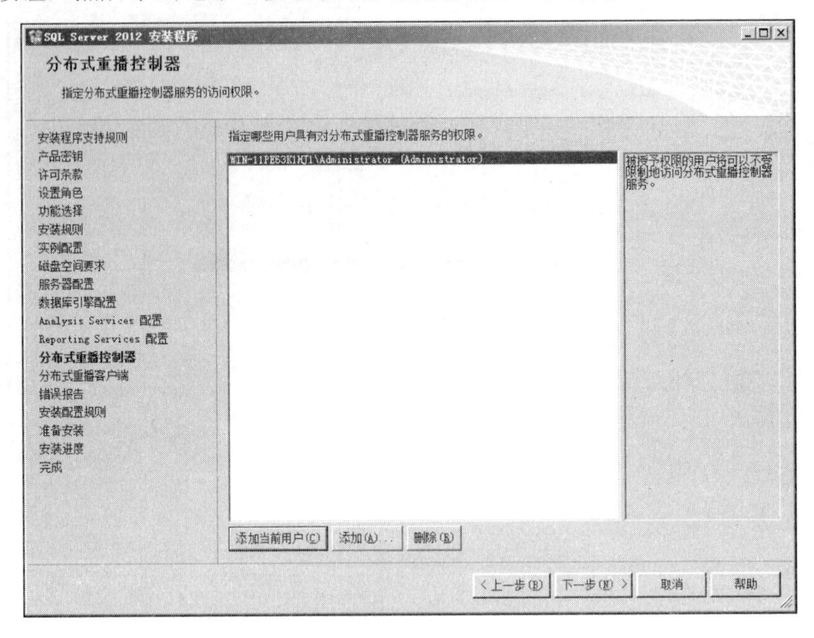

图 1.20 【分布式重播控制器】窗口

(17) 打开【错误报告】窗口，在此窗口中可以在 SQL Server 发生错误或异常关闭时，将错误状态发送给微软公司，窗口中的选项对 SQL Server 服务器的使用没有影响，读者可以自行选择，单击【下一步】按钮，界面如图 1.21 所示。

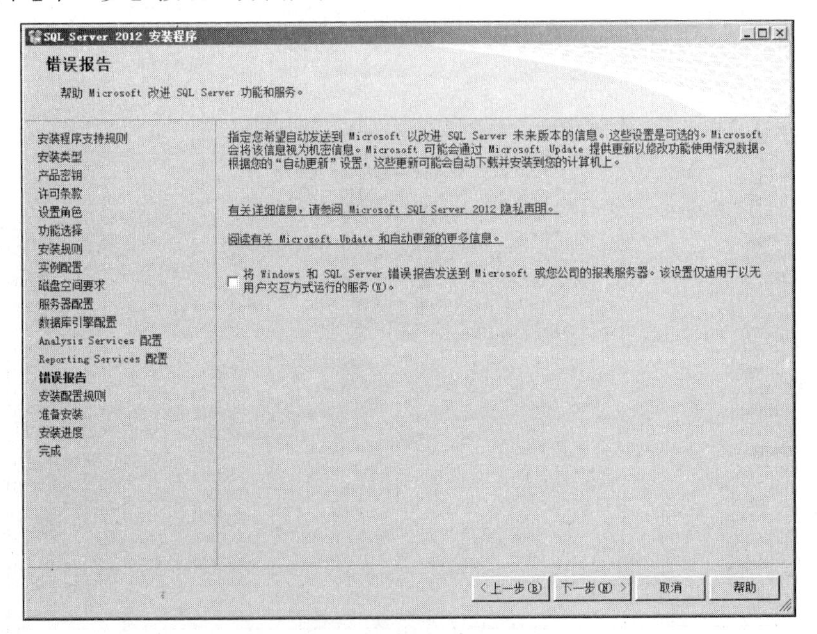

图 1.21 【错误报告】窗口

(18) 打开【安装配置规则】窗口，将再次对系统进行检测，通过之后，单击【下一步】按钮，界面如图 1.22 所示。

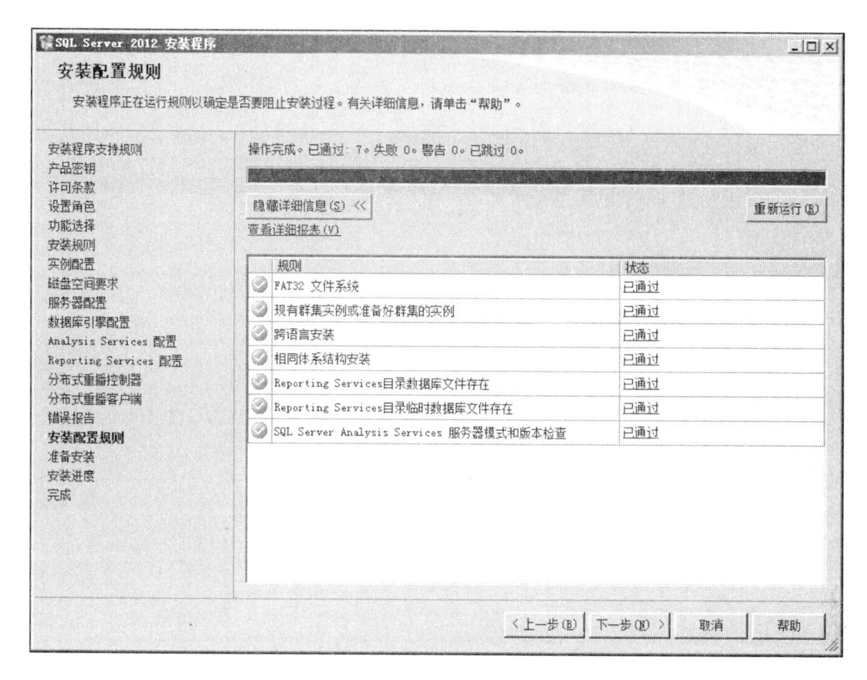

图 1.22 【安装配置规则】窗口

(19) 打开【准备安装】窗口，该窗口只是描述了将要进行的全部安装过程和安装路径，单击【安装】按钮开始进行安装，界面如图 1.23 所示。

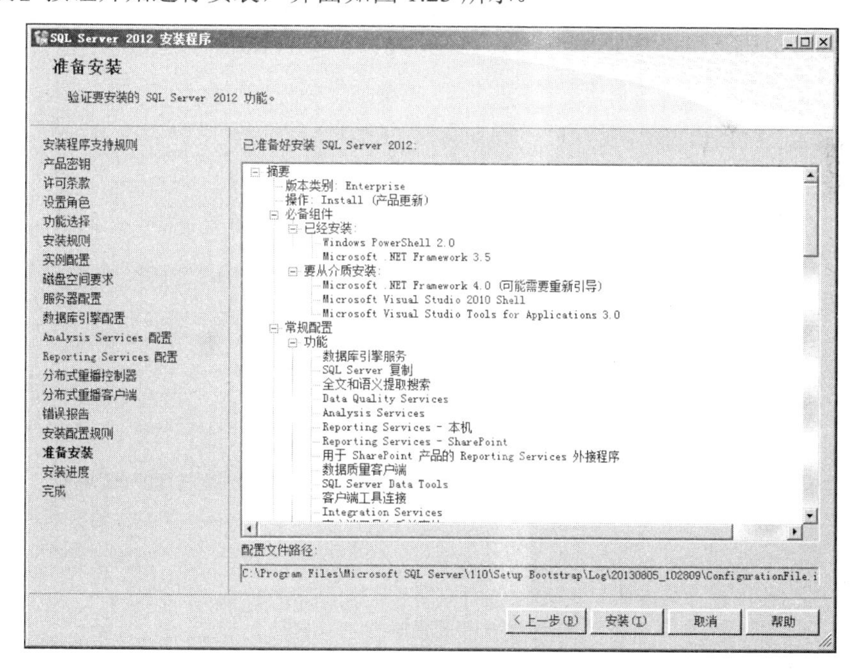

图 1.23 【准备安装】窗口

(20) 安装完成后，单击【关闭】按钮，完成 SQL Server 2012 的安装过程，界面如图 1.24 所示。

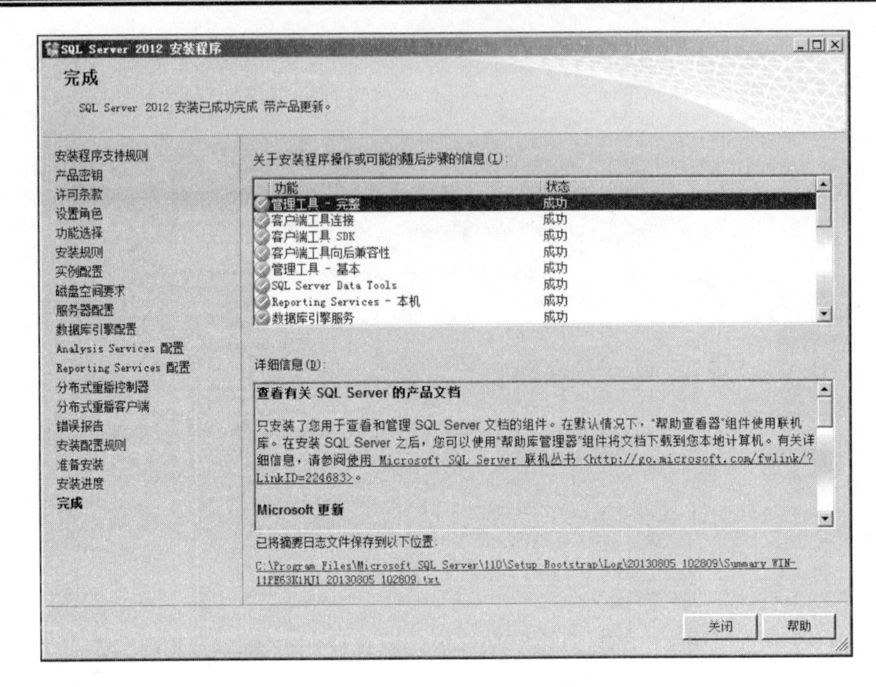

图 1.24 【完成】窗口

1.2.4 卸载 SQL Server 2012

卸载 SQL Server 2012 的方法很简单，执行 Windows【控制面板】|【程序和功能】命令，右击 SQL Server 2012，在出现的快捷菜单中单击【卸载】按钮，界面如图 1.25 所示，按提示操作即可卸载。

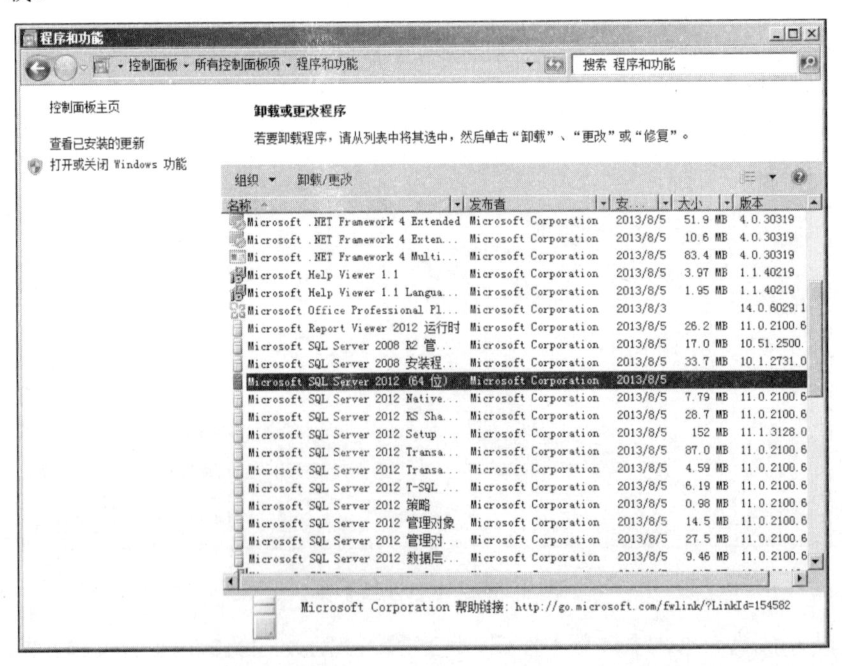

图 1.25 卸载 Microsoft SQL Server 2012 对话框

1.3 SQL Server 2012 的管理工具

SQL Server 在众多的数据库管理系统产品中，被用户认为是最简单易用的一个。其原因在于它提供了大量的实用管理工具，通过这些管理工具可以对系统实现快速、高效的管理。SQL Server 2012 提供的管理工具主要包括 Microsoft SQL Server Management Studio、商业智能开发平台 Business Intelligence Development Studio、SQL Server Profiler、数据库引擎优化顾问等。

1.3.1 Microsoft SQL Server Management Studio

SQL Server Management Studio (SSMS) 是一个用于访问、配置、管理和开发 SQL Server 的所有组件的集成环境，为不同层次的开发人员和管理员提供 SQL Server 访问能力。它的功能包含：管理 SQL Server 服务器，建立与管理数据库对象，例如表、视图、存储过程、触发器等，备份与恢复数据库。

SQL Server Management Studio (SSMS)的工具组件主要包括：对象资源管理器、解决方案资源管理器、模板资源管理器和已注册的服务器等，如果要显示某个工具，在【视图】菜单下选择相应的工具名称即可。

执行【开始】|【程序】|【Microsoft SQL Server 2012】命令，打开登录对话框，如图 1.26 所示。

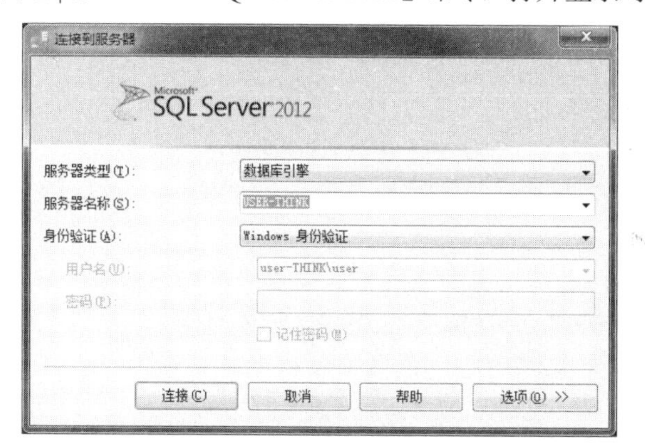

图 1.26 登录对话框

在【连接到服务器】对话框中有如下几项内容。

(1) 服务器类型：根据安装的 SQL Server 的版本，此处服务器类型各有不同，本书主要讲解数据库服务，故在这里选择【数据库引擎】选项。

(2) 服务器名称：此处下拉列表中会列出所有可以连接的服务器名称，这里的 USER-THINK 为笔者主机的名称，表示连接到一个本地主机，如果要连接到远程数据库服务器，则需要输入目标服务器的 IP 地址。

在上述对话框中所有设置均取默认值，单击【连接】按钮，打开 Microsoft SQL Server Management Studio 集成环境，如图 1.27 所示。在这个集成环境中，可以进行以下操作。

1. 管理服务器

(1) 创建服务器组。

(2) 注册服务器。

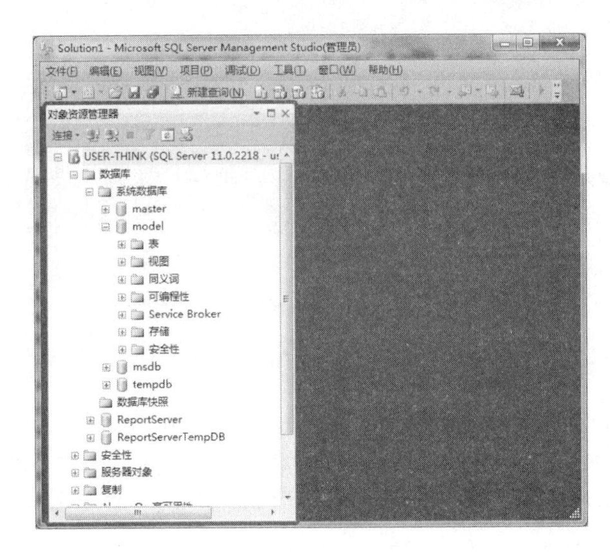

图 1.27　Microsoft SQL Server Management Studio 集成环境

(3) 连接到数据库引擎的一个实例。

(4) 配置服务器属性。

(5) 创建、修改、删除、备份、还原、分离、附加数据库。

(6) 创建、修改、删除各种数据库对象，如表、视图、索引、存储过程等。

(7) 查看系统日志。

(8) 监视当前活动。

(9) 管理全文索引。

2. 执行 SQL 命令

在 Microsoft SQL Server Management Studio 集成环境中，单击“新建查询(N)”图标，就会打开 SQL 命令编辑窗口，如图 1.28 所示。在这个窗口中即可编辑并执行 SQL 命令了。

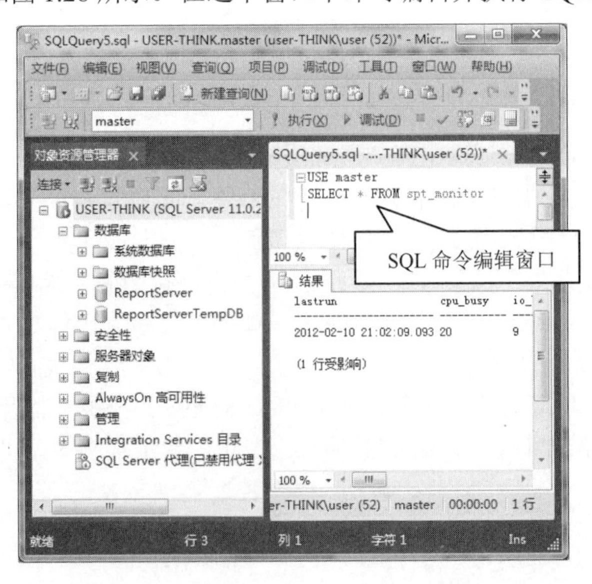

图 1.28　在【Microsoft SQL Server Management Studio】中打开 SQL 命令编辑窗口

在窗口中输入 SQL 命令，例如：

```
USE master
SELECT * FROM spt_monitor
```

单击 ! 执行(X) 按钮，即可执行这个命令，此命令的含义是：打开 Master 数据库，并显示表 spt_monitor 的所有记录。

1.3.2　SQL Server 配置管理器

SQL Server 配置管理器为 SQL Server 服务、服务器协议、客户端协议和客户端别名提供基本配置管理。执行【开始】|【程序】|Microsoft SQL Server 2012|【配置工具】|【SQL Server 配置管理器】命令，打开 SQL Server Configuration Manager 窗口，界面如图 1.29 所示。

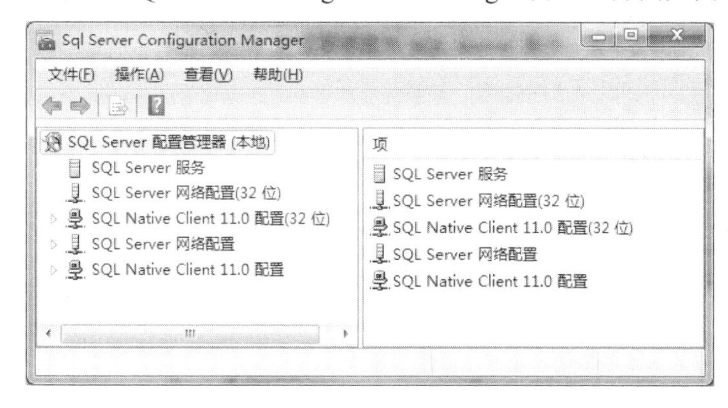

图 1.29　SQL Server Configuration Manager 窗口

通过 SQL Server Configuration Manager 可以完成以下功能。

(1) 启动、暂停、恢复或停止服务，在图 1.29 窗口中选择【SQL Server 服务】选项，在窗口的右侧即可看到 SQL Server 2012 的 5 种服务，如果要启动某项服务，右击该服务，在弹出的快捷菜单中执行【启动】命令即可启动对应的服务。暂停、恢复和停止服务的方法与此类似。

提示： 数据库引擎。在 SQL Server 2012 中不同的服务提供不同的功能，要使用某功能就需要启动对应的服务。其中 SQL Server 服务是最基础、最核心的服务，要使用 SQL Server 2012，这个服务必须首先启动，正是因为这个服务是存储、处理和保护数据的核心服务，所以也称该服务为数据库引擎。

(2) 管理服务器和客户端网络协议。服务器和客户端要建立正确的连接，需要在服务器和客户端启用相同的协议，为使服务器支持不同协议的客户端，需要在服务器端启用多种协议，在 SQL Server 2012 中提供的网络协议包括 Share Memory、Name Pipes、TCP/IP、VIA。

(3) 更改服务使用的账号。通过 SQL Server Configuration Manager 窗口可以修改 SQL Server 或 SQL Server 代理服务使用的账号，方法是：右击该项服务，在弹出的快捷菜单中执行【属性】命令，弹出【SQL Server Browser 属性】对话框，界面如图 1.30 所示。在该对话框中，可以选择服务账户为内置账户还是本账户，以进一步选择具体账户。

提示： 在安装 SQL Server 2012 时，可以为不同的服务指定不同的启动账户，如图 1.16 所示，在此可以通过 SQL Server Configuration Manager 对原来指定的账户进行修改。

图 1.30 【SQL Server Browser 属性】对话框

1.3.3 SQL Server Profiler

SQL Server Profiler 提供了图形用户界面，用于监视数据库引擎实例或 Analysis Services 实例。执行【开始】|【程序】|【Microsoft SQL Server 2012】|【性能工具】|【SQL Server Profiler】命令，打开【SQL Server Profiler】窗口，界面如图 1.31 所示。它可以从服务器中捕获 SQL Server 2012 事件，这些事件可以是连接服务器、登录系统、执行 SQL 命令等操作。这些事件可以保存在指定的跟踪文件中，用户可以通过对该文件的分析，来重演指定的系统步骤，从而有效地发现系统中存在的性能问题。

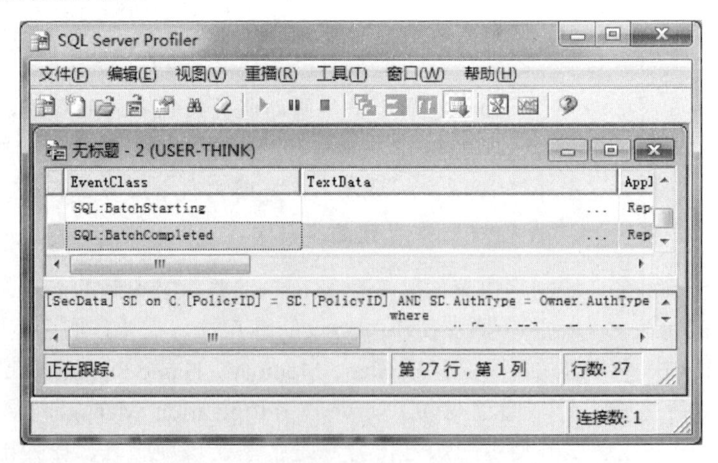

图 1.31 SQL Server Profiler 窗口

数据库引擎优化顾问可以协助创建索引、索引视图和分区的最佳组合。执行【开始】|【程序】|【Microsoft SQL Server 2012】|【性能工具】|【数据库引擎优化顾问】命令，打开【数据库引擎优化顾问】窗口，界面如图 1.32 所示。

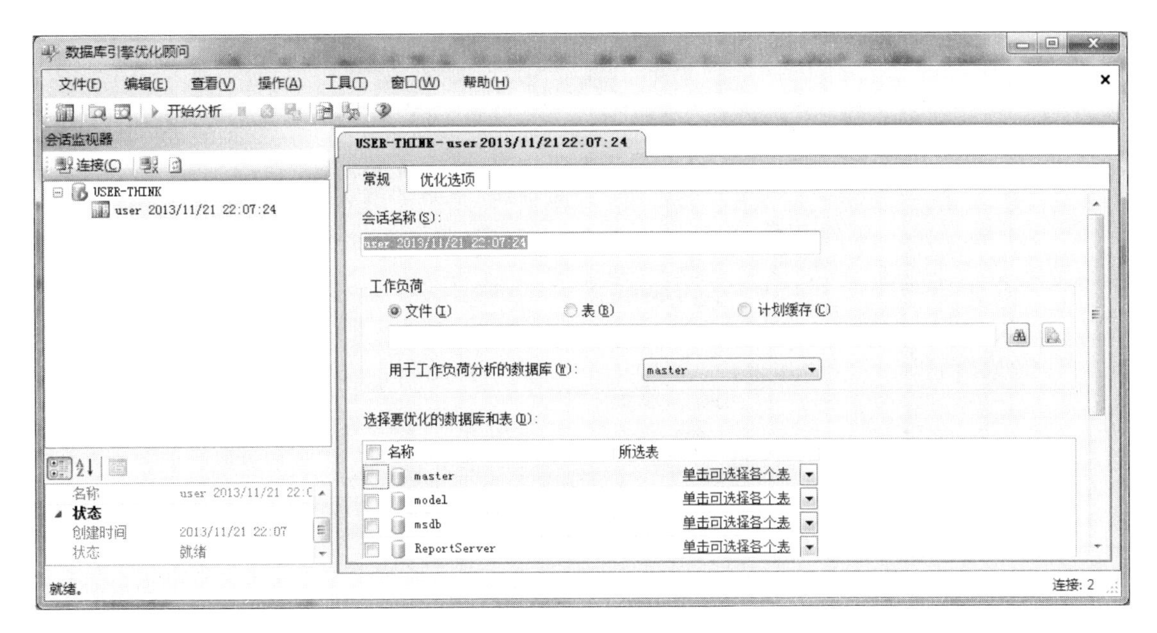

图 1.32 【数据库引擎优化顾问】窗口

1.4 SQL Server 2012 的配置

前面介绍了 SQL Server 2012 系统的安装及其管理工具的使用，本节将介绍 SQL Server 2012 系统的配置方法。

1.4.1 创建服务器组

1. 什么是服务器组

服务器组是多台服务器的逻辑集合，可以通过 Microsoft SQL Server Management Studio 工具把许多相关的服务器集中在一个服务器组中，目标是为了方便对多服务器环境的管理，对性能没有任何影响。

2. 创建服务器组的步骤

(1) 在 Microsoft SQL Server Management Studio 中，选中【本地服务器组】选项，右击，界面如图 1.33 所示。

提示： 如果【已注册的服务器】窗格不可见，在 Microsoft SQL Server Management Studio 中，执行【视图】|【已注册的服务器】命令即可。

(2) 在弹出的快捷菜单中执行【新建】|【服务器组】命令，打开【新建服务器组属性】窗口，界面如图 1.34 所示。在该对话框中，输入服务器组的名称，例如【数字校园】，单击【确定】按钮，保存新建的服务器组。

(3) 同样的方法可以创建【首都政法网】服务器组，创建完并展开后界面如图 1.35 所示。

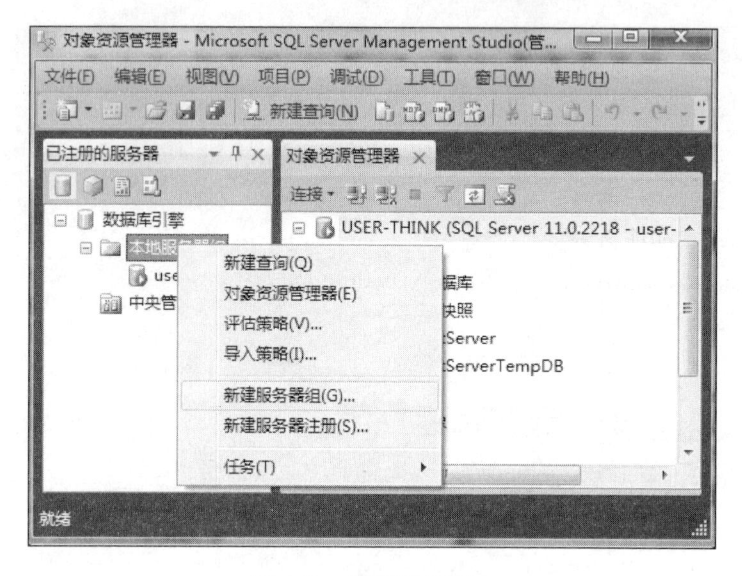

图 1.33　新建服务器组

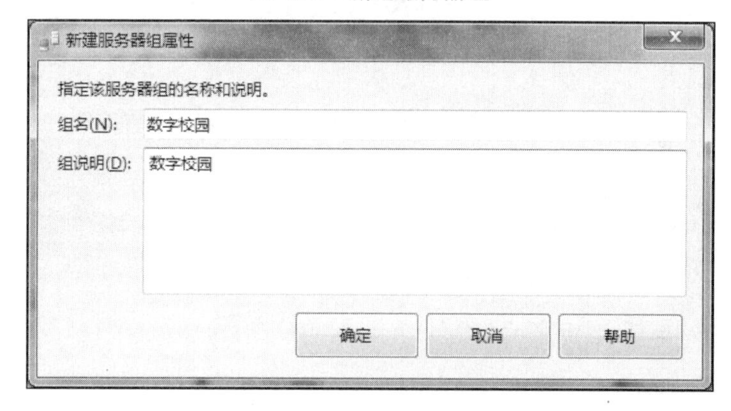

图 1.34　新建服务器组

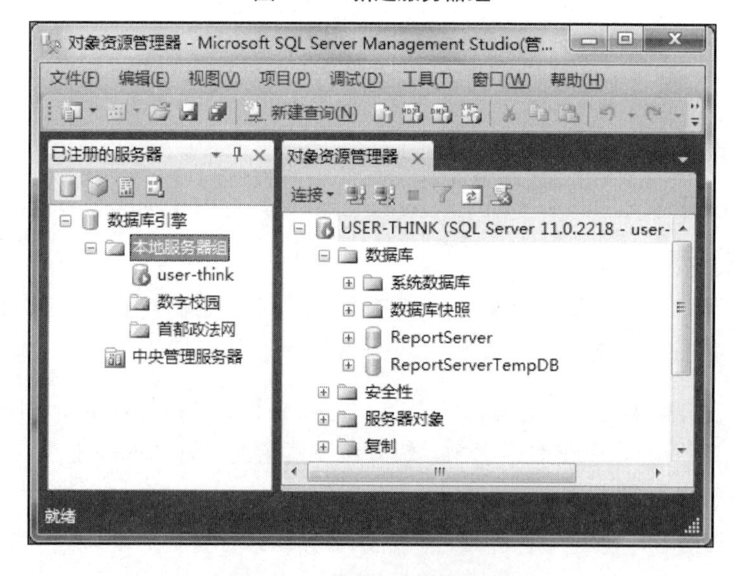

图 1.35　创建多个服务器组

3. 删除服务器组的方法

在待删除的服务器组上右击，在弹出的快捷菜单中执行【删除】命令即可。

1.4.2　注册服务器

1. 为什么要注册服务器

注册服务器就是为 SQL Server 2012 客户机或服务器系统确定一台数据库所在的机器，该机器作为服务器，可以为客户端的各种请求提供服务。在安装 SQL Server 2012 时，系统自动注册了本地的 SQL Server 2012 服务器。

2. 注册服务器的步骤

(1) 执行【开始】|【程序】|【Microsoft SQL Server 2012】|【Microsoft SQL Server Management Studio】命令，打开 SQL Server Management Studio 窗口，如图 1.36 所示，并使用 Windows 或 SQL Server 身份验证建立连接。

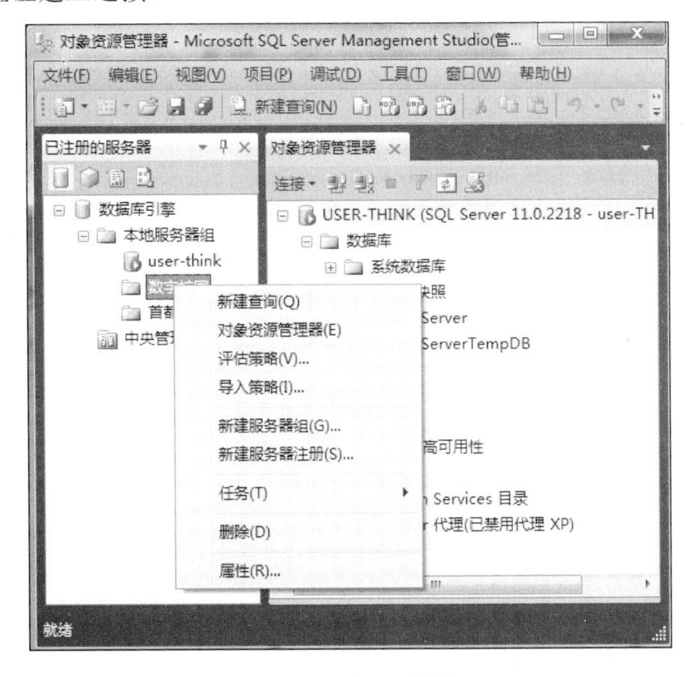

图 1.36　注册服务器

(2) 在【已注册服务器】窗格中右击【数据库引擎】节点，从弹出菜单中执行【新建】|【服务器注册】命令，打开【新建服务器注册】对话框，界面如图 1.37 所示。

(3) 在该对话框中输入或选择要注册的服务器名称；在【身份验证】下拉列表中选择【Windows 身份验证】选项，打开【连接属性】选项卡，如图 1.38 所示，可以设置连接到的数据库、网络以及其他连接属性，此处所有设置均取默认值。

(4) 设定完成后，在图 1.37 所示的选项卡中，单击【测试】按钮，验证连接成功。弹出图 1.39 所示窗口，表示连接属性设置是正确的。到此，一个新的服务器注册已经创建成功。

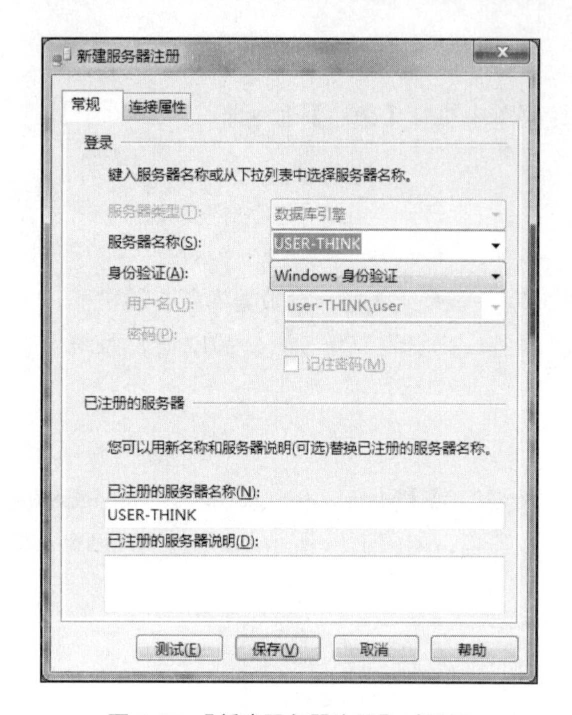

图 1.37 【新建服务器注册】对话框

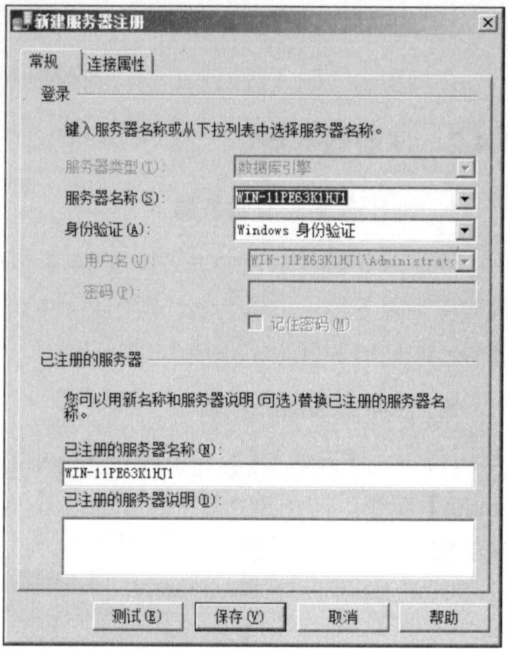

图 1.38 【连接属性】选项卡

图 1.39 新建服务器注册成功界面

小　　结

本章首先介绍了数据管理的发展史，从而让读者了解数据库技术基本概念和术语；接下来为读者介绍微软公司的数据库管理系统 SQL Server 2012 的安装与卸载的方法、步骤；最后介绍了 SQL Server 2012 管理工具及 SQL Server 2012 配置。

本章的重点是 SQL Server 2012 的安装与配置方法，难点是对一些基本术语的理解，例如独立性、一致性和实例等。

背 景 材 料

SQL Server 2012 安装注意事项

在安装时，一定要先考虑好使用什么样的字符集和排序规则（Collation）。

字符集（Code Page）决定了系统使用什么样的编码表解释用户存在单字符类型（char、varchar 等）里面的数据。而排序规则（Sort Order）决定了系统将使用什么样的排序规则（是字典序，还是字符编码序，是否区分大小写等）。对于中国用户而言，尤其要注意，安装 SQL Server 的时候，必须选择中文字符集，并写好你想要的排序规则。如果选择了英文字符集，那就不能在 char、varchar 这样的数据类型字段里存储中文的。存进去了的数据会不对（因为系统选择了错误的编码表），其次读出来也会是乱码。为了以后不出问题，千万要在安装时选择正确的 Collation。

一旦服务器级别的字符集和排序规则确定，以后要想更改则必须重建系统数据库，这跟重新安装数据库服务差不多。如果需要更改服务器级别的排序规则，分为以下三个步骤：

（1）备份所有的数据库，同时备份所有数据库登录和作业。

（2）把所有的用户数据库卸载。

（3）通过以下命令让 SQL 使用指定的排序规则重建系统数据库。用 CMD 窗口进入安装目录，如插入光盘或者安装文件在某个目录下，输入如下语句运行：

```
Start /wait setup.exe /qb
INSTANCENAME=InstanceName
REINSTALL=SQL_Engine REBUILDDATABASE=1 SAPWD=test
SQLCOLLATION=Chinese_PRC_ CI_AI
```

其中/qb 指定我们用安静模式进行重建，也就是重建期间不会有提示出现。

习　　题

一、填空题

1. __________是一种工具，用于管理 SQL Server 2012 相关联的服务、配置 SQL Server 2012 使用的网络协议及从 SQL Server 2012 客户端计算机管理网络连接配置。

2. SQL Server 2012 系统由 4 个部分组成，这 4 个部分被称为 4 个服务。这 4 个服务分别是__________、__________、__________和 Analysis Services 服务，其中__________服务被称为数据库引擎。

3. SQL Server 2012 系统中，服务器的身份验证模式有__________和__________。

4. SQL Server 2012 系统有多种版本，其中__________是最完整的版本，应用在对服务器有更高可靠性要求的场合，能够满足最复杂的要求。

5. 在 SQL Server 2012 的安装过程中，__________会检查系统的软硬件环境，如果没有达到标准，其会发出警告或阻止安装继续进行。

6. 数据管理大致经历了以下 3 个阶段：__________、__________、__________。

7. 数据库系统主要包含__________、__________、__________和硬件系统 4 个组成部分。

8. 数据__________是导致数据不一致的主要原因。

9. __________是数据库系统中权限最大的用户。

10. __________版本的 SQL Server 2012 是一个免费、易用且便于管理的数据库。

二、选择题

1. (　　)是一个数据集成平台，负责完成有关数据的提取、转换和加载等操作。

　A. Integration Services　　　B. 数据库引擎

　C. Analysis Services　　　　D. Reporting Services

2．SQL Server 配置管理器融合了 SQL Server 2000 中哪几个工具的功能？(　　)

A．服务器管理器　　　　　　B．服务器网络实用工具

C．客户端网络实用工具　　　D．企业管理器

3．SQL Server Profiler 工具具有哪些功能？(　　)

A．监视数据库引擎实例

B．从服务器中捕获 SQL Server 2012 事件

C．暂停、启动服务

D．执行 SQL 命令

4．SQL Server 2012 Management Studio 具有哪些功能？(　　)

A．管理服务器　　　　　　B．暂停、启动服务

C．执行 SQL 命令　　　　D．注册服务器组

5．下面有关 SQL Server 2012 系统 Express 版本的描述，正确的是(　　)。

A．免费的

B．可以安装的实例最大是 50

C．可作为大型企业的数据库产品使用

D．是与 Microsoft Visual Studio 2012 集成的

三、简答题

1．什么是数据库系统？它包含哪几个组成部分？

2．SQL Server 2012 包括哪些版本？各有何特点？对操作系统有何要求？

3．安装 SQL Server 2012 时，可供选择的身份验证模式有哪两种？它们有什么区别？

4．简述 SQL Server 2012 主要组件及其用途。

5．安装实例是什么？

6．简述 DB、DBA、DBS、DBMS 的概念及其关系。

四、实训题

1．结合个人计算机的软、硬件环境和操作系统选择合适的 SQL Server 2012 版本。

2．实践安装 SQL Server 2012。

3．查看 SSMS 的各组成部分，并初步体会其功能。

4．在 SSMS 中执行以下查询：

```
USE master
GO
SELECT * FROM spt_values
```

第2章 数据库的创建与管理

教学目标

本章介绍数据库的类型及特点；介绍利用 SSMS 或 T-SQL 语句实现数据库的创建、修改与删除的方法；介绍数据库对象。

教学要求

知识要点	能力要求	相关知识
数据库的类型	了解系统数据库和用户数据库的基本功能、存储信息	系统数据库、文件存储位置、默认扩展名、基本功能、存储信息、属性
数据库的创建与管理	掌握使用 SSMS 和 T-SQL 创建、修改与删除数据库的方法	数据文件、事务日志文件、文件组、数据库属性
数据库中的对象	了解数据库中的对象及主要对象的功能与作用	数据库关系图、表、视图、可编程性、存储、安全性

导读

在第 1 章中读者了解了数据管理的发展史、数据库技术的基本概念及数据库管理系统 SQL Server 2012 的安装与配置。本章将学习如何通过 SQL Server 2012 来创建与管理数据库。数据库的创建是数据管理的前提。生活中为了有效存储与管理货物，我们需要建立仓库，需要经过规划大小、选址、施工及命名等步骤，同时还要依据管理的需要建立很多部门，并配备员工以实现对货物的有效管理。创建数据库的时候也需要考虑数据库预期容量（大小）、数据库生成的文件在硬盘上存储位置及文件命名等事项。数据库中数据必须在表中存储，数据存储后还需要创建视图、索引及存储过程等对象来使用和管理数据。

2.1 SQL Server 2012 数据库的创建与管理

数据库的创建与管理是数据库管理系统的一项重要工作，包含数据库创建、修改与删除。本章主要介绍利用 SSMS 和 T-SQL 语句分别实现对数据库的创建与管理；同时还简要介绍数据库的类型及数据库对象。

2.1.1 SQL Server 2012 的数据库类型

SQL Server 2012 的数据库包含两种类型：系统数据库和用户数据库。系统数据库是由 SQL Server 2012 系统自动创建的，用于存储系统信息及用户数据库信息的数据库，SQL Server 2012 使用系统数据库来管理数据库系统；用户数据库是由个人用户创建的，用于存储个人特定需求与功能的数据库。

1．系统数据库

SQL Server 2012 安装完成后，在 SSMS 中，在【对象资源管理器】窗格中的【数据库】节点下面的【系统数据库】节点，会包含 4 个系统数据库。这些数据库在系统安装时会自动建立，不需要用户创建，这 4 个系统数据库分别是 Master、Model、Msdb 和 Tempdb。

1) Master 数据库

Master 数据库记录 SQL Server 系统的所有系统级信息，它是 SQL Server 2012 中最重要的数据库，是整个数据库服务器的核心。该库中包含所有用户登录信息、所有的系统配置选项、服务器中本地数据库的名称和信息以及 SQL Server 2012 的初始化方式等。因此，如果 Master 数据库受损或被破坏，则 SQL Server 将无法正常启动。

提示： Master 数据库。Master 词意为“主人；主子；户主；有控制(使用、处理)权的人；统治者”，由此可以联想到 Master 数据库的重要性。

2) Model 数据库

Model 数据库是所有用户数据库和 Tempdb 数据库的模板数据库。当创建数据库时，系统将 Model 数据库的内容复制到新建数据库中作为新建数据库的基础，因此，新建的数据库与 Model 数据库的内容都基本相同。

因为每次启动 SQL Server 时都会创建 Tempdb，所以 Model 数据库必须始终存在于 SQL Server 系统中。

提示： Model 数据库。新创建数据库时，将通过复制 Model 数据库中的内容来创建数据库的第一部分，然后用空页填充新数据库的剩余部分，故新创建的数据与 Model 数据库基本相同。

3) Msdb 数据库

Msdb 数据库由 SQL Server 代理用来计划警报和作业。系统使用 Msdb 数据库来存储警报信息以及计划信息、备份和恢复等相关信息。

提示： Msdb 数据库。由于数据库备份会耗费大量的系统资源，为不影响正常工作，数据库的备份多半会安排在非工作时间进行，为此，需要配置数据库服务器让其在某个时刻(如凌晨 3 点)进行自动备份，这个自动备份任务就要存储在 Msdb 数据库中。

4) Tempdb 数据库

Tempdb 系统数据库是连接到 SQL Server 实例的所有用户都可用的全局资源，它保存所有临时表和临时存储过程。另外，它还用来满足所有其他临时存储要求，例如存储 SQL Server 生成的工作表。

每次启动 SQL Server 时，都要重新创建 Tempdb，以便系统启动时，该数据库总是空的。在断开连接时会自动删除临时表和存储过程，并且在系统关闭后没有活动连接。

2. 用户数据库

用户数据库包括系统提供的示例数据库和用户自定义数据库，用户自定义数据库在 2.1.2 节进行介绍。SQL Server 2012 以 Adventure Works Cycles 公司的业务方案、雇员和产品等信息作为蓝本创建了示例数据库。它们分别是 Adventure Works、Adventure Works DW 及 Adventure Works AS，其中 Adventure Works 示例 OLTP 数据库，Adventure Works DW 示例数据仓库，Adventure Works AS 示例分析服务数据库。

提示： 如果安装的 Microsoft SQL Server 2012 没有示例数据库，可以通过一些方法安装示例数据库。Adventure Works 可以通过 Microsoft Website 进行安装。下载后在数据库服务器中恢复这个数据库的方法请参照本章结尾的背景材料。

在以前版本的 SQL Server 中，还经常使用的两个示例数据库分别是 Pubs 数据库和 Northwind 数据库，以下也作简单介绍，关于在数据库服务器中恢复这两个数据库的方法也请参照本章结尾的背景材料。

1) Pubs 数据库

Pubs 数据库存储了一个虚构的图书出版公司的基本情况，用于演示 SQL Server 数据库中可用的许多选项。该数据库及其中的表经常在文档内容所介绍的示例中使用。在 Pubs 数据库中存储了可以学习和使用的一些数据库对象，例如作者表(authors)、出版表(titles)、书店表(store)等，表内存储若干条记录及各表之间的状态关系等。

2) Northwind 数据库

Northwind 数据库存储了一个虚构的食品进出口公司进行进出口业务的销售数据，Northwind 数据库存储了与该公司经营有关的数据表，例如雇员表(employees)、顾客表(customers)、供应商表(supplier)、订单表(order)等，表内存储若干条记录及各表之间的状态关系等。

2.1.2 使用 SSMS 创建数据库

创建用户数据库是指确定用户数据库的名称、所有者、初始大小以及数据文件、日志文件和数据库文件组等属性的过程。在 SQL Server 2012 中，用户创建数据库的方法有 3 种。第一种方法是使用 SSMS 创建数据库；第二种方法是使用 T-SQL 语句创建数据库；第三种方法是使用向导创建。本章主要介绍前两种方法，第三种方法读者可以使用 SQL Server 2012 系统自己练习。

【例 2-1】 创建数据库。

(1) 打开 SSMS，连接本地服务器，右击【数据库】文件夹，弹出一个快捷菜单，如图 2.1 所示。

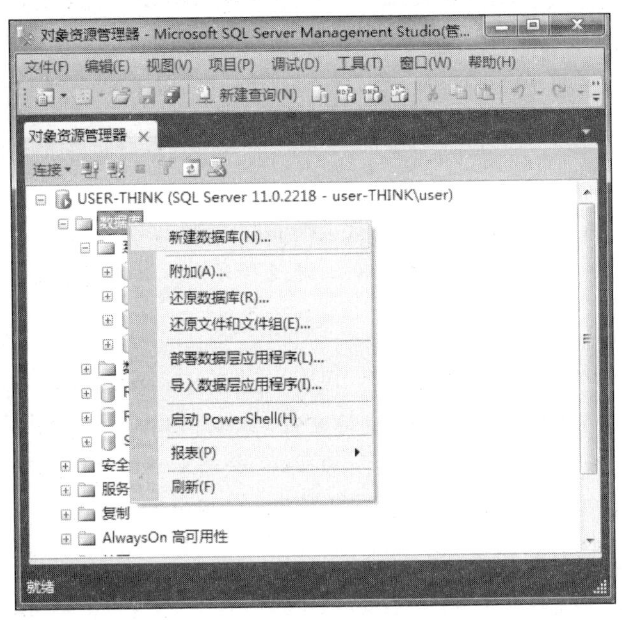

图 2.1 创建数据库界面

(2) 在弹出的快捷菜单中单击【新建数据库】命令，打开【新建数据库】对话框，该对话框有 3 个选项页：常规、选项、文件组，如图 2.2 所示。

(3) 选中【常规】选项页，在【数据库名称】文本框中输入用户数据库名称“Student_Course_Teacher”，同时输入数据库中数据文件的逻辑名称、存储位置、初始大小、自动增长方式、存储路径。如设置 Student_Course_Teacher 数据库的数据文件的逻辑名为 Student_Course_Teacher，初始大小为 5MB，所属文件组为 PRIMARY，文件自动增长 1MB，文件不限制增长。设置 Student_Course_Teacher 数据库的日志文件名 Student_Course_Teacher_log，初始大小为 2MB，文件按 10%的比例自动增长，不限制文件增长的最大值，如图 2.3 所示。

提示： 创建一个数据库，至少要生成两个文件，一个主数据文件，一个日志文件，其中数据文件用于数据的存储，而日志文件则是按时间记录数据库的变化轨迹。创建数据库时，这两个文件需要设定一个初始大小，最大大小、增长方式及逻辑名称等，这些内容即对应于数据库的规划与设计。

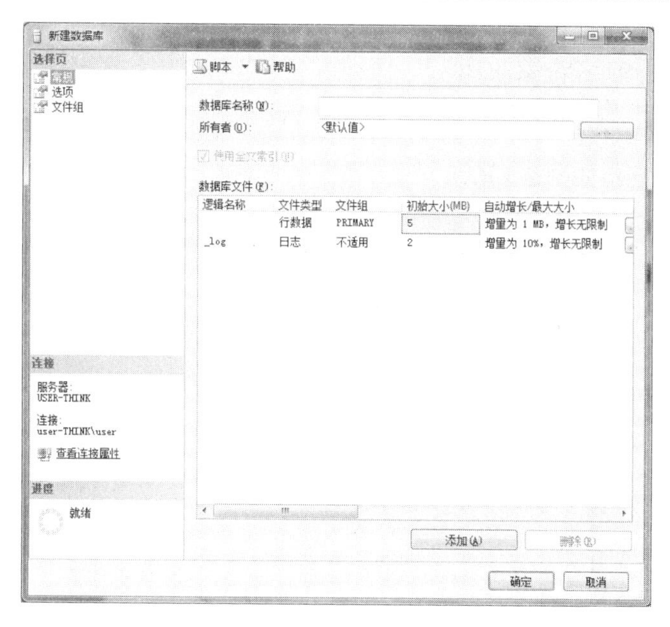

图 2.2 【新建数据库】对话框

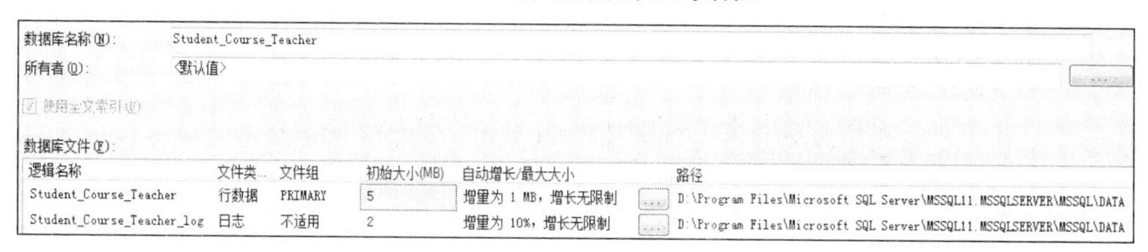

图 2.3　设置数据库属性

想一想：

如果一个数据库对应的数据文件或日志文件行动增长方式设置为“不限制增长”，是不是这些文件就可以无限制地增长呢？

(4) 分别打开【选项】、【文件组】选项页，可以查看数据库的各项属性值，单击【确定】按钮后，完成数据库的创建，界面如图 2.4 所示。

图 2.4　创建的数据库 Student_Course_Teacher

2.1.3 了解数据库中的对象

SQL Server 2012 的数据库对象包括数据库关系图、表、视图、同义词、可编程性、Service Broker、存储和安全性，如图 2.5 所示。

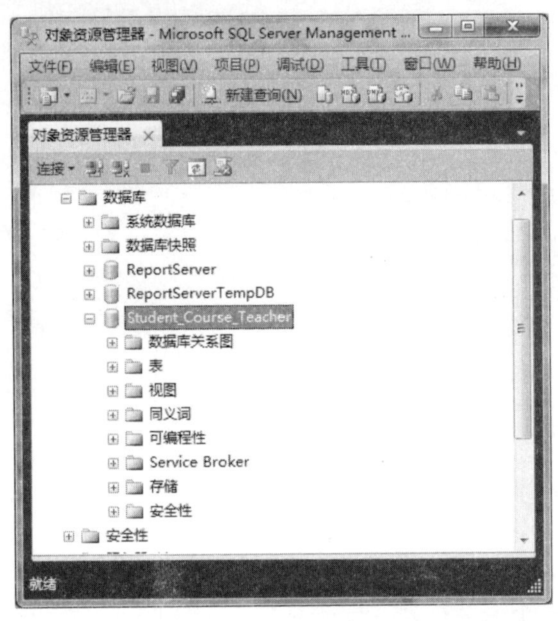

图 2.5 数据库包含的对象

提示：关于数据库中对象的说明。大多数家庭的房子都会有卧室、厨房、卫生间、储物间和客厅等部分组成，每一部分会具备不同的功能。我们可以将一个数据库比作一所房子，数据库中每种对象与房子中对象也一样，每一个数据库对象均有不同的功能，例如“表”对象用于存储数据，“索引”对象用于创建和管理索引，所有对象构成一个有机的整体(数据库)，为用户提供各种各样的数据管理服务。

1. 表

表对象是数据库系统中最基本与最重要的对象，用于存储所有的数据。在使用数据库的过程中，经常操作数据库中的表，来管理数据。表中的数据由行和列组成，每一列数据称为一个属性或字段，每一行数据称为一条记录，每一张表由若干条记录组成。例如：在学生基本信息表中，每一行表示一个学生(s1、张南、男、18 岁、计算机系)，每一列表示学生的一个属性，如学号、姓名及年龄等，如图 2.6 所示，关于表的创建与管理将在第 3 章进行介绍。

表 - dbo.S

sno	sn	sex	age	department
s1	张南	男	18	计算机系
s2	李森	男	18	人文系
s3	王雨	女	17	计算机系
s4	孙晨	女	17	法律系
s5	赵宇	男	19	法律系
s6	江彤	女	18	人文系

1 /6

图 2.6 表对象

2．数据库关系图

关系图用于表示数据表之间的关联，可以使用数据库设计器创建数据库的可视化关系图，形象地展现表之间的数据联系，如图 2.7 所示，从图中可以看出表 SC 中的 sno 的取值需要参照表 S 中 sno 的取值，SC 中的 cno 的取值需要参照表 C 中 cno 的取值。

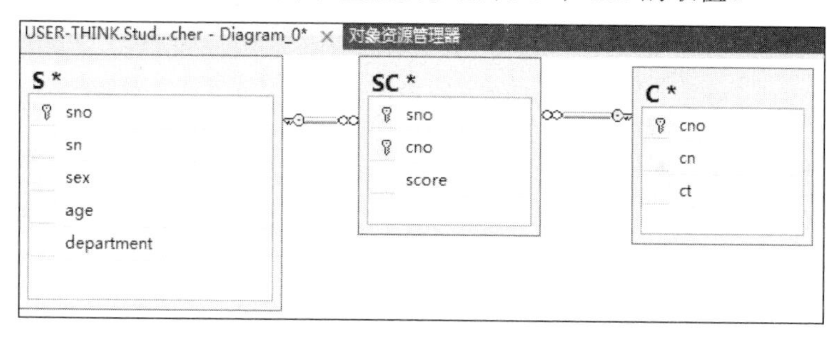

图 2.7　数据库关系图对象

3．视图

视图是一种常用的数据库对象，它为用户提供了一种查看数据库中数据的方式。视图是一种虚拟的表，其内容由查询需求定义。同真实的表相像，视图包含一系列带有名称的列和行数据；但与表不同的是，保存在视图中的数据并不是物理存储数据，视图中的数据在引用视图时动态生成。打开视图可以看到其中的数据，如图 2.8 所示，视图将在第 5 章进行介绍。

视图 - dbo.View_1*

sno	sn	score	cno
s1	张南	90	c4
s2	李森	87	c2
s2	李森	87	c3
s3	王雨	44	c3
s3	王雨	56	c4
s4	孙晨	81	c1
s5	赵宇	79	c1
s6	江彤	88	c2

图 2.8　视图对象

4．可编程性

可编程性对象中包含了存储过程、函数、数据库触发器、规则、默认值等对象，如图 2.9 所示。存储过程对象是存放于服务器上的一组完成特定功能的 T-SQL 语句的集合。函数是 SQL Server 2012 提供的可用于执行特定操作的表函数、内置函数等，类型用于指定系统数据类型、用户数据类型等。存储过程、数据库触发器等对象在后续章节中介绍。

5．安全性

为确保只有授权的用户才能对选定的数据集具有读或读/写权限，并阻止未经授权的用户恶意泄露敏感数据库中的数据，SQL Server 2012 提供用户、角色、架构等访问机制，如图 2.10 所示，关于用户、角色与架构的详细介绍请参照第 9 章的背景材料。

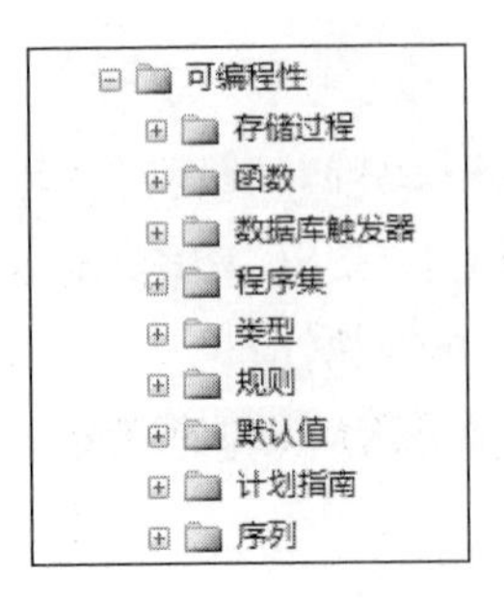

图 2.9 可编程性对象

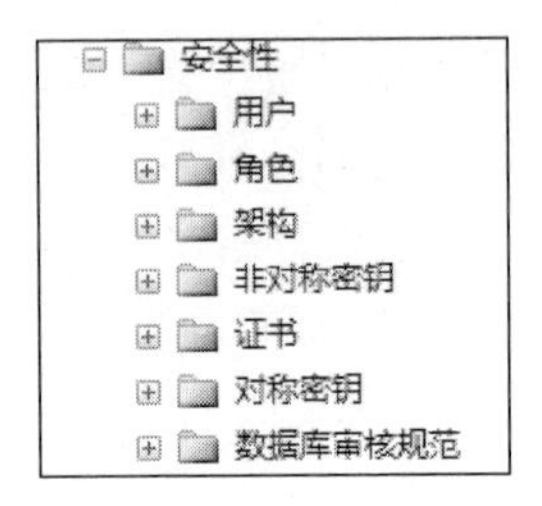

图 2.10 安全性对象

提示： 一个网站包含很多的网页、图片、脚本文件，我们可以称它为网站对象。显然，我们不可能把所有的网站对象都放到一个文件夹下面，同样道理，数据库对象也不可能像煮饺子一样就在数据库里这么“一锅出”。对于网站，我们通常会把不同模块的文件放在不同的子文件夹下，那么谁是存放数据库对象的文件夹呢，它就是架构。

2.1.4 修改数据库

修改数据库是指在创建数据库成功后，对数据库及数据库属性进行修改，主要包括打开数据库、查看数据库属性和修改数据库属性。数据库的修改操作既可以使用 SSMS 完成，也可以使用 T-SQL 语句完成。首先介绍如何通过 SSMS 修改数据库。

1. 打开数据库

在 SSMS 中，双击用户数据库名，即可展开相应的数据库，打开数据库中的对象，开始使用数据库。

2. 查看数据库

在 SSMS 中，右击用户数据库，在弹出的快捷菜单中选择【属性】选项，打开【数据库属性】对话框，在【数据库属性】对话框中查看数据库的相应设置，界面如图 2.11 所示。

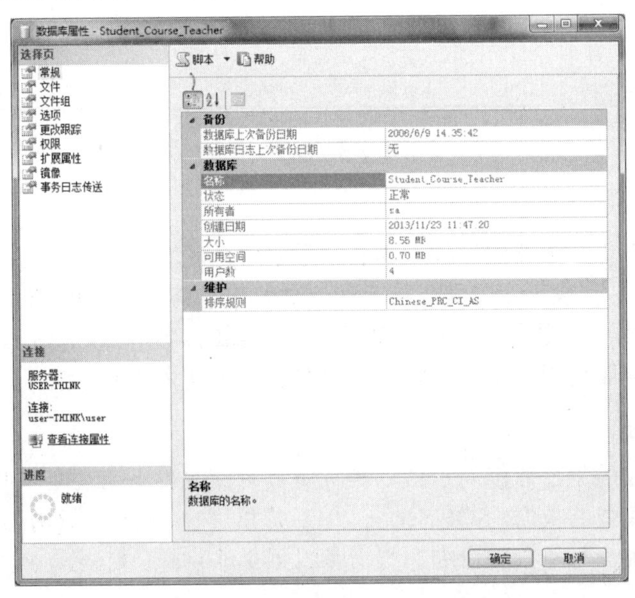

图 2.11 【数据库属性】对话框

3. 修改数据库

利用打开数据库属性的方法，既可以查看数据库的属性，同时也可以修改相应的设置。

提示：创建数据库与查看数据库属性的说明。在创建数据库时，只有【常规】、【选项】和【文件组】3 个页面，一旦数据库创建成功，右击已经创建的数据库，选择【属性】选项，可选择的页面数量为 8 个：【常规】、【文件】、【文件组】、【选项】、【权限】、【扩展属性】、【镜像】和【事务日志传送】，可以逐一打开查看，对比与创建数据库时的设置。

2.1.5　删除数据库

数据库的删除操作既可以使用 SSMS 的图形工具完成，也可以使用 T-SQL 语句完成，首先介绍利用 SSMS 完成删除操作的方法。

在 SSMS 中，右击用户数据库，在弹出的快捷菜单中选择【删除】选项，打开【删除对象】对话框，单击【确定】按钮，将选中的数据库删除，界面如图 2.12 所示。

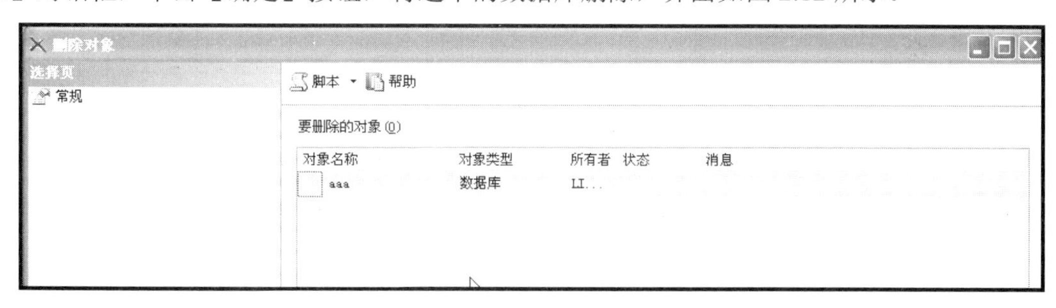

图 2.12　删除数据库

2.1.6　收缩数据库

在 SQL Server 2012 中，数据库中的每个文件都可以通过删除未使用的页的方法来减小。数据库引擎会有效地重新使用空间，当某个文件多次出现无需原来大小的情况后，就需要收缩文件了。数据和事务日志文件都可以减小(收缩)。可以成组或单独地手动收缩数据库文件，也可以设置数据库，使其按照指定的间隔自动收缩。

收缩操作既可以使用 SSMS 完成，也可以使用 T-SQL 完成，首先介绍利用 SSMS 完成数据库的收缩。

【例 2-2】　收缩数据库。

在 SSMS 中，首先创建一个用户数据库 aaa，将用户数据库 aaa 的日志文件 aaa_log 进行收缩，释放未使用的磁盘空间，过程如下。

(1) 打开 SSMS，展开本地服务器上的【数据库】文件夹，右击用户数据库 aaa，在弹出的快捷菜单中执行【任务】|【收缩】|【文件】命令，打开【收缩文件】对话框。

(2) 在【收缩文件】对话框中，在【文件类型】下拉框中选择【日志】文件，【文件名】下拉框中，选择日志文件 aaa_log，在【收缩操作】组中，选择【释放未使用空间】选项，界面如图 2.13 所示。

(3) 单击【确定】按钮，完成数据库的收缩，可以打开数据库的属性进行查看。

脚本 · 帮助

通过收缩单个文件释放未分配的空间，可以减小数据库的大小。若要收缩所有数据库文件，请使用“收缩数据库”。

数据库(D): aaa

数据库文件和文件组

文件类型(T): 日志

文件组(G): <不适用>

文件名(F): aaa_log

位置(L): C:\Program Files\Microsoft SQL Server\MSSQL.1\MSSQL\DATA\aaa_log.ldf

当前分配的空间(C): 1.00 MB

可用空间(A): 0.63 MB (62%)

收缩操作

⊙ 释放未使用的空间(R)

○ 在释放未使用的空间前重新组织页(O)

将文件收缩到(K): 0 MB (最小为 0 MB)

○ 通过将数据迁移到同一文件组中的其他文件来清空文件(E)

图 2.13 收缩数据库文件

提示： 关于数据库收缩的说明。收缩数据库或任何的数据文件都是非常消耗资源的操作，只有当磁盘空间特别紧张时，才有必要进行数据库的收缩。

2.2 使用 T-SQL 创建与管理数据库

Transact-SQL(又称 T-SQL)是 SQL(结构化查询语言)的增强版本，是 Microsoft 公司在关系型数据库管理系统 SQL Server 中的 SQL-3 标准的实现。T-SQL 是 SQL Server 的“官方语言”(类似于汉语是中国的官方语言)，用户需要通过 T-SQL 与 SQL Server 进行交互，SQL Server 中使用图形界面能够完成的所有功能，都可以利用 T-SQL 来实现。

2.2.1 使用 T-SQL 创建数据库

对于初学者而言，使用 SSMS 创建数据库的过程简单，但对于数据库设计者而言，使用 T-SQL 语句创建数据库更加灵活，下面介绍使用 T-SQL 语句创建数据库的简要命令结构及含义。

1. 使用 T-SQL 语句创建数据库的命令

```
CREATE DATABASE
```

2. CREATE DATABASE 的语法结构

```
CREATE DATABASE <数据库名>
[ON  [PRIMARY]
([NAME=<数据库名>,
```

```
FILENAME='<数据文件物理文件名>'
[,SIZE=<数据文件大小>]
[,MAX SIZE={<数据文件最大尺寸>|无限制}]
[,FILEGROWTH=<数据文件增量>]
])
[LOG ON
([NAME=<逻辑文件名>,
FILENAME='<事务日志文件物理文件名>'
[,SIZE=<事务日志文件大小>]
[,MAX SIZE={<事务日志文件最大尺寸>|无限制}]
[,FILEGROWTH=<事务日志文件增量>]
])
```

3．语法格式说明

大写字母表示 T-SQL 的关键字。

方括号[]表示为可以省略方括号内的内容选项。

大括号{A|B}表示 A 或 B 必选其一，不可省略。

4．关键字与自定义参数说明

CREATE DATABASE：创建数据库的命令。

ON：指定数据库的数据文件和文件组列表。

PRIMARY：指定文件组中的数据文件。如果没有指定，则 CREATE DATABASE 语句中的第一个文件成为主文件。

FILEGROWTH：指定数据库文件增长的增量关键字。

5．利用 T-SQL 创建数据库

【例 2-3】　利用 T-SQL 语句创建数据库。

使用 T-SQL 语句创建一个含有多个数据文件和日志文件的数据库。该数据库名称为 db1，包含一个主数据文件、一个次数据文件、一个事务日志文件。主数据文件逻辑名称为 db1_data，物理文件名为 db1_data.mdf，初始大小为 5MB，最大长度为 20 MB，文件增长速度为 10%。次数据文件逻辑名称为 db11_data，物理文件名为 db11_data.ndf，初始大小为 5MB，文件无限大，文件增长速度为 1MB。事务日志文件逻辑名称为 db11_log，物理文件名为 db11_log.ldf，初始大小为 5MB，最大长度为 10MB，文件增长速度为 10%。

在 SSMS 中，单击【新建查询】按钮或单击【数据库引擎查询】工具按钮，打开数据库查询界面。

键入程序代码：

```
CREATE DATABASE db1
ON PRIMARY
(NAME=db1_data,
FILENAME='d:\sqldb\db1_data.mdf',
SIZE=5,
MAXSIZE=20,
FILEGROWTH=10%),
(NAME=db11_data,
FILENAME='d:\sqldb\db11_data.ndf',
```

```
SIZE=5,
MAXSIZE=UNLIMITED,
FILEGROWTH=1),
(NAME=db11_log,
FILENAME='d:\sqldb\db11_ log.ldf',
SIZE=5,
MAXSIZE=10,
FILEGROWTH=10%)
GO
```

在查询对话框中，选中刚刚键入的代码，单击工具栏中的【分析】按钮，检验命令的正确性，当提示信息为“命令已成功完成”时，表明输入的代码通过了分析。

单击工具栏中的【执行】按钮，创建数据库 db1 成功，提示命令已成功完成。

在 SSMS 中，单击【刷新】按钮，显示新建的数据库 db1，界面如图 2.14 所示。

在 SSMS 中，右击数据库 db1，可查看该数据库的属性。

注意： 初次使用 T-SQL 语句时，难免会出现各种各样的错误。常见的错误有：误用全角标点或空格，尤其是全角空格不容易发现，因为在 T-SQL 所有的符号均要使用半角的；关键字拼写不正确，在查询分析器中，不同的文本对应不同的颜色，如果颜色不对，说明输入是有问题的，常见颜色见表 2-1，通过颜色可以检查拼写是否正确。

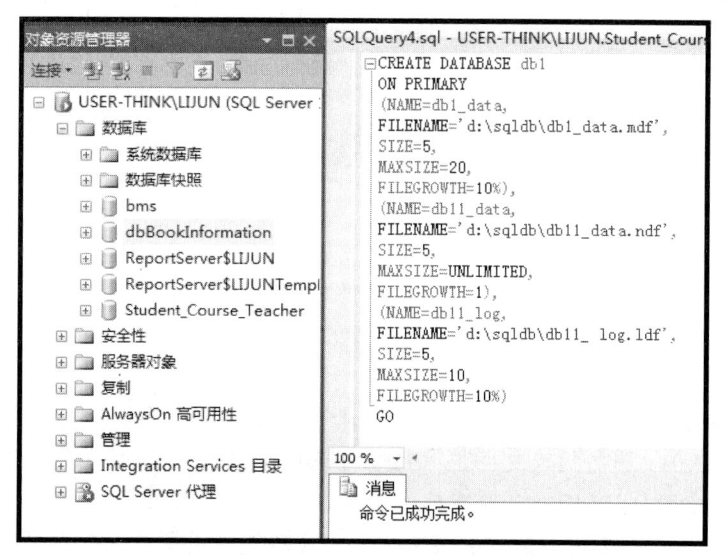

图 2.14　利用 T-SQL 语句创建的数据库 db1

表 2-1　文本类别与颜色的对照表

颜　色	类　别
红色	字符串
暗绿色	注释
黑色，银色背景	SQLCMD 命令
洋红色	系统函数
绿色	系统表
蓝色	关键字

续表

颜　色	类　别
青色	行号或模板参数
褐紫红色	SQL Server 存储过程
深灰色	运算符

2.2.2　使用 T-SQL 管理数据库

本节主要介绍利用 T-SQL 语句实现对数据库的管理，主要包括打开数据库、查看数据库、修改数据库、删除数据库、收缩数据库和分离与附加数据库。

1. 打开数据库

在连接 SQL Server 服务器之后，需要打开一个数据库，才可以使用数据库中的数据，默认情况下，系统自动打开的数据库是系统库 master，当需要打开其他数据库进行操作时，需要使用打开数据库命令。在 SSMS 中单击【新建查询】按钮，打开查询工具，使用 USE 命令。

USE 语句的语法结构：

```
USE <数据库名>
```

【例 2-4】　打开数据库 aaa，界面如图 2.15 所示。

```
USE  aaa
GO
```

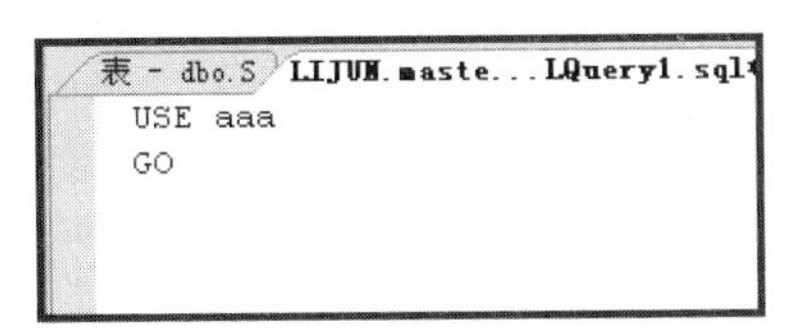

图 2.15　利用 T-SQL 打开数据库

2. 查看数据库

用户在对数据库进行修改、删除等操作之前，需要查看数据库的定义信息等情况。利用数据库系统的存储过程可以查看相应信息。SQL Server 2012 使用系统存储过程 sp_helpdb 查看数据库的定义信息。

sp_helpdb 语句的语法结构：

```
sp_helpdb <数据库名>
```

说明：

(1) sp_helpdb 是一个系统存储过程，通过它可以查看数据库的定义信息。

(2) 省略数据库名称时，存储过程将返回当前服务器上的所有数据库定义信息。

(3) 在使用存储过程时，需输入执行命令 EXEC。

【例 2-5】　查看当前服务器的数据库的定义信息。

```
EXEC sp_helpdb
GO
```

执行结果如图 2.16 所示。

SQLQuery3.sql - USER-THINK.Student_Course_Teacher (user-THINK\user (54))*

```
EXEC sp_helpdb
```

100 %

结果 | 消息

	name	db_size	owner	dbid	created	status	compatibility_level
1	db1	10.00 MB	user-THINK\user	8	11 23 2013	Status=ONLINE, Updateability=READ_WRITE, UserAc...	110
2	master	6.63 MB	sa	1	04 8 2003	Status=ONLINE, Updateability=READ_WRITE, UserAc...	110
3	model	5.31 MB	sa	3	04 8 2003	Status=ONLINE, Updateability=READ_WRITE, UserAc...	110
4	msdb	42.88 MB	sa	4	02 10 2012	Status=ONLINE, Updateability=READ_WRITE, UserAc...	110
5	ReportServer	15.19 MB	user-THINK\user	5	10 20 2013	Status=ONLINE, Updateability=READ_WRITE, UserAc...	110
6	ReportServerTempDB	5.38 MB	user-THINK\user	6	10 20 2013	Status=ONLINE, Updateability=READ_WRITE, UserAc...	110
7	Student_Course_Teacher	8.56 MB	sa	7	11 23 2013	Status=ONLINE, Updateability=READ_WRITE, UserAc...	90
8	tempdb	8.75 MB	sa	2	11 21 2013	Status=ONLINE, Updateability=READ_WRITE, UserAc...	110

图 2.16　例 2-5 执行结果

【例 2-6】　查看数据库 aaa 的定义信息。

```
EXEC sp_helpdb db1
GO
```

执行结果如图 2.17 所示。

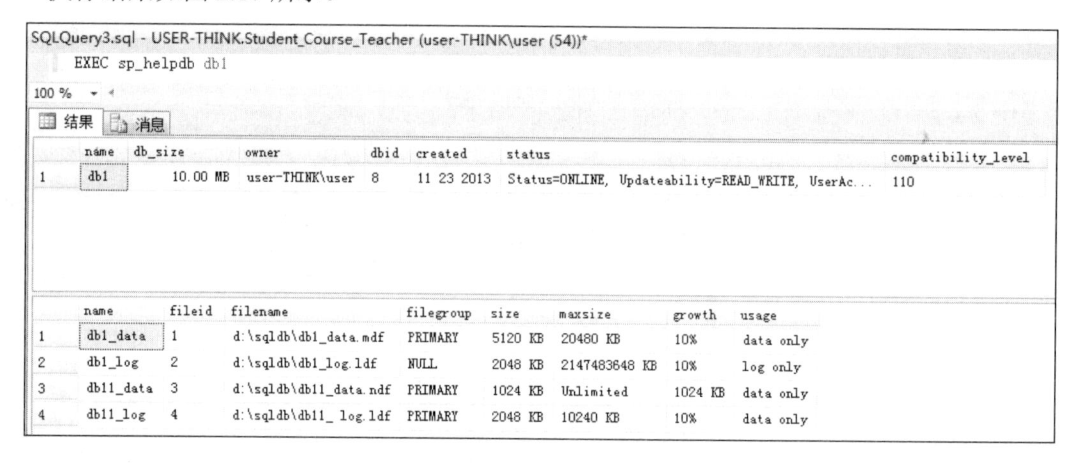

SQLQuery3.sql - USER-THINK.Student_Course_Teacher (user-THINK\user (54))*

```
EXEC sp_helpdb db1
```

100 %

结果 | 消息

	name	db_size	owner	dbid	created	status	compatibility_level
1	db1	10.00 MB	user-THINK\user	8	11 23 2013	Status=ONLINE, Updateability=READ_WRITE, UserAc...	110

	name	fileid	filename	filegroup	size	maxsize	growth	usage
1	db1_data	1	d:\sqldb\db1_data.mdf	PRIMARY	5120 KB	20480 KB	10%	data only
2	db1_log	2	d:\sqldb\db1_log.ldf	NULL	2048 KB	2147483648 KB	10%	log only
3	db11_data	3	d:\sqldb\db11_data.ndf	PRIMARY	1024 KB	Unlimited	1024 KB	data only
4	db11_log	4	d:\sqldb\db11_ log.ldf	PRIMARY	2048 KB	10240 KB	10%	data only

图 2.17　例 2-6 执行结果

3. 修改数据库

使用 T-SQL 语句修改数据库的操作主要包括增加数据库文件容量、添加或删除数据文件、添加或删除文件组等数据库属性。

(1) 使用 T-SQL 语句修改数据库的命令：

```
ALTER  DATABASE
```

(2) 语法结构：

```
ALTER  DATABASE  <数据库名>
ADD  FILEGROUP  <文件组名>
|REMOVE  FILEGROUP  <文件组名>
|MODIFY  FILEGROUP  <文件组名>  <文件组属性>
|ADD FILE<逻辑文件名>  [TO  <文件组名>]
|ADD LOG  FILE <文件格式>
|REMOVE  FILE  <逻辑文件名>
```

```
|MODIFY FILE <文件格式>>
|MODIFY NAME=<新数据库名>
```

(3) 说明：

① 语句中 ADD FILE、REMOVE FILE 和 MODIFY FILE 三个子句分别指定创建、删除和修改已有的文件。

② 语句中 ADD FILEGROUP、REMOVE FILEGROUP 和 MODIFY FILEGROUP 三个子句分别指定创建、删除和修改已有的文件组。

③ TO <文件组名>:使用该选项把新文件添加到已有的文件组中。

④ ADD LOG FILE:添加日志文件。

【例 2-7】 修改数据库文件 aaa 的大小，更改其日志文件 aaa_log 的容量至 6MB。

```
ALTER DATABASE aaa
MODIFY FILE
(NAME=aaa_log,
SIZE=6)
GO
```

通过 MODIFY FILE 子句修改数据库 aaa 的日志文件 aaa_log 的属性，更改其文件的初始大小为 3MB，用户可以查看数据库 aaa 的属性，查看修改后 aaa_log 的初始容量。

【例 2-8】 添加一个含有两个数据文件的文件组和一个事务日志文件到数据库 aaa 中。数据文件名为 aaa1_data、aaa2_data，文件组为 data1，事务日志名为 aaa1_log。

```
ALTER DATABASE aaa
ADD FILEGROUP data1
ALTER DATABASE aaa
ADD FILE
(NAME=aaa1_data,
FILENAME=' d:\sqldb\aaa1.mdf' ,
   SIZE=5,
   MAXSIZE=10,
   FILEGROWTH=10%),
(NAME=aaa2_data,
FILENAME=' d:\sqldb\aaa2.mdf' ,
   SIZE=5,
   MAXSIZE=5,
   FILEGROWTH=1)
TO FILEGROUP data1
ALTER DATABASE aaa
ADD LOG FILE
(NAME=aaa1_log,
FILENAME=' d:\sqldb\aaa1.ldf' ,
SIZE=3,
   MAXSIZE=3,
   FILEGROWTH=1)
```

运行该程序，将在数据库 aaa 中添加一个含有两个数据文件的文件组 data1 和一个日志文件，运行结果如图 2.18 所示。

☐ 使用全文索引(U)

数据库文件(F):

逻辑名称	文件类型	文件组	初始大小(MB)	自动增长		路径
aaa	数据	PRIMARY	2	增量为 1 MB，不限制增长	...	C:\Program Files\Micro
aaa1_data	数据	data1	1	增量为 10%，增长的最...	...	d:\sqldb
aaa2_data	数据	data1	1	增量为 1 MB，增长的最...	...	d:\sqldb
aaa_log	日志	不适用	3	增量为 10%，增长的最...	...	C:\Program Files\Micro
aaa1_log	日志	不适用	1	增量为 1 MB，增长的最...	...	d:\sqldb

图 2.18　例 2-8 执行结果

提示：使用 T-SQL 语句时，程序代码一定要在英文状态下输入，尤其是标点符号。同时，程序语句可以分段执行，利于查错。

4．删除数据库

(1) 使用 T-SQL 语句删除数据库的命令：

```
DROP  DATABASE
```

(2) 语法结构：

```
DROP  DATABASE <数据库名>
```

【例 2-9】　使用 T-SQL 语句删除数据库 aaa。

```
DROP  DATABASE  aaa
GO
```

提示：正在使用的数据库不能删除。

5．收缩数据库

允许收缩数据库中的每个文件以删除未使用的页，数据和事务日志文件都可以收缩，数据库文件可以作为组或单独地进行手工收缩。数据库也可设置为按给定的时间间隔自动收缩，该活动在后台进行，并且不影响数据库内的用户活动。但如果生产数据库很大而且事务频繁，最好不要收缩数据库，很有可能在高峰期对系统造成瓶颈压力。

提示：大部分企事业单位均有自己的数据库，这些单位的日常工作很多就和这个数据库有关，这些与单位工作密切相关的数据库就称为生产数据库。

(1) 使用 T-SQL 语句收缩数据文件的命令：

```
DBCC SHRINKFILE
```

(2) 语法结构：

```
DBCC SHRINKFILE (
<文件名>
| [ , target_size ] [ , { NOTRUNCATE | TRUNCATEONLY } ]
)
```

(3) 说明：

① <文件名>：指定要收缩的数据文件或日志文件的名称。

② target_size：用兆字节表示的文件大小(用整数表示)。如果指定了 target_size，则 DBCC SHRINKFILE 尝试将文件收缩到指定大小，将要释放的文件部分中的已使用页重新定位到保留的文件部分中的可用空间。

提示： DBCC SHRINKFILE 命令中的文件名是创建数据库时的逻辑文件名。

【例 2-10】 收缩例 2-3 创建的数据库 db1，数据文件大小为 5 MB。

```
DBCC SHRINKFILE(db1_data,2)
```

则带有 target_size 为 2 的命令会将文件最后 3MB 中所有的已使用页重新定位到文件前 2 MB 中的任何可用槽中。

但 DBCC SHRINKFILE 不会将文件收缩到小于存储文件中的数据所需要的大小。例如：如果 10MB 数据文件中的 80%的页面都已使用，则带有 target_size = 6 的 DBCC SHRINKFILE 命令只能将该文件收缩到 8 MB，而不能收缩到 6 MB。

③ NOTRUNCATE：当与 target_size 一起指定 NOTRUNCATE 时，释放的空间不会释放给操作系统。唯一影响是将已使用的页从 target_size 行前面重新定位到文件的前面。当未指定 NOTRUNCATE 时，所有释放的文件空间返回给操作系统。

提示： 在执行命令前，先从操作系统中查看数据库 db1 数据文件的大小，执行完以后，再看看大小是否会发生变化，并请尝试参数 NOTRUNCATE 的使用方法。

④ TRUNCATEONLY：释放文件空闲空间到操作系统中。使用该参数时，target_percent 的含义失效。

提示： 不能将数据库收缩至比 Model 的数据库的容量还小，为什么？

小　　结

本章首先介绍了数据库的类型，SQL Server 2012 包括两种类型的数据库:系统数据库和用户数据库。系统数据库是由系统创建的用于存储系统信息及用户数据库信息的数据库；用户数据库是由用户创建的用于完成特定功能的数据库。系统安装成功后，可以添加两个实例库，用于帮助新用户练习 SQL Server 2012 系统。

接下来为读者重点介绍数据库管理系统 SQL Server 2012 的数据库的创建与管理的方法、步骤。数据库的创建与管理主要利用 SSMS 和 T-SQL，其中利用 SSMS 创建与管理数据库是数据库管理系统的基本操作，方法简单。利用 T-SQL 创建与管理数据库需要读者注意掌握。

本章的重点是掌握利用 SSMS 创建与管理数据库的方法与 T-SQL 创建与管理数据库的基本语句结构。同时，提出在使用程序代码时的注意事项。定义用户数据库的 T-SQL 语句有以下几种。

创建数据库：CREATE DATABASE

修改数据库：ALTER DATABASE

删除数据库：DROP DATABASE

收缩数据库：DBCC SHRINKFILE

打开数据库：USE

背景材料

1．示例数据库 Adventure Works 安装方法

SQL Server 的示例数据库是一个非常好的学习数据库的范例，在安装完 SQL Server 2012 后，默认情况下是不会安装示例数据库的，我们需要自己进行一些安装和设置。

(1) 在 codeplex.com 网站下载相关数据库，网址为 http://msftdbprodsamples.codeplex.com/releases/view/55330。下载后得到的是.mdf 文件，没有 log 文件。

(2) 将下载的.mdf 文件存放到相应的文件夹中，例如 D:\SQL_Data。

(3) 打开 SQL Server Management Studio，展开【对象资源管理器】，右击【数据库】，选择【附加】命令。

(4) 单击【添加】按钮。

(5) 找到要附加的数据库文件，选中后单击【确定】按钮。

(6) 由于下载的只有.mdf 文件，所以下面会提示日志文件找不到。此时如果直接单击【确定】按钮，会弹出错误窗口，无法附加数据库。正确的做法是先选中日志文件，然后单击【删除】按钮。

(7) 在确认只有保留.mdf 文件后再单击【确定】按钮，附加数据库。

(8) 完成后可以在【对象资源管理器】中看到新增了一个数据库。

2．示例数据库 Northwind 和 Pubs 安装方法

下载地址：http://www.microsoft.com/en-us/download/details.aspx?id=23654。下载后得到一个 SQL2000Sampledb.msi 文件，双击该文件会进行安装，默认情况下会在 C:\SQL Server 2000 Sample Databases 文件夹中存放相关的文件。

Northwind 和 Pubs 数据库是 SQL Server 2000 版本的示例数据库，由于 SQL Server 2012 已经不支持 SQL Server 2000 版本的数据库，所以如果直接附加该数据库会提示有错误。

比较好的方法是先把数据库文件用 SQL Server 2005、SQL Server 2008、SQL Server 2008R2 版本来附加，然后再把经过转换的文件附加到 SQL Server 2012 版本上。

习　　题

一、填空题

1．数据库的主要数据文件的扩展名为__________，事务日志文件的扩展名为__________。

2．SQL Server 2012 安装成功之后，系统自动创建 4 个系统数据库。这 4 个系统库分别是__________、__________、__________和__________数据库。

3．SQL Server 2012 系统中，创建与管理数据库的基本方法有__________和__________。

4．SQL Server 2012 中 SSMS 的英文含义为__________。

5．在 SQL Server 2012 中，打开数据库的命令是__________，删除数据库的命令是__________。

二、选择题

1. (　　)不属于 SQL Server 2012 在安装时创建的系统数据库。
   A. Master　　B. Msdb　　C. Userdb　　D. Tempdb
2. (　　)对象不属于数据库对象。
   A. 表　　B. 视图
   C. 数据库关系图　　D. T-SQL 程序
3. 数据库数据文件的扩展名为(　　)。
   A. dbf　　B. mdf　　C. nbf　　D. ldf
4. 删除数据库的命令是(　　)。
   A. DROP　DATABASE　　B. DELETE　DATABASE
   C. ALTER　DATABSE　　D. REMOVE　DATABASE
5. 分离与附加数据库的 T-SQL 语句是(　　)。
   A. sp_detach_db 与 sp_attach_db
   B. sp_ detach_db 与 sp_ shrinkdatabase
   C. sp_attach_db 与 sp_ shrinkdatabase
   D. sp_ shrinkdatabase 与 DBCC shrinkdatabase
6. 关于数据库文件的存储描述不正确的是(　　)。
   A. 每个数据库有且仅有一个主数据文件
   B. 每个数据库允许有多个次数据文件，也允许没有次数据文件
   C. 每个数据库至少有一个日志文件
   D. 每个数据库至少由两个文件构成，即一个主数据文件和一个次数据文件
7. Pubs 和 Northwind 两个数据库属于哪种类型的数据库？(　　)
   A. 系统数据库　　B. 用户数据库
   C. 模板数据库　　D. 临时数据库
8. 查看当前服务器的数据库定义信息的命令是(　　)。
   A. EXEC sp_helpdb　　B. EXEC sp_helpdb dbname
   C. EXEC sp_help　　D. EXEC sp_help database
9. 修改数据库的 T-SQL 语句是(　　)。
   A. ALTER　DATABASE　　B. ADD　FILE
   C. MODIFY　DATABASE　　D. MODIFY　NAME
10. 收缩数据库的 T-SQL 语句是(　　)。
   A. sp_shrink　　B. DBCC shrinkdatabase
   C. sp_detach_db　　D. sp_attach_db

三、简答题

1. 简述数据库中的对象。
2. 简述 SQL Server 2012 的系统数据库及其功能。
3. 简述 SQL Server 2012 创建数据库的基本方法。
4. 简述 SQL Server 2012 修改数据库的基本方法。

四、实训题

1. 使用 T-SQL 语句创建数据库。

使用 T-SQL 语句创建一个含有多个数据文件和日志文件的数据库，数据库存储在 D 盘 sqldb 文件夹中。该数据库名称为 TSGL，包含一个主数据文件、一个次数据文件、一个事务日志文件。主数据文件逻辑名称为 tsgl_data，物理文件名为 tsgl_data.mdf，初始大小为 5MB，文件无限大，文件增长速度为 1MB。次数据文件逻辑名称为 tsgl1_data，物理文件名为 tsgl1_data.ndf，初始大小为 5MB，最大长度为 50MB，文件增长速度为 10%。事务日志文件逻辑名称为 tsgl_log，物理文件名为 tsgl_log.ldf，初始大小为 5MB，最大长度为 20MB，文件增长速度为 10%。

2. 使用 SSMS 创建名为 TSGL1 的数据库，其相关属性与 1 题相同。
3. 使用 SSMS 修改数据库 TSGL 的属性。
4. 分别使用 T-SQL 语句和 SSMS 删除数据库 TSGL、TSGL1。

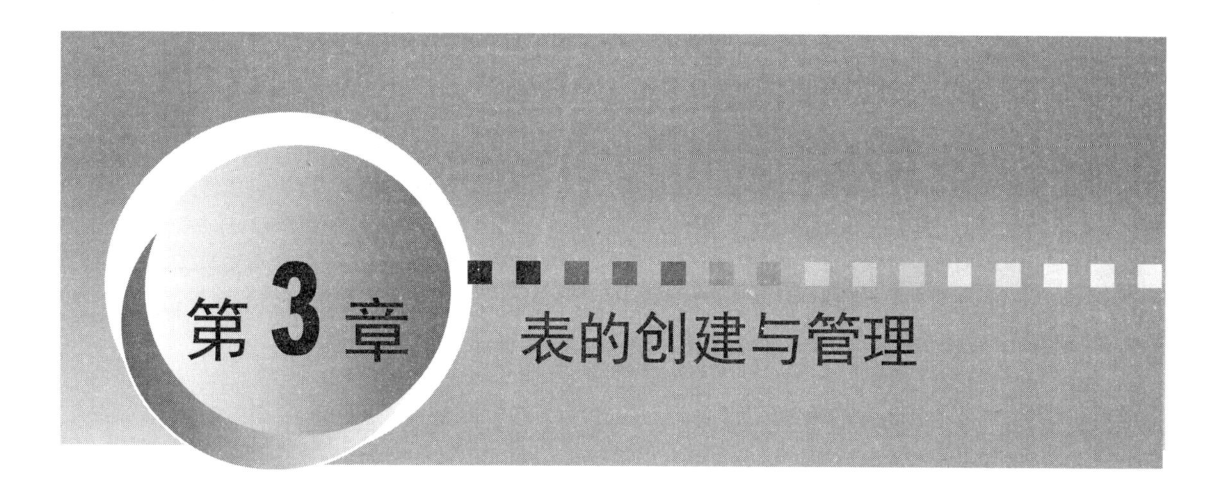

第3章 表的创建与管理

教学目标

本章首先介绍关系数据库表的理论基础，接着分别介绍如何使用 SSMS 和 T-SQL 创建、修改和删除表。

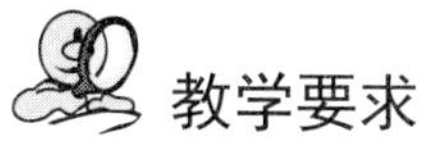

教学要求

知 识 要 点	能 力 要 求	相 关 知 识
关系模型的基本概念	理解关系模型的基本概念和术语，能够画出实体关系图	实体、属性、一对一关系、一对多关系、多对多关系、实体关系图
使用 SSMS 创建、修改和删除表	掌握使用 SSMS 创建、修改和删除表的方法	表、字段、主键、约束、使用 SSMS 创建、修改和删除表的方法
使用 T-SQL 创建、修改和删除表	掌握使用 T-SQL 创建、修改和删除表的方法	CREATE TABLE、ALTER TABLE、DROP TABLE

导读

第 2 章学习了如何建立存储数据的数据库，接下来的任务就是要把现实世界的事物转化成计算机能够处理的数据，并要在数据库中科学地组织存储这些数据。要把具体事物抽象、转换成计算机能够处理的数据需要借助工具，这些工具包括：E-R 图和数据模型。要存储数据，需要使用 SQL Server 2012 中的表。

在本章中，我们将首先学习上述两个工具的使用方法，让读者了解如何用 E-R 图来描述现实世界，以及如何将 E-R 图转换为数据库中的表，从而实现数据的存储；接下来分别介绍如何使用 SSMS 和 T-SQL 来创建、修改和删除表。

3.1 理论基础——E-R 图和关系模型

变化万千的事物以及事物之间纷乱复杂的联系构成我们赖以生存的世界，要想通过计算机帮助我们去完成某个任务，我们都会面临一个课题：如何把现实世界中的事物及事物之间的联系转换为计算机能够处理的数据。

3.1.1 数据的描述

数据是数据库中存储的基本对象。数据在大多数人头脑中的第一反应就是数字，其实数字只是最简单的一种数据，是数据的一种传统和狭义的理解。广义的理解，数据的种类有很多，文字、声音、图形、老师的档案记录、商品的运输情况等，这些都是数据。

可以对数据作如下定义：数据是描述事物的符号记录。描述事物的符号可以是数字，也可是中外文字、图像、声音、视频等，数据有多种表现形式，它们都可以经过数字化处理存入计算机。例如，教务管理系统中记录了学生的个人信息(学号、姓名、年龄、……)的文字或数字是数据，个人的照片也是数据。

在数据管理中，为了使用计算机去处理各种事务，需要把现实世界中的事物及事物之间的联系转换为计算机能够处理的数据。在此转换过程中，需要经历两个“过程”和三个“世界”。两个“过程”为：①现实世界到信息世界；②信息世界到计算机世界。三个“世界”为：现实世界、信息世界和计算机世界，如图 3.1 所示。在这三个世界中，同一个描述对象，会有不同的称谓(术语)。

1. 信息世界

信息世界是现实世界在人们头脑中的反映，人们把它们用文字和符号记载下来。在信息世界中，常用的术语如下。

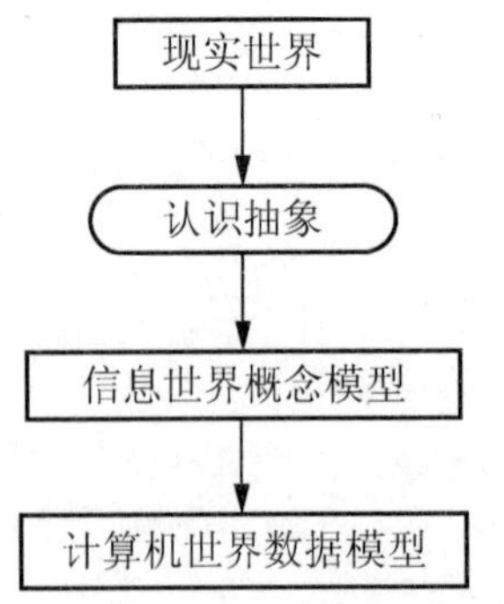

图 3.1 数据处理的抽象转换过程

1) 实体(Entity)

客观存在的并可以相互区别的事物称为实体。实体可以是具体的对象，也可以是抽象的对象。例如：一名老师、一本书等是具体的实体，而一次借书、一场篮球比赛等则是抽象的实体。

2) 实体集(Entity Set)

性质相同的同类实体的集合，称为实体集。例如：所有的教师、所有的学生、篮球赛的所有比赛等。

3) 属性(Attribute)

相同实体必然具有相同的特性，实体的每一个特性称为一

个属性。例如：学生有学号、姓名、性别、年龄等属性。

提示： 人们常常只抽取那些感兴趣的属性来描述事物。例如：同样是描述人，在教务管理系统中，描述学生选取的特征包括学号、姓名、性别、年龄、系别等；而在医院信息管理系统中，描述病人选取的特征就要包括病历号、姓名、性别、年龄、身高、体重、血压等。

4) 实体标识符(Identifier)

能唯一标识实体的属性或属性集，称为实体标识符。例如：公民的身份证号可以作为公民实体的实体标识符，学生的学号可以作为学生实体的实体标识符，见表 3-1。

表 3-1　学生信息表

学　号	姓　名	性　别	年　龄	系　别
S1	张三	男	17	信息技术系
S2	王艳	女	18	信息技术系
S3	张建国	男	19	信息技术系
S4	于洋	女	21	经贸法律系
S5	李浩	女	20	经贸法律系
S6	张雪	女	18	经贸法律系
S7	张阳	男	19	经贸法律系

提示： 在表 3-1 中，学号可以唯一区分出每一个学生(表中的一行)，所以学号就称为实体标识符。另外，“姓名+性别”这个属性组也可以唯一区分每一行，这个属性组也是实体标识符。

5) 联系(Relationship)

在现实世界中，事物内部以及事物之间是有联系的，这些联系同样也要抽象和反映到信息世界中来，在信息世界中将被抽象为实体集内部的联系和实体集之间的联系。实体集内部的联系是指组成实体的各属性之间的联系；实体集之间的联系通常是指不同实体集之间的联系。

两个实体集之间的联系有以下 3 种类型。

(1) 实体集 A 中一个实体至多与实体集 B 中的一个实体相对应，反之，实体集 B 中的一个实体至多与实体集 A 中的一个实体相对应，则称实体集 A 与实体集 B 为“一对一”的联系，记作 1∶1，如：学校和校长，乘客与座位。

(2) 实体集 A 中一个实体与实体集 B 中的 $m(m>0)$个实体相对应，反之，实体集 B 中的一个实体至多与实体集 A 中的一个实体相对应，则称实体集 A 与实体集 B 为“一对多”的联系，记作 1∶m，如：学校和学生，国家与公民。

(3) 实体集 A 中一个实体与实体集 B 中的 $m(m>0)$个实体相对应，反之，实体集 B 中的一个实体与实体集 A 中 $n(n>0)$个实体相对应，则称实体集 A 与实体集 B 为“多对多”的联系，记作 m∶n，如学生和课程，厂家和商品。

在信息世界中，可以通过 E-R 图来描述现实世界，E-R 图的基本成分包含实体集、属性和联系，这 3 种成分的表示方法如下。

(1) 实体集：用矩形表示，框内标注实体集名称，如图 3.2(a)所示。

(2) 属性：用椭圆形框表示，框内标注属性名称，如图 3.2(b)所示。

(3) 联系：指实体集之间的联系，有“一对一”“一对多”“多对多”3 种联系类型。联系用菱形框表示，如图 3.2(c)所示。

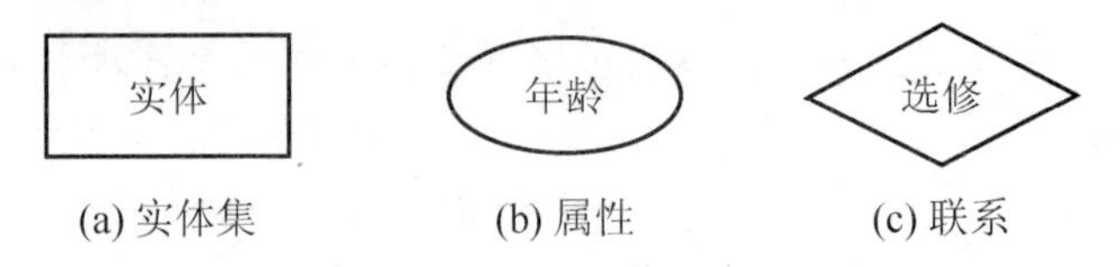

图 3.2　E-R 图的三种基本成分及其图形的表示方法

【例 3-1】　问题描述：现实世界中，在一个简单教务管理系统中，学生要选修课程，老师要教授课程。那么我们如何通过 E-R 图来描述现实世界中这件事呢？要经过以下三步。

(1) 找出实体集，按实体集的概念，可以很容易从题设找出对应的实体集，包括学生、教师和课程，如图 3.3 所示。

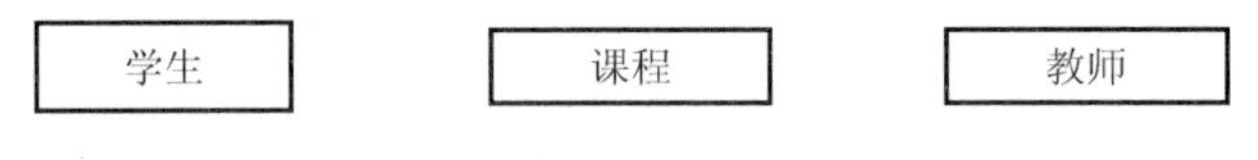

图 3.3　3 个实体集

(2) 标注属性，如图 3.4 所示。

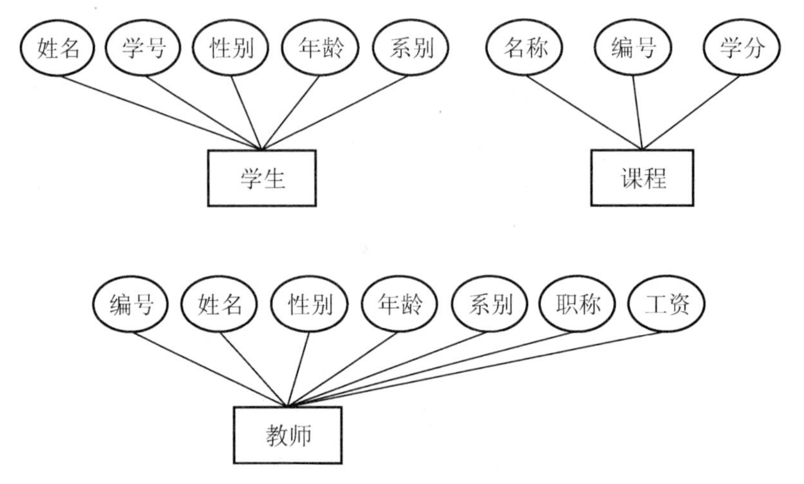

图 3.4　标注了属性的实体集

(3) 找出实体集之间的联系，标注联系的类型，此处省略了实体集的属性，如图 3.5 所示。

图 3.5　找出实体集之间的联系

提示：上图中的 m: n 表示，一个学生可以选修多门课程，一门课程可以被多个学生选修，一个教师可以教授多门课程，一门课程也可以被多个教师教授。

(4) 找出联系的属性，如图 3.6 所示。

提示：如果学生不选修课程，就不会有成绩。所以成绩这个属性是在课程被学生选修这件事情发生以后产生的，故这个属性是属于“选修”这个联系。

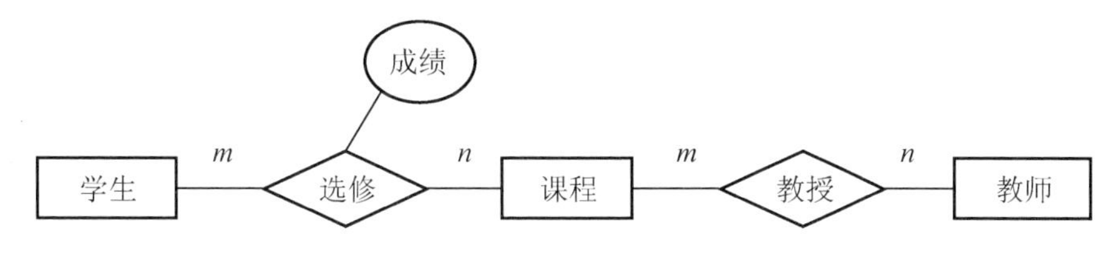

图 3.6　标注联系的属性

(5) 补齐所有属性，如图 3.7 所示。

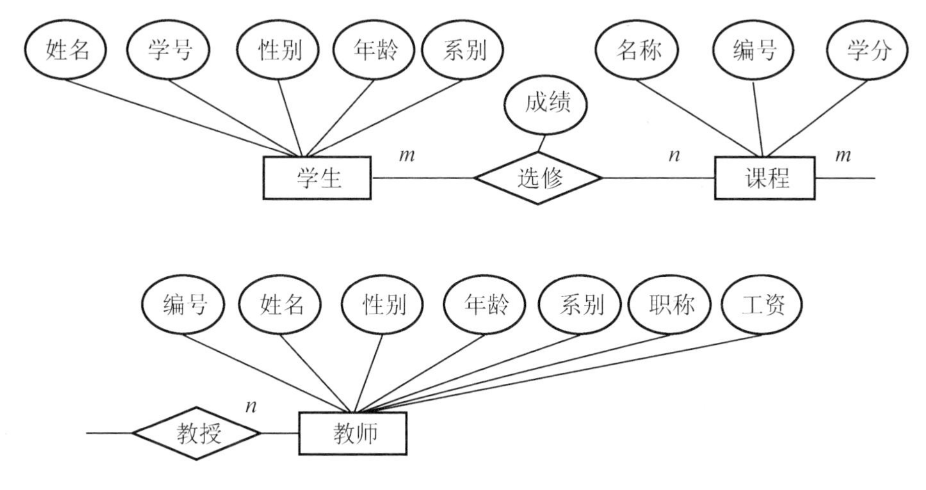

图 3.7　教务系统的 E-R 图

提示： 以上讲解了如何使用 E-R 图来描述现实世界，而生成的 E-R 图就是我们前面讲述的信息世界。

2. 计算机世界

信息世界中的实体抽象为计算机世界中的数据后，即可通过计算机进行存储和处理了。在计算机世界中常用的主要概念如下。

1) 字段(Field)

实体属性的命名单位称为字段(或数据项)。字段的命名往往和属性名相同，例如学生有学号、姓名、年龄等字段。

2) 记录(Record)

字段的有序集合称为记录。一般用一个记录描述一个实体，所以记录又可以定义为能完整地描述一个实体的字段集。例如，一个教师记录由有序的字段集(教师号、姓名、性别、……)组成。

3) 文件(File)

同一类记录的集合称为文件。文件是用来描述实体集的，例如所有的学生记录组成了一个学生文件。

4) 关键码(Key)

能唯一标识文件中每个记录的字段或字段集，称为记录的关键码(简称为键)。例如，学生的学号字段可以作为学生的关键码。

三个世界中术语的对应关系见表 3-2。

表 3-2 三个世界中术语的对应关系

现 实 世 界	信 息 世 界	计算机世界
事物总体	实体集	文件
事物个体	实体	记录
特征	属性	字段

提示：由上表可以看出，本是一个事物，在我们划定的不同世界中会有不同的称谓。为什么要把划分出三个世界，又为什么出现这么多新的称谓呢？简单来讲就是为了方便把现实世界的事物及事物之间的联系转换为计算机可以处理的数据。

3.1.2 关系模型

把现实世界转换为信息世界我们借助了 E-R 图这个工具，把信息世界中的 E-R 图转换成计算机世界中的数据也需要借助工具，这个工具就是数据模型。数据模型有层次模型、网状模型和关系模型 3 种。目前使用最广泛的是关系模型，关系模型的主要特征是用“二维表”表达实体集及实体集之间的联系，本书将以关系模型为例进行讲授。

1. 关系模型的基本概念

关系模型用于把信息世界中的 E-R 图转换成计算机世界中的数据，为方便介绍关系模型，首先来介绍关系模型中的概念。

1) 关系(Relation)

一个关系就是一种规范了的二维表中行的集合。

例如表 3-1 就是一个关系。

2) 元组(Tuple)

二维表中的一行，相当于一条记录，如表 3-1 中的一个行即为一个元组。

3) 属性(Attribute)

二维表中的一列，相当于记录中的一个字段，如表 3-1 中有 5 个属性(学号、姓名、性别、年龄、系别)。

4) 关键字(Key)

可唯一标识元组的属性或属性组，也称为关系键或主码。

5) 关系模式

关系模式是对关系的描述，一般表示为：关系名(属性 1，属性 2，……，属性 *n*)，如学生(学号，姓名，性别，年龄，系别)就是一个关系模式。

在关系模型中，实体是用关系来表示的，如：学生(学号，姓名，性别，年龄，系别)；课程(课程号，课程名，课时)。

实体集之间的联系也是用关系来表示的，如学生与课程之间的联系可以表示为：选修(学号，课程号，成绩)。

提示：前面已经提到关系就是“二维表”，我们如何用二维表来表示实体集之间的联系呢？

在表 3-3 中可以看到哪个学生选修了哪门课程，也知道了每门课程被哪些学生选修了，即这张表描述了学生与课程之间的联系。

表 3-3　选课表 SC

学　号	课　程　号	成　绩
S1	C1	89
S2	C1	85
S2	C2	80
S3	C3	85

6) 关系的特性

关系就是二维表，但二维表不一定是关系(例表 3-4)，在关系模型中，对关系做了很多限制，关系具有以下特性。

(1) 关系中不允许出现相同的元组。

(2) 关系中元组的顺序(即行序)可任意。

(3) 关系中属性的顺序可任意，即列的顺序可以任意。

(4) 同一属性名下的各个属性值必须是同一类型的数据。

(5) 关系中各个属性必须有不同的名字。

(6) 关系中每一分量必须是不可分的数据项。

表 3-4　学生表

<table>
<tr><th rowspan="2">学　号</th><th rowspan="2">姓　名</th><th colspan="3">住　址</th></tr>
<tr><th>省</th><th>市</th><th>县(区)</th></tr>
<tr><td>S1</td><td>李四</td><td>河北</td><td>承德</td><td>围场</td></tr>
<tr><td>S3</td><td>张三</td><td>北京</td><td></td><td>大兴</td></tr>
</table>

提示： 表 3-4 是二维表，但不是关系，因为住址这个属性可再分。

2. 关系模型的使用

前面已经完成了教务管理系统从现实世界到信息世界的转换，接下来完成第二个过程，即把信息世界(抽象得到的 E-R 图，如图 3.7 所示)转换成计算机世界，也就是转换成关系，关系以关系模式来描述。

1) 转换原则

E-R 图是由实体集、属性和联系组成的，再把 E-R 图转换成关系模式的过程中，要遵循以下原则。

(1) 一个实体集转换为一个关系模式，实体集的属性就是关系的属性。

(2) 一个联系转换为一个关系模式，与该联系相连的各实体集的主键以及联系的属性均属性为该关系的属性。该关系的主键有 3 种情况。

① 如果联系类型为 1∶1，则每个实体集的键都可以作为关系的主键。

② 如果联系类型为 1∶m，则 m 端实体集的键作为关系的主键。

③ 如果联系类型为 m∶n，则两个实体集的键组合作为关系的主键。

提示： 主键是在关系中能唯一区别每一行的属性或属性组，并且要求这个属性组是最小的。在表 3-3 中，我们可以看到属性组“学号+课程号”可以唯一区分每一行，该属性组的任一个子集“学号”或“课程号”均不能唯一区分每一行，我们就说这个属性组为主键。

2) 具体做法

(1) 把每一个实体转换为关系模式。

【例 3-2】 以图 3.7 所示的 E-R 图为例，3 个实体集分别转换为以下 3 个关系模式。

学生(<u>学号</u>、姓名、性别、年龄、系别)

教师(<u>教师号</u>、姓名、性别、年龄、系别、职称、工资)

课程(<u>课程号</u>、课程名、课时)

其中，有下划线的表示是主键。

(2) 把每一个联系转换为关系模式。

选修(<u>学号，课程号</u>，成绩)

教授(<u>教师号，课程号</u>)

提示： 在 E-R 图转换为关系模式的过程中，联系中包含的属性除了自身的属性以外，还要包含产生这个联系对应的实体集的主键，因此，在转换之前需要确定好每个实体的主键。

3.2 具体实现——表的管理

3.2.1 表的概念

在关系型数据库中，表是用来存储数据的数据库对象，要想用数据库存储数据，首先必须创建用户表。通过 3.1 节的讲解，我们把现实世界中的事物及事物之间的联系转换成了关系，关系是以关系模式的方式表示的。有了关系模式，在数据库建立表的时候就很方便了。在建立表之前，我们首先要学习一下数据类型。

3.2.2 表中的不同数据类型

计算机中的数据有两种特征：类型和长度，数据类型就是以数据的表现方式和存储方式来划分的数据的种类。现将 SQL Server 2012 数据类型简述如下。

1. 精确数值数据类型

数值数据类型包括 bit、tinyint、smallint、int、bigint、numeric、decimal、money、float 以及 real。这些数据类型都用于存储不同类型的数字值。第一种数据类型 bit 只存储 0 或 1，在大多数应用程序中被转换为 true 或 false。bit 数据类型非常适合用于开关标记，且它只占据一个字节空间。常见的精确数值数据类型见表 3-5。

表 3-5　精确数值数据类型

数据类型	描　　述	存储空间
bit	0、1 或 Null	1 字节(8 位)
tinyint	0～255 之间的整数	1 字节
smallint	–32 768～32 767 之间的整数	2 字节
int	–2 147 483 648～2 147 483 647 之间的整数	4 字节
bigint	–9 223 372 036 854 775 808～9 223 372 036 854 775 807 之间的整数	8 字节
numeric(p,s)	–1 038+1～1 038–1 之间的数值	最多 17 字节
decimal(p,s)	–1 038+1～1 038–1 之间的数值	最多 17 字节
money	–922 337 203 685 477.580 8～922 337 203 685 477.580 7	8 字节
smallmoney	–214 748.364 8～2 14 748.364 7	4 字节

如 decimal 和 numeric 等数值数据类型可存储小数点右边或左边的变长位数。Scale 是小数点右边的位数。精度(Precision)定义了总位数，包括小数点右边的位数。例如，由于 13.833 1 可为 numeric(6,4)或 decimal(6,4)。如果将 78.235 插入到 numeric(5,2)列中，它将被舍入为 78.24。

2. 近似数值数据类型

这个分类中包括数据类型 float 和 real，见表 3-6。它们用于表示浮点数据，浮点数据用于存储十进制小数。但是，由于它们是近似的，因此不能精确地表示所有值。

float(n)中的 n 是用于存储该数尾数(mantissa)的位数。SQL Server 对此只使用两个值。如果指定位于 1～24 之间，SQL 就使用 24。如果指定 25～53 之间，SQL 就使用 53。当指定 float()时(括号中为空)，默认为 53。

表 3-6　近似数值数据类型

数据类型	描　　述	存储空间
float(n)	–1.79E+308～–2.23E–308,0,2.23E–308～1.79E+308	N< =24—4 字节　N> 24—8 字节
real()	–3.40E+38～–1.18E–38,0,1.18E–38～3.40E+38	4 字节

注意： real 的同义词为 float(24)。

3. 字符数据类型

字符数据类型包括 varchar、char、nvarchar、nchar、text 以及 ntext 等，见表 3-7，这些数据类型用于存储字符数据。varchar 和 char 类型的主要区别是数据填充。如果有一表列名为姓名且数据类型为 varchar(15)，同时将值 Tommy 存储到该列中，则物理上只存储 5 个字节。但如果在数据类型为 char(15)的列中存储相同的值，将使用全部 15 个字节。SQL 将插入拖尾空格来填满 15 个字符。

提示： 如果要节省空间，那么为什么还使用 char 数据类型呢？使用 varchar 数据类型会稍增加一些系统开销。例如，如果要存储两字母形式的州名缩写，则最好使用 char(2) 列。尽管有些 DBA 认为应最大可能地节省空间，但一般来说，好的做法是在组织中找到一个合适的阈值，并指定低于该值的采用 char 数据类型，反之则采用 varchar 数据类型。通常的原则是，任何小于或等于 5 个字节的列应存储为 char 数据类型，而不是 varchar 数据类型。如果超过这个长度，使用 varchar 数据类型的好处将超过其额外开销。

nvarchar 数据类型和 nchar 数据类型的工作方式与对等的 varchar 数据类型和 char 数据类型相同，但这两种数据类型可以处理国际性的 Unicode 字符。它们需要一些额外开销。以 Unicode 形式存储的数据为一个字符占两个字节。如果要将值 Brian 存储到 nvarchar 列，它将使用 10 个字节；而如果将它存储为 nchar(20)，则需要使用 40 字节。由于这些额外开销和增加的空间，应该避免使用 Unicode 列，除非确实有需要使用它们的业务或语言需求。

接下来要提的数据类型是 text 和 ntext。text 数据类型用于在数据页内外存储大型字符数据。应尽可能少地使用这两种数据类型，因为可能影响性能，但可在单行的列中存储多达 2GB 的数据。与 text 数据类型相比，更好的选择是使用 varchar(max)类型，因为将获得更好的性能。

提示： text 和 ntext 数据类型在 SQL Server 的一些未来版本中将不可用，因此现在开始还是最好使用 varchar(max)和 nvarchar(max)而不是 text 和 ntext 数据类型。

表 3-7 字符数据类型

数 据 类 型	描 述	存 储 空 间
char(n)	n 为 1～8 000 字符之间	n 字节
nchar(n)	n 为 1～4 000 Unicode 字符之间	(2n 字节)+2 字节额外开销
ntext	最多为 2^{30}–1(1 073 741 823)Unicode 字符	每字符 2 字节
nvarchar(max)	最多为 2^{30}–1(1 073 741 823)Unicode 字符	2×字符数+2 字节额外开销
text	最多为 2^{31}–1(2 147 483 647)字符	每字符 1 字节
varchar(n)	n 为 1～8 000 字符之间	每字符 1 字节+2 字节额外开销
rchar(max)	最多为 2^{31}–1(2 147 483 647)字符	每字符 1 字节+2 字节额外开销

4. 二进制数据类型

二进制数据类型包含 varbinary、binary、varbinary(max)及 image 等，见表 3-8，其用于存储二进制数据，如图形文件、Word 文档或 MP3 文件。image 数据类型可在数据页外部存储最多 2GB 的文件。

提示： image 数据类型的首选替代数据类型是 varbinary(max)，可保存最多 8KB 的二进制数据，其性能通常比 image 数据类型好。

表 3-8 二进制数据类型

数 据 类 型	描 述	存 储 空 间
binary(n)	n 为 1～8 000 十六进制数字之间	n 字节

续表

数据类型	描　述	存储空间
image	最多为 $2^{31}-1$(2 147 483 647)十六进制数位	每字符 1 字节
varbinary(n)	n 为 1～8 000 十六进制数字之间	每字符 1 字节+2 字节额外开销
varbinary(max)	最多为 $2^{31}-1$(2 147 483 647)十六进制数字	每字符 1 字节+2 字节额外开销

5．日期和时间数据类型

日期和时间数据类型见表 3-9。

datetime 和 smalldatetime 数据类型用于存储日期和时间数据。smalldatetime 为 4 字节，存储 1900 年 1 月 1 日至 2079 年 6 月 6 日之间的时间，且只精确到最近的分钟。datetime 数据类型为 8 字节，存储 1753 年 1 月 1 日至 9999 年 12 月 31 日之间的时间，且精确到最近的 3.33 毫秒。

datetime2 数据类型是 datetime 数据类型的扩展，有着更广的日期范围。时间总是用时、分钟、秒形式来存储。可以定义末尾带有可变参数的 datetime2 数据类型，如 datetime2(3)。这个表达式中的 3 表示存储时秒的小数精度为 3 位，或 0.999。有效值为 0～9 之间，默认值为 3。

datetimeoffset 数据类型和 datetime2 数据类型一样，带有时区偏移量。该时区偏移量最大为 14 小时，包含了 UTC 偏移量，因此可以使不同时区捕捉的时间合理化。

date 数据类型只存储日期，这是一直需要的一个功能。而 time 数据类型只存储时间。它也支持 time(n)声明，因此可以控制小数秒的精度。与 datetime2 和 datetimeoffset 一样，n 可为 0～7。

表 3-9　日期和时间数据类型

数据类型	描　述	存储空间
date	9999 年 1 月 1 日至 12 月 31 日	3 字节
datetime	1753 年 1 月 1 日至 9999 年 12 月 31 日，精确到最近的 3.33 毫秒	8 字节
datetime2(n)	9999 年 1 月 1 日至 12 月 31 日，0～7 之间的 N 指定小数秒	6～8 字节
datetimeoffset(n)	9999 年 1 月 1 日至 12 月 31 日，0～7 之间的 N 指定小数秒+/–偏移量	8～10 字节
smalldatetime	1900 年 1 月 1 日至 2079 年 6 月 6 日，精确到 1 分钟	4 字节
time(n)	小时:分钟:秒，0.999 999 90～7 之间的 N 指定小数秒	3～5 字节

6．其他系统数据类型

其他数据类型见表 3-10。

表 3-10　其他系统数据类型

数据类型	描　述	存储空间
cursor	包含一个对光标的引用，可以只用作变量或存储过程参数	不适用
hierarchyid	包含一个对层次结构中位置的引用	1～892 字节+2 字节的额外开销

续表

数据类型	描述	存储空间
sql_variant	可能包含任何系统数据类型的值，除了 text、ntext、image、timestamp、xml、varchar(max)、nvarchar(max)、varbinary (max)、SQL_variant 以及用户定义的数据类型。最大尺寸为 8 000 字节数据+16 字节(或元数据)	8 016 字节
table	用于存储用于进一步处理的数据集。定义类似于 Create Table。主要用于返回表值函数的结果集，它们也可用于存储过程和批处理中	取决于表定义和存储的行数
timestamp or rowversion	对于每个表来说是唯一的、自动存储的值。通常用于版本戳，该值在插入和每次更新时自动改变	8 字节
uniqueidentifier	包含全局唯一标识符(Globally Unique Identifier，GUID)。guid 值可以从 Newid()函数获得。这个函数返回的值对所有计算机来说是唯一的。尽管存储为 16 位的二进制值，但它显示为 char(36)	16 字节
XML	可以以 Unicode 或非 Unicode 形式存储	最多 2GB

注意：

cursor 数据类型可能不用于 Create Table 语句中。

hierarchyid 列是 SQL Server 2008 中新出现的。您可能希望将这种数据类型的列添加到这样的表中——其表行中的数据可用层次结构表示，就像组织层次结构或经理/雇员层次结构一样。存储在该列中的值是行在层次结构中的路径。层次结构中的级别显示为斜杠。斜杠间的值是这个成员在行中的数字级别，如 1/3。可以运用一些与这种数据类型一起使用的特殊函数。

XML 数据存储 XML 文档或片段。根据文档中使用 UTF-16 或是 UTF-8，它在尺寸上像 text 或 ntext 一样存储。XML 数据类型使用特殊构造体进行搜索和索引。

3.2.3 使用 SSMS 创建表

接下来将创建本书数据库实例中的第一个表。在教务管理系统中，需要存储学生的信息，包括学生的学号、姓名、性别等。

提示：在开始创建表之前，首先应具备以下条件：确保 SSMS 正在运行，并有足够的权限能够创建表。缺省情况下，只有系统管理员或数据库拥有者可以创建一个新表，系统管理员或数据库拥有者也可以授权他人来完成创建表的工作。

在新创建的 Student_Course_Teacher 数据库中，自动包含了系统表。

【例 3-3】 创建学生表 S。表 S 的结构见表 3-11。

表 3-11 学生表 S 的结构

列名称	数据类型	是否允许为空	说明
sno	char(10)	否	学号
sn	nchar(20)	是	姓名
sex	char(2)	是	性别
age	int	是	年龄
department	nchar(30)	是	系别

提示： 在 SQL Server 中，列的名称也可以使用中文列名，但建议最好使用英文字符的列名，这样可以在后续的 T-SQL 语句中使用时，减少中英文切换可能带来的语法输入错误。在具体使用中，可以逐渐体会到列名采用英文字符所带来的方便。

使用 SSMS 创建表的步骤如下。

(1) 展开【对象资源管理器】，找到新创建的 Student_Course_Teacher 数据库。

(2) 右击【表】节点，出现【新建表】菜单项，界面如图 3.8 所示。

单击该选项进入表设计器，显示表-dbo.Table_1 的设计界面，如图 3.9 所示。

图 3.8 【新建表】菜单项

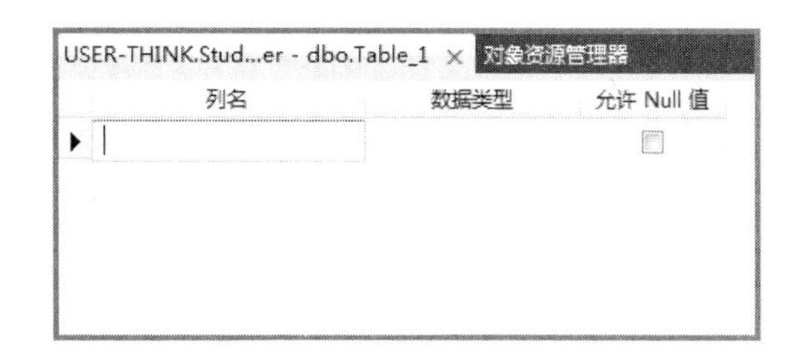

图 3.9 表设计器窗口

(3) 从界面显示来看，需要输入表中每一列的详细信息。

以第一列为例，在列名中输入 sno，表示学生的学号。在对列进行命名时，应尽量避免使用空格，可以使用下划线来代替空格。因为当在 SQL 代码中使用带有空格的列时，必须用方括号{[]}扩住列名，这会十分麻烦。

数据类型选择 char(10)，因为学生的学号大小比较固定，并且一般都由字母和数字来构成。

由于学生的学号必须有值，在【允许空】复选框内不要选择，保持空白。如果选中该复选框，则表示在该字段中允许 NULL 值。

提示： 在某字段上允许 NULL 值，即可以不向该字段中输入任何信息。但 NULL 不代表数字中的 0 或空字符串，它表达的是该字段中没有任何数据。所以允许 NULL 的好处在于它只占用很少的存储空间。

(4) 按照设计需要，依次创建其他的列，创建后界面如图 3.10 所示。

注意： 表的名称后面有一个*，表示表的结构有了变化，但还没有保存，因此可以提醒用户保存。保存之后，则*消失。

(5) 表的结构设计完成后，在屏幕的右边，会看到表的【属性】对话框，如图 3.11 所示。如果【属性】对话框不可见，可以按 F4 键，或者执行【视图】|【属性窗口】命令。在【属性】对话框，首先给表命名，这里是 S，并给表添加说明“此表保存学生的信息”。也可以通过【架

构】组合框，为表选择合适的架构，否则会默认是 dbo。

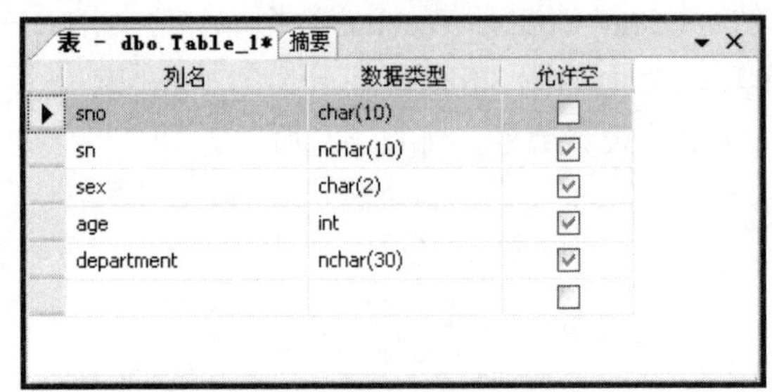

图 3.10　表 S 的完整结构

图 3.11　表 S 的属性

(6) 可以通过以下 3 种方式来保存表。

① 通过执行【文件】|【保存 Table_1】命令来保存。

② 直接应用快捷键 Ctrl+S，或者单击工具栏上的【保存】按钮来保存。

③ 在关闭表结构页面的时候会出现保存对话框，单击【是】按钮则保存。

如果没有在表的【属性】对话框输入表的名称，则会出现对话框询问表的名称，即可以保存创建好的表。可以看到，表 S 的默认的架构是 dbo，所以表的名称在对象资源管理器中显示为 dbo.S。

(7) 创建教务管理系统的其他表。

上面创建了表 S 用来存储学生的信息。在教务管理系统中，还有四张表，分别是表 C(用来存储课程信息)、表 T(用来存储教师信息)、表 SC(用来存储学生选课信息)和表 TC(用来存储教师教授课程信息)。这四张表的结构见表 3-12～表 3-15 所示。

表 3-12　表 C 的结构

列　名　称	数 据 类 型	是否允许为空	说　　明
cno	char(10)	否	课程编号
cn	varchar(30)	是	课程名称
ct	nchar(10)	是	课时

表 3-13　表 T 的结构

列　名　称	数 据 类 型	是否允许为空	说　　明
tno	char(10)	否	编号
tn	varchar(20)	是	姓名
sex	char(2)	是	性别
age	int	是	年龄
department	varchar(20)	是	系别
prof	varchar(10)	是	职称
sal	int	是	工资

表 3-14　表 SC 的结构

列　名　称	数 据 类 型	是否允许为空	说　　明
sno	char(10)	否	学号
cno	char(10)	否	课程编号
score	int	是	成绩

表 3-15　表 TC 的结构

列　名　称	数 据 类 型	是否允许为空	说　　明
tno	char(10)	否	教师编号
cno	char(10)	否	课程编号

练一练：

请练习使用 SSMS 创建如上的四张表，创建的时候请思考数据类型和长度的选定。

3.2.4　使用 SSMS 修改表

在数据库的使用过程中，开发人员会根据需求对表进行字段添加、修改或删除。

1. 添加表字段

当需要为实体添加属性来描述另外一种特征时，就可以向表中添加字段。

【例 3-4】　向表 S 中添加表示学生联系电话的字段 phone。

(1) 启动 SSMS，展开【数据库】|Student_Course_Teacher|【表】，选中要修改的 S 表。右击该表，从弹出的快捷菜单中选择【修改】命令，界面如图 3.12 所示。

(2) 在表设计器中，将鼠标置于最后的空行格，和新建表时的操作一样，可以输入列名、数据类型、允许空等信息，界面如图 3.13 所示。

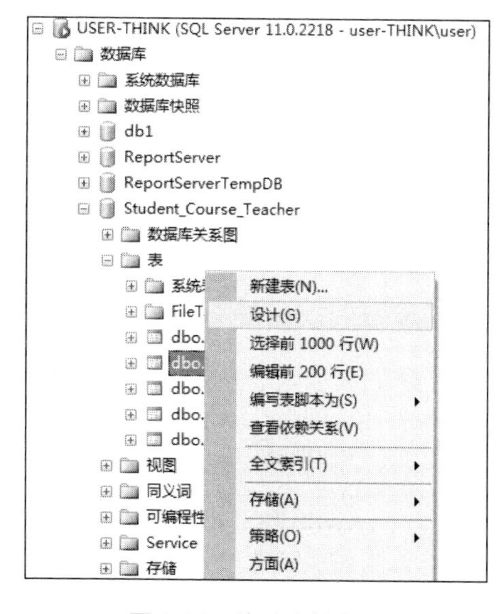

图 3.12　修改表的窗口

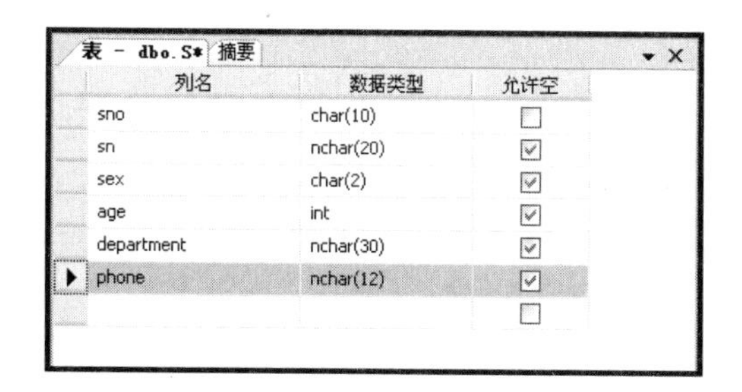

图 3.13　修改表 S 的结构

(3) 添加完成后，单击工具栏上的【保存】按钮即可完成操作。

练一练：

请应用 SSMS 为课程表 C 创建字段 cc 来记录课程的学分，数据类型为 int 类型，不允许空；为教师表 T 创建字段 workDate 来记录教师参加工作的时间，数据类型为 dataTime，允许空。

2. 修改表字段

同样，右击该表选择【修改】命令，在打开的表设计器中可以对表的列名、数据类型和是否允许为空进行修改或设置。

练一练：

请应用 SSMS 将课程表 C 的 cc 列的数据类型更改为 tinyint，同时允许空。

3. 删除表字段

【例 3-5】 删除表 S 中的 phone 字段。

在表设计器中，选中要删除的字段行。右击该行，从弹出的快捷菜单中选择【删除列】命令，即可以完成表字段的删除，如图 3.14 所示。删除完成后，单击【保存】按钮保存表。

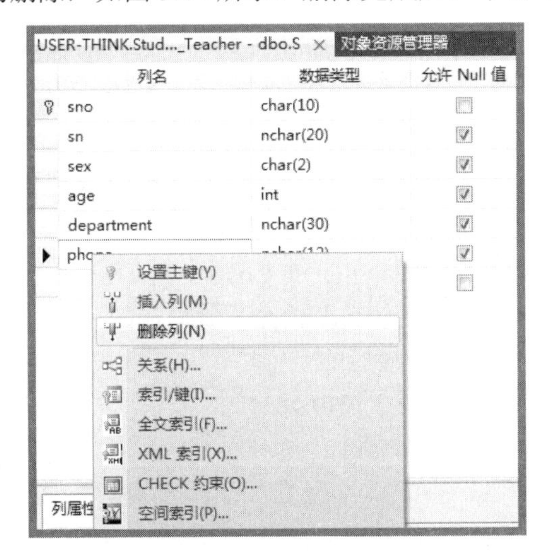

图 3.14 删除字段

练一练：

请应用 SSMS 将课程表 C 的 cc 列删除，同时将教师表 T 中的列 workDate 删除。

3.2.5 使用 SSMS 删除或重命名表

在有些情况下，需要删除或重命名某些已有的表。

【例 3-6】 在 SSMS 中，删除或重命名表。

(1) 启动 SSMS，展开【表】节点列出数据库中的表。

(2) 右击要删除的表，从弹出的快捷菜单中选择【查看依赖关系】命令，界面如图 3.15 所示。弹出的【对象依赖关系】窗口如图 3.16 所示。

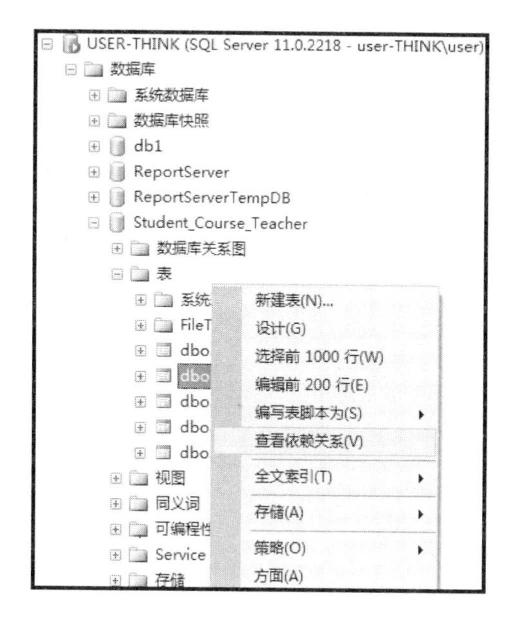

图 3.15 【查看依赖关系】选项

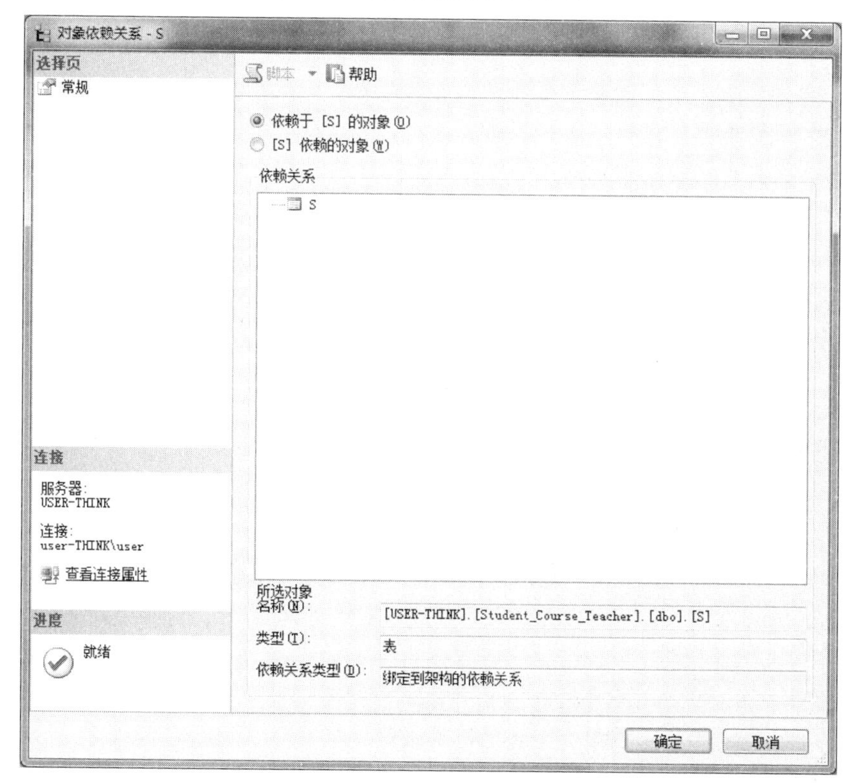

图 3.16 【对象依赖关系】界面

【对象依赖关系】窗口显示了当前对象与其他对象之间的依赖关系。使用这个窗口的信息来了解重命名或删除所选表可能影响到的任何依赖关系。用户可以在重命名或删除前解除表与其他表的依赖关系，即必须先删除引用该表的外键约束，或者先删除引用表本身，才能删除原始的表。单击【确定】按钮关闭【对象依赖关系】窗口。

(3) 若要重命名一个表，右击该表，从快捷菜单中选择【重命名】命令，当表名处于可编辑状态时，输入新表名称即可。

(4) 若要删除一个表，右击该表，从快捷菜单中选择【删除】命令，在弹出的【删除对象】窗口中，确认删除操作后单击【确定】按钮即可。

3.2.6 使用 T-SQL 创建表

使用 T-SQL 语句 CREATE TABLE 命令可以创建表，基本语法格式如下：

```
Create table <表名>
(<列名><数据类型>[列级完整性约束条件],
<列名><数据类型>[列级完整性约束条件],
…,
<列名><数据类型>[表级完整性约束条件]
)
```

说明：

(1) 表名：为新创建的表指定的名称。

(2) 列名：新数据表中的字段名称。字段名必须符合标识符规则，并且在表内唯一。

提示：如果字段名中包含空格，需要将字段名用方括号括起来。

(3) 数据类型：指定列的数据类型及宽度。

(4) 完整性约束条件：在创建表的同时，为了保证数据库的完整性，即数据库中数据的正确性与相容性，通常要加入完整性约束，以防止用户向数据库中添加不合语义的数据或违背业务规则。

约束(Constraint)是 SQL Server 提供的自动保持数据库完整性的一种方法，定义了可输入表或表的单个列中的数据的限制条件。在 SQL Server 中有以下 6 种类型的约束。

① 主键完整性约束(Primary Key)：保证列值的唯一性，且不允许为 NULL。

提示：每个表中只能有一列或列组合被定义为 Primary key 约束，该列不能包含空值。且 image 和 text 类型的列不能被定义为 Primary key 约束。

② 外键完整性约束(Foreign Key)：保证列的值只能取参照表的主键或唯一键的值，主要用来维护两个表之间的数据一致性。

③ 唯一完整性约束(Unique)：保证列值的唯一性，Unique 约束是 SQL 完整性约束中，除主键约束外另一种可以定义唯一约束的类型。Unique 约束指定一个或多个列的组合的值具有唯一性。

④ 非空完整性约束(Not NULL)：保证列值的非 NULL。

⑤ 默认完整性约束(Default)：指定列的默认值。

⑥ 检查完整性约束(Check)：指定列的取值范围，例如定义某列的取值范围、取值列表等。

【例 3-7】 通过使用 T-SQL 创建表。

(1) 首先打开查询编辑器，并确保当前正在使用的数据库是 Student_Course_Teacher；否则为了不出错，需要在每次执行 SQL 语句时都要加上 USE Student_Course_Teacher。

单击工具栏上的【新建查询】按钮，查询编辑器将被打开，界面如图 3.17 所示。同时菜单中会出现【查询】菜单，工具栏上也会出现查询编辑器的工具栏。

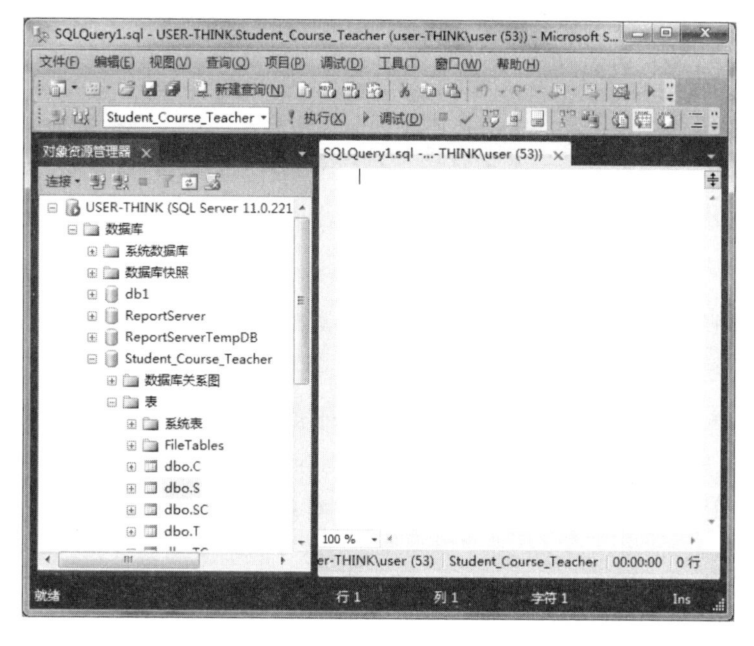

图 3.17　查询编辑器窗口

(2) 在查询编辑器中，输入下面的代码来创建表 S。

```
CREATE TABLE S
(sno char(10) not null,
sn nchar(20) ,
sex char(2),
age int,
department nchar(30)
)
```

由于学生学号为学生的唯一标识，因此 sno 列不允许为空，必须注明为 not null，缺省情况下为允许空，因此其他列后面的 null 可以省略。

(3) 单击工具栏上的【分析】按钮，首先来分析 SQL 语句是否有语法错误。如果没有语法错误，则在【结果】窗格中显示【命令已成功完成】。如果不慎将关键字 null 写错，则执行【分析】命令后，会在【结果】窗格中显示错误提示，如图 3.18 所示。

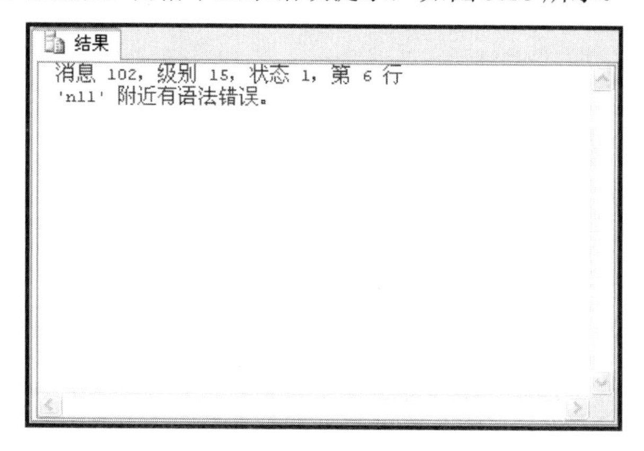

图 3.18　出错信息窗口

(4) SQL 语句没有语法错误后，单击工具栏上的【执行】按钮，或者按 F5 键，来执行代码。在结果窗格中，可以看到显示：【命令已成功完成】的字样，或者是错误消息。

提示： 出现错误的原因很多，需要具体分析。大部分来说是语法错误(如关键字拼写不正确或误用了全角符号，尤其是空格，也要使用半角的空格)或不具有创建表的权限等。

(5) 回到对象资源管理器，右键单击【表】节点并选择【刷新】命令，才会将新创建的表显示出来。

提示： 在检测到 SQL 语句有语法错误时，在结果窗格中会给出提示。双击某一项错误提示，可以快速在查询编辑器中定位到有错误的代码，这是一项很方便的功能。

【例 3-8】 使用 T-SQL 创建表 T，要求将教师编号列 tno 设置为主键，同时限制教师的性别列 sex 的取值只能是【男】或者【女】，职称列 prof 的默认值为【讲师】。

在查询编辑器中，输入下面的代码创建表 T，来满足例 3-8 的要求。

```
CREATE TABLE T
(tno char(10)  primary key not null,
tn varchar(20) ,
sex char(2) check(sex='男' or sex='女'),
age int,
department varchar(30),
prof varchar(10) default '讲师',
sal int,
comm varchar(50)
)
```

执行上面的 SQL 代码后，会在消息窗口显示【命令已成功完成】。此时可以通过在对象资源管理器的 Student_Course_Teacher 数据库上，右击【表】节点并选择【刷新】命令，会将新创建的表显示出来。

可以直接在列上定义约束，也可以在 CREATE TABLE 语句中作为表约束来定义。作为表约束来定义时，需要为约束指定名称。

```
CREATE TABLE T
(tno char(10)  not null,
tn varchar(20) ,
sex char(2) default('讲师'),
age int,
department varchar(30),
prof varchar(10),
sal int,
comm varchar(50),
constraint pk_tno primary key(tno),
constraint ck_sex check(sex ='男' or sex='女')
)
```

提示： Default 约束只能在列级定义而不能在表级定义。其他类型的约束既可以在列级定义，也可以在表级定义。

【例 3-9】　使用 T-SQL 创建表 C，要求将课程编号列 cno 设置为主键，同时限制课程名称 cn 列的取值必须唯一。

在查询编辑器中，输入下面的代码创建表 C，以满足例 3-9 的要求。

```
CREATE TABLE C
(cno char(10) primary key not null,
cn varchar(20) unique,
ct int null
)
```

或者在表级别定义：

```
CREATE TABLE C
(cno char(10) primary key not null,
cn varchar(20),
ct int null,
constraint uk_cn unique(cn)
)
```

练一练：

使用 T-SQL 创建表 S，要求将学号列 sno 设置为主键，同时限制学生的性别列 sex 的取值只能是【男】或者【女】，系别列 department 的默认值为【计算机系】。

【例 3-10】　使用 T-SQL 创建表 SC，要求将列 sno 和 cno 的组合设置为复合主键，同时根据业务规则的要求，SC 表中 sno 列必须参考 S 表中的 sno 列，以防止在 SC 表中出现不存在的学生的成绩信息。同理，SC 表中的 cno 列必须参考表 C 中的 cno 列，以防止在 SC 表中出现不存在的课程的成绩信息。score 列的取值要限定在 0 到 100 之间。

```
CREATE TABLE SC
(cno char(10) not null,
sno char(10) not null,
score int check(score between 0 and 100),
constraint pk_sc primary key(cno,sno),
constraint fk_cno foreign key(cno) references C(cno),
constraint fk_sno foreign key(sno) references S(sno)
)
```

练一练：

使用 T-SQL 创建表 TC，要求将列 tno 和 cno 的组合设置为复合主键。根据业务规则的要求，TC 表中 tno 列必须参考表 T 中的 tno 列，以防止在 TC 表中出现不存在的教师的授课信息。同理，TC 表中的 cno 列必须参考表 C 中的 cno 列，以防止在 TC 表中出现不存在的课程的授课信息。

3.2.7　使用 T-SQL 修改表

使用 ALTER TABLE 语句，能够添加、删除或修改表字段。

1. 添加表字段

添加表字段语句的基本语法如下：

```
ALTER TABLE <表名>
ADD <列名> <数据类型> [宽度] null|not null
```

在 ALTER TABLE 语句后，指定要修改的表名。接下来输入要添加的列，列之间以逗号分隔。定义列时，要说明列的名称、数据类型、宽度(如果需要的话)以及是否允许为空。

提示： 在上面的语法结构中，默认是允许空，因此可以省略 NULL；当不允许为空时，必须用 not null 来指明。

【例 3-11】 向 S 表中添加 phone 字段，语句如下：

```
ALTER TABLE S
ADD phone char(12)
```

练一练：
请向课程表 C 中添加表示学分的字段 Cc，数据类型是 tinyint，允许为空。

2. 修改表字段

修改表字段语句的基本语法如下：

```
ALTER TABLE <表名>
ALTER COLUMN <列名> <数据类型> [宽度] null|not null
```

【例 3-12】 修改表 S 中的 phone 字段，语句如下：

```
ALTER TABLE S
ALTER COLUMN phone varchar(30)  not null
```

尽管不准备对列的数据类型做改动，但必须在这里再次定义数据类型和数据长度。

练一练：
请将课程表 C 中的字段 Cc 的数据类型修改为 smallint，不允许为空。

3. 删除表字段

删除表字段语句的基本语法如下：

```
ALTER TABLE table_name
DROP COLUMN column_name
```

删除表字段比较简单，在 DROP COLUMN 语句后，指定要删除的字段名称即可。

【例 3-13】 删除表 S 中的 phone 字段，语句如下：

```
ALTER TABLE S
DROP COLUMN phone
```

练一练：
请将课程表 C 中的字段 Cc 删除。

提示： 在添加表字段时，ADD 后不需要加 COLUMN 关键字；而在修改表字段和删除表字段时，ALTER 和 DROP 后面必须添加 COLUMN 关键字。

3.2.8　使用 T-SQL 删除或重命名表

(1) 要在 SQL Server 中重命名表，需要使用系统存储过程 sp_rename 来实现。存储过程在后面的章节中会详细介绍，使用系统存储过程重命名表的命令如下：

```
EXEC sp_rename <旧表名称> , <新表名称>
```

【例 3-14】　要把表 S 改名为 Student，在查询编辑器中输入如下语句：

```
EXEC sp_rename "S" "Student"
```

(2) 要在 SQL Server 中删除表，可以使用如下语句：

```
DROP TABLE table_name
```

【例 3-15】　要删除表 S，在查询编辑器中输入如下语句即可：

```
DROP TABLE S
```

小　　结

本章首先介绍了关系数据库表的理论基础——E-R 图和关系模型，说明了如何把现实世界的事物及事物之间的联系转换为计算机世界的数据。接下来分别介绍了如何使用 SSMS 和 T-SQL 创建、修改和删除表。

本章的重点是通过 SSMS 和 T-SQL 进行表的创建和管理，难点是现实世界的事物及事物之间的联系的转换与抽象。

背 景 材 料

"阻止保存要求重新创建表"的更改问题的设置方法

我们在用 SQL Server 2012 建完表后，插入或修改任意列时，提示：当用户在 SQL Server 2012 企业管理器中更改表结构时，必须要先删除原来的表，然后重新创建新表，才能完成表的更改。

如果强行更改会出现以下提示：不允许保存更改。您所做的更改要求删除并重新创建以下表。您对无法重新创建的表进行了更改或者启用了【阻止保存要求重新创建表的更改】选项。

解决方法：

打开 SSMS，单击【工具】|【选项】，会打开选项对话框，然后单击【设计器】，去选【阻止保存要求重新创建表的更改】复选框即可。如图 3.19 所示。

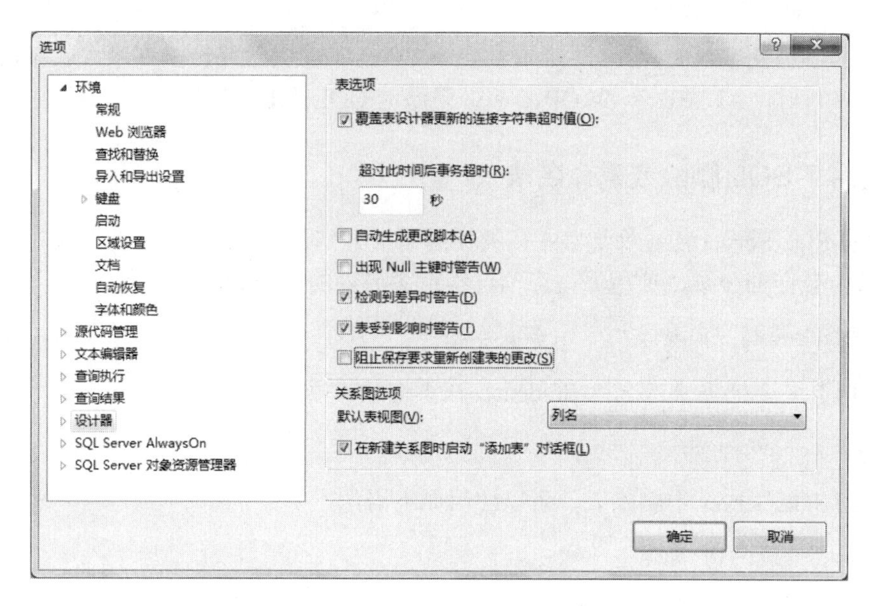

图 3.19 “阻止保存要求重新创建表”的更改

习 题

一、填空题

1．关系数据库是基于__________的数据库，使用的存储结构是多个__________。

2．__________表示在数据库中描述的现实世界中的事物个体。

3．多对多的联系要尽量通过一个__________，拆分成两个__________的联系。

4．__________是数据的储藏地，__________对应关系模型中的属性。

5．使用 T-SQL 语句__________命令可以创建表，使用__________命令，能够添加、删除或修改表字段。

6．要在 SQL Server 中重命名表，需要使用系统存储过程__________来实现。

7．保证数据库表中的行具有唯一性值的约束有__________约束和__________约束，而__________约束、__________约束、__________约束主要用于实现列的完整性，__________约束用于实现多表之间参照完整性。

8．数据库创建后就可以创建表了，创建表可以用工具__________和__________语句等方法来创建。

9．数据库完整性是指数据库要保持数据的__________和__________，它是衡量数据库数据质量好坏的一种标志。

10．用二维表结构表示实体之间联系的数据模型称为__________。

11．用来创建表的 T-SQL 语句是__________，用来修改表结构的语句是__________。

二、选择题

1．下列实体类型的联系中，属于一对一联系的是(　　)。

A．教研室对教师的所属联系　　B．父亲与孩子的联系

C．省对省会的所属联系　　D．供应商与工程项目的供货联系

2．在数据库中，(　　)是数据物理存储的最主要、最基本的单位。

A．表　　B．索引　　C．列　　D．视图

3．在数据库中存储的是(　　)。

A．数据　　B．数据和数据之间的联系

C．信息　　D．数据类型的定义

4．用来实现表之间的参照完整性的约束是(　　)。

A．PRIMARY KEY　　B．FOREIGN KEY

C．CHECK　　D．DEFAULT

5．对关系模型的特征判断下列正确的一项是(　　)。

A．只存在一对多的实体关系，以图形方式来表示

B．以二维表格结构来保存数据，在关系表中不允许有重复行存在

C．能体现一对多、多对多的关系，但不能体现一对一的关系

D．关系模型数据库是数据库发展的最初阶段

6．表在数据库中是一个非常重要的数据对象，它是用来(　　)各种数据内容的。

A．显示　　B．查询　　C．存储　　D．检索

7．假设创建表时，某列要求可以包含空值，但不允许包含重复值，那么在该列上使用的约束是(　　)。

A．PRIMARY KEY 约束　　B．UNIQUE 约束

C．CHECK 约束　　D．NOT NULL 约束

8．E-R 图示数据库设计的工具之一，它适用于建立数据库的(　　)。

A．概念模型　　B．逻辑模型

C．结构模型　　D．物理模型

9．可以唯一地标识表中的一行数据记录的键被称为(　　)。

A．约束　　B．外键　　C．参考键　　D．主键

三、简答题

1．针对一对一、一对多和多对多联系类型，分别举出 2～3 个例子。

2．参考创建表 T 的 SQL 代码，写出创建教务管理系统中其他四张表的 SQL 语句，并上机验证。

3．什么是主键约束？什么是唯一性约束？两者有什么区别？

4．简述 SQL Server 2012 中各类约束的特点及作用范围。

四、实训题

1．使用 SSMS 在课程信息表 C 中添加学分列 Cc，数据类型为整数类型，要求限制学分的范围是 1 到 12 之间。

2．使用 T-SQL 语句完成上述操作。

3．分别使用 SSMS 和 T-SQL 创建教材信息表 B，包含 ISBN 号、书名、出版社、作者、价格等信息，要求设置主键，并限制价格要大于等于 0。

4．分别使用 SSMS 和 T-SQL 创建班级信息表 CL，包含班号、班主任编号、教室、学生人数等信息。要求设置学生人数的缺省值为 0，并限定为 0 到 70 之间，同时班主任编号要参考教师信息表 T 中的教师编号。

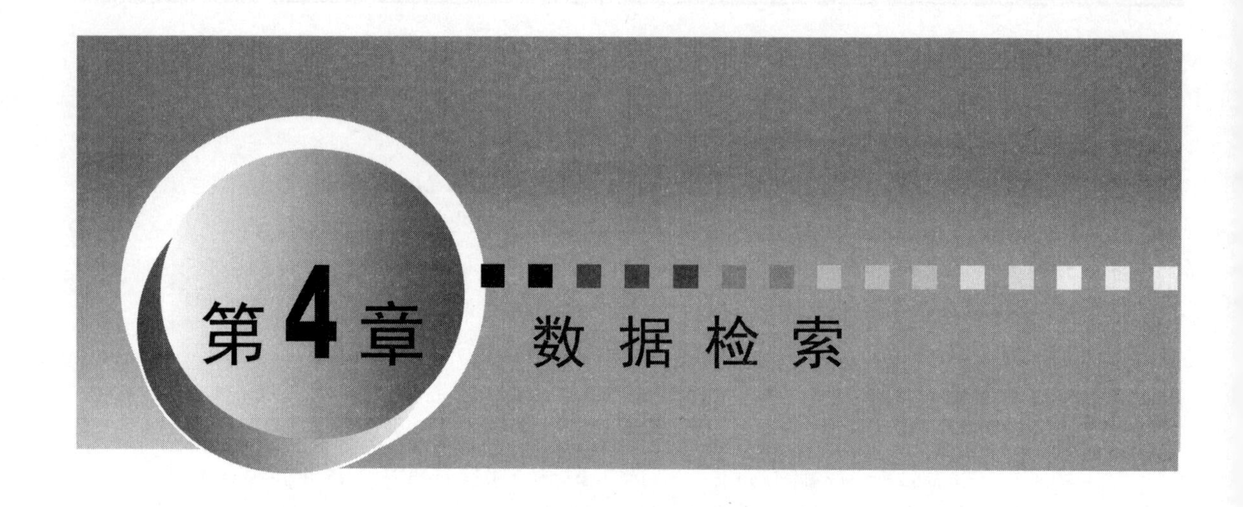

第4章 数据检索

教学目标

本章首先介绍关系代数，在掌握这部分理论知识以后，接下来介绍通过 T-SQL 语言实现数据检索。本章内容是本门课程学习的核心内容，需要认真思考，仔细总结。

教学要求

知识要点	能力要求	相关知识
传统的集合运算	掌握传统的关系运算方法	交、并、差、笛卡儿积
专门的关系运算	掌握专门的关系运算方法，能利用关系代数构造查询	选择、投影、连接
T-SQL 运算符和函数	掌握运算符和函数的使用方法	常用函数
SELECT 语句	熟悉 SELECT 语句的一般应用，并能利用 SELECT 语句进行复杂查询	SELECT 语句语法结构

导读

第 2 章完成数据库的建立，相当于建好了仓库，第 3 章建立存储数据的表，相当于搭好了货架，到此为止，已经完成了数据存储的前期准备工作。接下就要向数据库中添加数据，并依据需要对数据进行处理，这包括数据的插入、更新、检索和删除。

本章中首先介绍数据检索的基础理论知识，让读者掌握数据检索的基本理论和方法；接下来介绍 SQL Server 2012 中数据检索的方法；随后介绍如何向表中插入、修改和删除数据。本章重点是熟练掌握数据检索的各种方法，即 T-SQL 语言中 SELECT 语句的各种使用方法。

4.1　关 系 代 数

关系代数是一种抽象的查询语言，是关系数据操纵语言的一种传统表达方式，用对关系的运算来表达查询。此部分内容的学习将为后续学习奠定理论基础。

任何一种运算都是将一定的运算操作应用于一定的运算对象上，得到预期的运算结果。关系代数的运算对象是关系，运算结果亦为关系。关系代数的运算符包括 4 类：集合运算符、专门的关系运算符、比较运算符和逻辑运算符，见表 4-1。

提示：“10+8=18”是一个简单的数字加法运算，从这里我们知道，运算的对象是自然数 10 和 8，运算结果也是自然数 18。对照于此，“关系代数的运算对象是关系，运算结果亦为关系”应该就不难理解了。

表 4-1　关系代数运算符

运算符分类	运　算　符	含　　义	运算符分类	运　算　符	含　　义
集合运算符	∩	交	逻辑运算符	∧	与
	∪	并		∨	或
	－	差		¬	非
专门的关系运算符	×	迪卡儿积	比较运算符	=	等于
	σ	选择		≠	不等于
	Π	投影		<	小于
	∞	连接		≤	小于等于
	÷	除法		>	大于
				≥	大于等于

关系代数的运算按运算符的不同可分为传统的集合运算和专门的关系运算两类。其中，传统的集合运算将关系看成元组的集合，其运算是从关系的“水平”方向即行的角度来进行的。专门的关系运算不仅涉及行而且涉及列。比较运算符和逻辑运算符是用来辅助专门的关系运算符进行操作的。

想一想：

C 语言的比较运算符和关系代数比较运算符是有差别的，例如：同样是大于等于，C 语言中为“>=”，而关系代数中则为“≥”。

4.1.1 传统的集合运算

以下四种运算的示例如图 4.1 所示。

1．并(Union)

定义：设关系 R 和关系 S 具有相同的关系模式(即两个关系都有相同的属性，且相应的属性取值来自同一个域)，则关系 R 和关系 S 的并是由属于关系 R 或关系 S 的元组构成的集合。记作：

```
RUS={t|t∈R ∨ t∈S}  其中 t 为元组变量
```

注意： 并的结果应删除重复元组。

提示： 域是一组具有相同数据类型的值的集合，与数学中的定义域和值域的概念等同，例如：{18,19,20}和{男，女}均是域。

2．交(Intersection)

定义：设关系 R 和关系 S 具有相同的关系模式，R 和 S 的交是由属于 R 又属于 S 的元组构成的集合。记作：

```
R∩S={t|t∈R ∧ t∈S}
```

3．差(Difference)

定义：设关系 R 和关系 S 具有相同的关系模式，R 和 S 的差是由属于 R 但不属于 S 的所有元组构成的集合。记作：

```
R-S={t|t∈R ∧ ¬ t∈S}
```

4．笛卡儿积(Cartesian Product)

定义：设关系 R 和关系 S 的元数分别为 m 和 n。定义 R 和 S 的笛卡儿积是一个($m+n$)元的元组集合，每个元组的前 m 个分量(属性值)来自 R 的一个元组，后 n 个分量来自 S 的一个元组。记作：

```
RxS={t | t=(tR, tS)|, tR ∈R ∧ tS∈S }
```

提示： 元数是指一个关系中的列数，例如图 4.1 中关系 R 有 3 列，则这个关系的元数为 3。

关系R

A	B	C
a	*b*	*c*
l	*m*	*n*
x	*y*	*z*

关系S

A	B	C
a	*b*	*d*
x	*y*	*z*
l	*m*	*n*

图 4.1　关系的并、交、差、笛卡儿积运算

RUS

A	B	C
a	*b*	*c*
a	*b*	*d*
l	*m*	*n*
x	*y*	*z*

R∩S

A	B	C
l	*m*	*n*
x	*y*	*z*

R−S

A	B	C
a	*b*	*c*

R×S

R.A	R.B	R.C	S.A	S.B	S.C
a	*b*	*c*	*a*	*b*	*d*
a	*b*	*c*	*x*	*y*	*z*
a	*b*	*c*	*l*	*m*	*n*
l	*m*	*n*	*a*	*b*	*d*
l	*m*	*n*	*x*	*y*	*z*
l	*m*	*n*	*l*	*m*	*n*
x	*y*	*z*	*a*	*b*	*d*
x	*y*	*z*	*x*	*y*	*z*
x	*y*	*z*	*l*	*m*	*n*

图 4.1　关系的并、交、差、笛卡儿积运算(续)

想一想：

数学中交集、并集与此处的交、并运算有什么区别与联系？

4.1.2　专门的关系运算

1．选择(Selection)

定义：关系 R 上的选择操作是从 R 中选取符合条件的元组。记作：

$\sigma_F(R)=\{t|t\in R \wedge F(t)='真'\}$

其中 F 为逻辑表达式。

【例 4-1】　学生关系 S 见表 4-2，查询所有女生的信息。

用关系代数表达式表示为：

$\sigma_{(sex='女')}(S)$ 或 $\sigma_{(3='女')}(S)$

注：此处的“3”指的是第三列。

运算结果见表 4-3。

表 4-2　关系 S

sno	sn	sex	age	department
s1	张静	女	16	信息技术系
s2	李新	男	18	经贸法律系
s3	王辉	男	19	信息技术系

表 4-3　关系 S 的选择运算

sno	sn	sex	age	department
s1	张静	女	16	信息技术系

2．投影(Projection)

定义：关系 R 上的投影操作是从 R 中选取若干属性列组成的新关系。记作：

$\Pi_A(R)=\{t_{[A]} | t\in R\}$　其中 A 为 R 中的属性列，Π 为运算符

投影操作是从列的角度进行运算，即对关系消去某些列，并重新安排列的顺序。

提示：需要注意的是，投影的结果应删除重复元组。

【例 4-2】　由学生关系 S，查询所有学生的姓名、性别信息。
用关系代数表达式表示为：

$\Pi_{sn、sex}(S)$ 或 $\Pi_{2、3}(S)$

运算结果见表 4-4。

表 4-4　关系 S 的投影运算

sn	sex
张静	女
李新	男
王辉	男

4.2　简 单 查 询

使用数据库的主要目的是存储数据，以便在需要时进行检索、统计或组织输出，从本节开始学习如何进行数据查询。如果一个查询最终需要的字段名来自同一个表，我们称这样的查询为简单查询。T-SQL 是 SQL Server 2012 的编程语言。在介绍查询语句之前，先简要介绍一下 T-SQL 语言中有关数据运算的相关内容。

4.2.1　运算符

1．算术运算符

算术运算符可以对数值类型或货币类型数据进行运算。
算术运算符包括+(加)、−(减)、＊(乘)、/(除)、%(取余)。

提示：运算符也可以对 datetime，smalldatetime 类型数据进行运算。

2．字符串运算符

字符串运算符可以对字符串、二进制串进行连接运算。字符串运算符为“+”。例如：“abc”+“123”的结果为“abc123”。

3．关系运算符

关系运算符可以在相同的数值类型(除text，image外)间进行运算，并返回逻辑值TURE(真)或FALSE(假)。

关系运算符包括=(等于)、>(大于)、<(小于)、>=(大于等于)、<=(小于等于)、<>(不等于)、!=(不等于)、!>(不大于)、!<(不小于)。

4．逻辑运算符

逻辑运算符可以对逻辑值进行运算，并返回逻辑值TURE(真)或FALSE(假)。

逻辑运算符包括NOT(非)、AND(与)、OR(或)、BETWEEN(指定范围)、LIKE(模糊匹配)、ALL(所有)、IN(包含于)、ANY(任意一个)、SOME(部分)、EXISTS(存在)。

提示： 逻辑运算符运算的对象只能是逻辑值或逻辑表达式，例如："NOT (姓名='男')" 是正确的，而"NOT　姓名"就不正确了，想想为什么？

5．赋值运算符

赋值运算符可以将表达式的值赋给一个变量。赋值运算符为“=”。

4.2.2　数据查询的语法格式

在SQL Server 2012中，通过T-SQL的SELECT语句可以实现对表的选择、投影、笛卡儿积及连接等操作，功能十分强大，同时也是使用最频繁、最重要的语句。

SELECT语句的基本语法格式如下：

```
SELECT<表达式>[AS<别名>] [INTO<新表名>]
FROM<源表名|视图名>
[WHERE<条件>]
[GROUP BY<列> [HAVING <条件>] [ORDER BY<列>[DESC]]
```

提示： SELECT语句中使用“[]”括起来的部分为可省略的可选子句，这些子句虽然可以省略，但如若使用必须按语法格式中的顺序出现，否则会出错，请参见如下示例。

```
SELECT * FROM S INTO A(INTO A语句顺序有误，语法错误)
SELECT * INTO A FROM S (INTO A语句顺序正确，语法正确)
```

其中，SELECT子句用于指定输出的内容，相当于关系代数中的投影操作。INTO子句的作用是创建新表并将检索到的记录存储到该表中。FROM 子句用于指定要检索的数据的来源表或来源视图。WHERE子句用于指定对记录的过滤条件，相当于关系代数中的选取。GROUP BY子句的作用是指定对记录进行分类后再检索。HAVING子句用于指定对分类后的记录的过滤条件。ORDER BY子句的作用是对检索到的记录进行排序。

4.2.3 要什么——列操作

每一个查询要完成以下几件事:要什么(哪些列)?从哪要(数据来源)?要哪些(哪些行)?以什么样的格式输出?，本节解决要什么和从哪要两个问题。

1. 与关系代数的对照

同样针对例 4-2 由学生关系 S，查询所有学生的姓名和性别。

用关系代数表达式表示为:

$$\Pi_{sn,sex}(s)$$

改为 T-SQL 语句为:

```
SELECT sn,sex
FROM s
```

查询结果如图 4.2 所示。

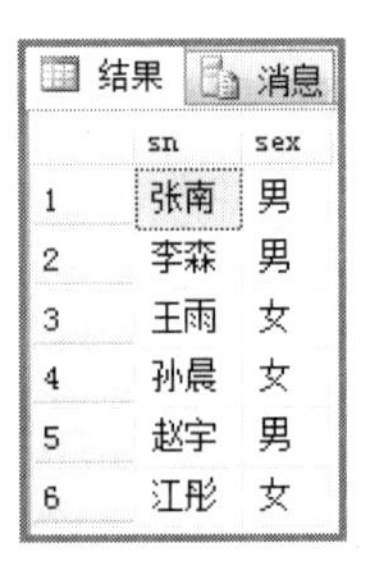

	sn	sex
1	张南	男
2	李森	男
3	王雨	女
4	孙晨	女
5	赵宇	男
6	江彤	女

图 4.2　例 4-2 查询结果

提示: 本次要查询的内容为“姓名、性别”，这两个字段名来自于同一个表 S。从 T-SQL 语句可以看出，SELECT 后面是需要的字段名，字段名之间需要用逗号分隔，这部分称为 SELECT 子句。FROM 后面放数据源表名，这部分称为 FROM 子句。在一个查询语句中，SELECT 子句和 FROM 子句是缺一不可的。

2. 输出所有列

【例 4-3】　查询所有学生的所有信息。

方法一:

```
SELECT sno,sn,sex,age,department
FROM s
```

查询结果如图 4.3 所示。

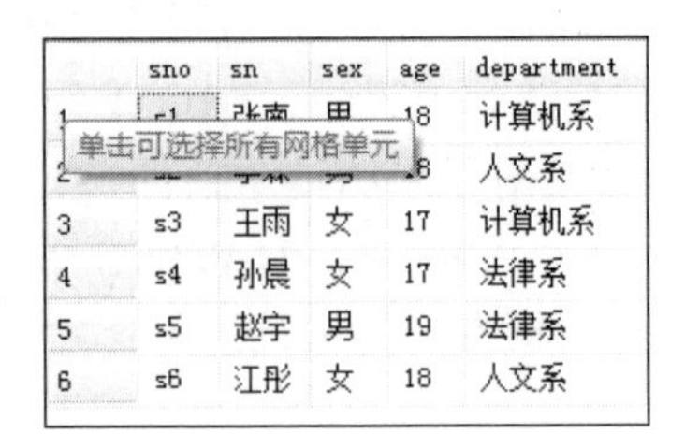

	sno	sn	sex	age	department
1	s1	张南	男	18	计算机系
2	[illegible]	[illegible]	[illegible]	[illegible]	人文系
3	s3	王雨	女	17	计算机系
4	s4	孙晨	女	17	法律系
5	s5	赵宇	男	19	法律系
6	s6	江彤	女	18	人文系

图 4.3　例 4-3 查询结果

方法二：

```
SELECT * FROM s
```

查询结果同方法一。

从以上两种方法可以看出，如果查询一个表的所有字段，可以把字段一一列出，也可以用“*”，“*”表示输出指定表的所有列。

3．生成新表存储查询结果

【例 4-4】　查询所有学生的姓名、年龄信息，并把检索得到的信息存入一个新表中去。

```
SELECT sn,age INTO new_table
FROM s
```

执行结果如图 4.4 所示。

图 4.4　例 4-4 查询结果

提示： new_table 为新表名，表名可以按表的命名规则任意取，当新表名前加“#”时，新表即为临时表，临时表起临时存储的作用，保存在内存中，而普通表则是长期存储数据，可以随时读取写入。

4．设置列标题

在默认情况下，输出列时列标题就是表的字段名，输出表达式时列标题为【无列名】。如果要改变列标题，可以使用空格或 AS 关键字。

【例 4-5】　查询所有学生的姓名和年龄，并对列标题分别重命名为“姓名”“年龄”。

方法一：

```
SELECT sn 姓名,age 年龄
FROM s
```

查询结果如图 4.5 所示。

结果　消息

	姓名	年龄
1	张南	18
2	李森	18
3	王雨	17
4	孙晨	17
5	赵宇	19
6	江彤	18

图 4.5　例 4-5 查询结果

方法二：

```
SELECT sn AS 姓名,age AS 年龄
FROM s
```

查询结果同方法一。

4.2.4 要哪些——行操作

SELECT 子句解决“要什么”的问题，FROM 子句解决“从哪要”的问题，WHERE 子句解决“要哪些”的问题，即选择哪些行，如果不加 WHERE 子句将输出所有行，本节学习 WHERE 子句的使用方法。

1. 单条件查询

【例 4-6】 查询所有男学生的姓名、年龄。

关系代数表达式表示为：

$$\sigma_{(sex='男')}(S)$$

T-SQL 语句为：

```
SELECT sn,age
FROM s
WHERE sex='男'
```

查询结果如图 4.6 所示。

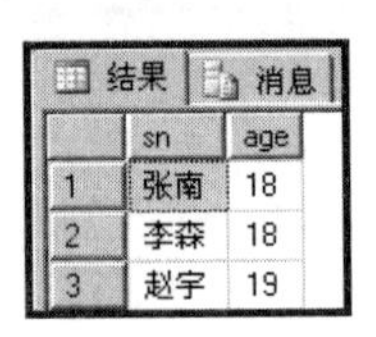

结果 消息

	sn	age
1	张南	18
2	李森	18
3	赵宇	19

图 4.6 例 4-6 查询结果

提示：T-SQL 语句中使用的标点必须为半角状态输入的标点，否则将会出错。

2. 多条件查询

【例 4-7】 查询年龄小于等于 18 的男学生的姓名、年龄。

```
SELECT sn,age
FROM s
WHERE sex='男' AND age<=18
```

查询结果如图 4.7 所示。

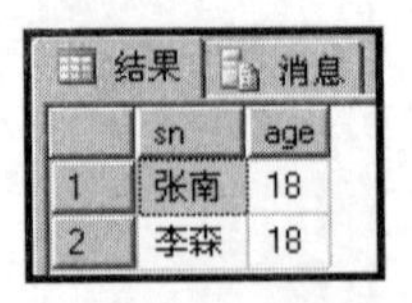

结果 消息

	sn	age
1	张南	18
2	李森	18

图 4.7 例 4-7 查询结果

想一想：

例 4-7 的 T-SQL 语句中，能不能把 AND 改为“,”？如果不行，为什么？

3．排序

【例 4-8】　查询计算机系学生的姓名、年龄，并按年龄大小进行排序。

```
SELECT sn,age
FROM s
WHERE department='计算机系'
ORDER BY age
```

查询结果如图 4.8 所示。

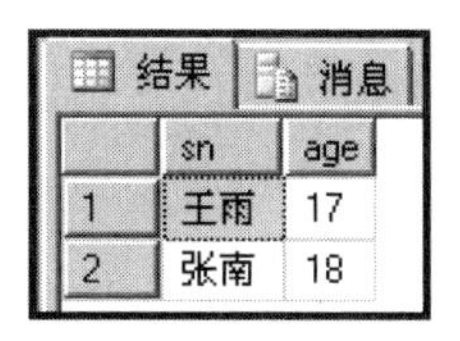

	sn	age
1	王雨	17
2	张南	18

图 4.8　例 4-8 查询结果

【例 4-9】　查询课程号为 c1 的学生的学号和成绩，并按成绩降序排列。

```
SELECT sno,score
FROM sc
WHERE cno='c1'
ORDER BY score DESC
```

查询结果如图 4.9 所示。

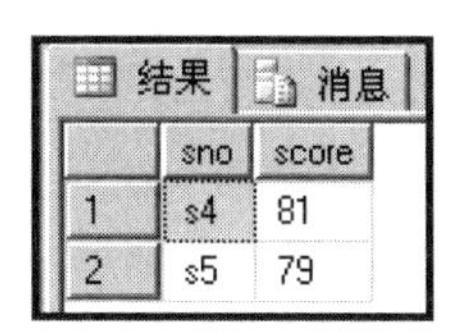

	sno	score
1	s4	81
2	s5	79

图 4.9　例 4-9 查询结果

4．模糊查询

【例 4-10】　查询所有姓王的教师的姓名、年龄和职称。

```
SELECT tn,age,prof
FROM t
WHERE tn like '王%'
```

查询结果如图 4.10 所示。

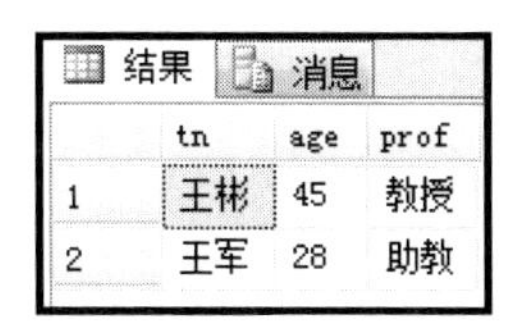

	tn	age	prof
1	王彬	45	教授
2	王军	28	助教

图 4.10　例 4-10 查询结果

【例 4-11】　查询姓名中包含“利”字或姓名中第二个字为“军”的老师的姓名和年龄。

```
SELECT tn,age
FROM t
WHERE tn LIKE '%利%' OR tn LIKE '_军%'
```

查询结果如图 4.11 所示。

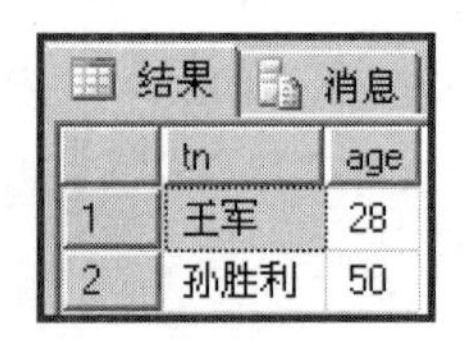

	tn	age
1	王军	28
2	孙胜利	50

图 4.11　例 4-11 查询结果

提示： 通配符“%”代表任意多个字符，而“-”(下划线)代表任意一个字符，另外，在 T-SQL 中将一个汉字视为一个字符而非两个字符，这是和 C 语言不同的。

5. IN、NOT IN 的使用方法

【例 4-12】 查询选修课程号为 C1、C2 或 C3 课程的学生的学号和成绩，查询结果按学号升序排列，学号相同再按成绩降序排列。

方法一：

```
SELECT sno,score
FROM sc
WHERE cno IN ('C1','C2','C3')
ORDER BY sno,score DESC
```

查询结果如图 4.12 所示。

	sno	score
1	s2	87
2	s2	87
3	s3	44
4	s4	81
5	s5	79
6	s6	88

图 4.12　例 4-12 查询结果

方法二：

```
SELECT sno,score
FROM sc
WHERE cno='C1' OR cno='C2' OR cno='C3'
ORDER BY sno,score DESC
```

本方法查询结果同方法一。

想一想：

IN 和 NOT IN 的语义相反，如果把方法一中的 IN 换成 NOT IN，查询到的结果是什么？

6. BETWEEN、NOT BETWEEN 的使用方法

【例 4-13】 查询工资在 2 000 至 3 000 之间的教师的教师号和姓名。

方法一：

```
SELECT tno,tn
FROM t
WHERE sal BETWEEN 2000 AND 3000
```

查询结果如图 4.13 所示。

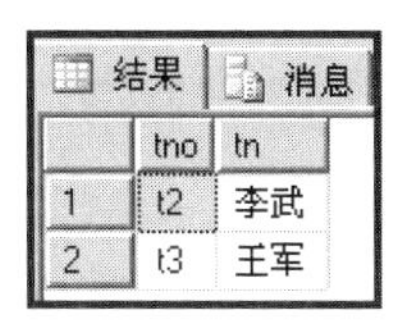

图 4.13　例 4-13 查询结果

方法二：

```
SELECT tno,tn
FROM t
WHERE sal >= 2000 AND sal <= 3000
```

想一想：

BETWEEN 和 NOT BETWEEN 的语义相反，如果把方法一中的 BETWEEN 换成 NOT BETWEEN，查询到的结果是什么？

7. 空值查询

【例 4-14】　查询没有考试成绩的学生的学号和相应的课程号。

```
SELECT sno,cno
FROM sc
WHERE score IS NULL
```

查询结果如图 4.14 所示。

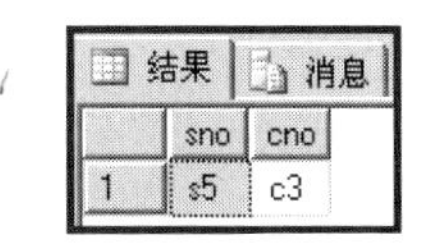

图 4.14　例 4-14 查询结果

提示：IS NOT NULL 则表示非空，此处不能用"= NULL"。

4.2.5　分类汇总

在 T-SQL 中，使用 GROUP BY 子句对记录进行分类(组)，在 SELECT 子句中使用聚合函数对分类后记录进行汇总。

T-SQL 中的聚合函数见表 4-5。

表 4-5　聚合函数

函数格式	功　能
COUNT([DISTINCT]<列表达式>｜*)	指定列唯一值的个数或记录总数

续表

函 数 格 式	功　　能
MAX(<列表达式>)	指定列最大值
MIN(<列表达式>)	指定列最小值
AVG(<列表达式>)	指定列算术平均值
SUM(<列表达式>)	指定列算术和

1. COUNT()函数

假设表 SC 的内容见表 4-6，通过以下 5 个 T-SQL 语句总结 COUNT()函数的使用方法。

表 4-6　表 SC

sno	cno	score
s1	c1	88
s1	c3	88
s2	c1	0
s2	c4	66
s3	c3	66
s3	c2	77
s3	c1	NULL

```
SELECT COUNT(*)FROM sc                  COUNT(*)用来统计一张表中共有多少行记录，返回值为 7
SELECT COUNT(sno) FROM sc               COUNT()函数按字段 sno 统计 sno 值的个数，重复值仍会重复
                                        计算，故返回值仍为 7
SELECT COUNT(DISTINCT sno) FROM sc  COUNT()函数按字段 sno 统计 sno 值的个数，由于增
                                    加了关键字 DISTINCT，重复值不再重复计算，故返回值为 3
SELECT COUNT(score) FROM sc         COUNT()函数按字段 score 统计 score 值的个数，
                                    重复值会重复计算，不计 NULL，故返回值为 6
SELECT COUNT(DISTINCT score) FROM sc COUNT()函数按字段 score 统计 score 值的个数，
                                     由于增加了关键字 DISTINCT，重复值不再重复计
                                     算，不计 NULL，故返回值为 4
```

通过以上分析我们已经知道 COUNT()函数的使用方法，接下来看具体应用。

【例 4-15】　检索不同系别的学生各有多少人。

```
SELECT department,COUNT(*)
FROM s
GROUP BY department
```

查询结果如图 4.15 所示。

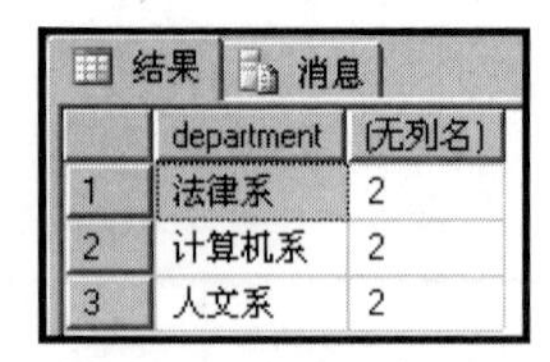

结果　消息

	department	(无列名)
1	法律系	2
2	计算机系	2
3	人文系	2

图 4.15　例 4-15 查询结果

提示： 现有一堆围棋子，要求数出来黑、白子各有多少枚？我们都能很快找到解决问题方法：把颜色相同的放在一起，然后分别数黑、白棋子各有多少枚。简单的一个问题却告诉我们一个解决问题的方法——分类汇总。所谓分类即指将某个属性(表中某个字段名)相同的对象(表中每一个记录即为一个对象)放在一起；汇总则是一组对象进行各种运算，例如：求数量、求和、求平均数、求最大值等。

【例 4-16】 检索计算机系的学生有多少人。

```
SELECT COUNT(*) 人数
FROM s
WHERE department='计算机系'
```

查询结果如图 4.16 所示。

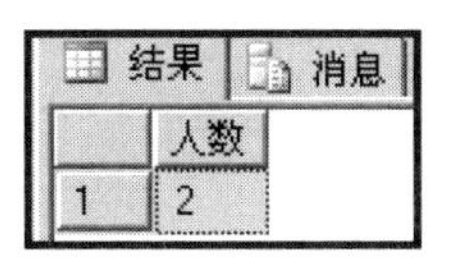

结果 | 消息

	人数
1	2

图 4.16　例 4-16 查询结果

【例 4-17】 检索不同课程被选修的次数，并显示次数在两门以上的课程号和被选修次数。

```
SELECT cno,COUNT(*) 次数 FROM sc GROUP BY cno HAVING COUNT(*)>=2
```

查询结果如图 4.17 所示。

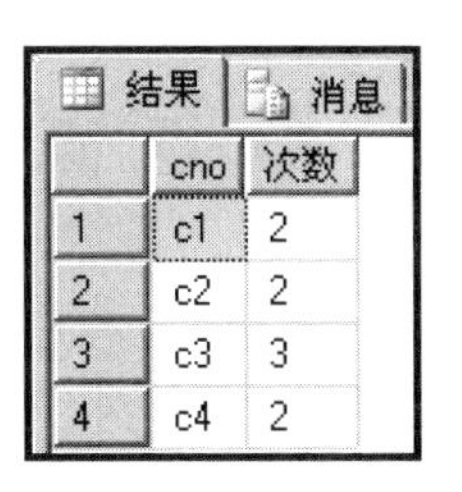

结果 | 消息

	cno	次数
1	c1	2
2	c2	2
3	c3	3
4	c4	2

图 4.17　例 4-17 查询结果

提示： 使用 HAVING 子句可以对分类后的记录进行过滤，HAVING 子句与 WHERE 子句功能和格式相同，不同的是 HAVING 子句必须在 GROUP BY 子句后执行，所以也具有可以使用聚合函数等特点。另外，在 GROUP BY 子句和 HAVING 子句中均不能使用 text、image、bit 类型的数据。

2．MAX()、MIN()、AVG()、SUM()函数

【例 4-18】 检索不同学生的选修的课程最高分、最低分、平均成绩和总成绩。

```
SELECT sno,MAX(score) 最高分,MIN(score) 最低分,AVG(score) 平均成绩,SUM(score)
总成绩
FROM sc
GROUP BY sno
```

查询结果如图 4.18 所示。

结果 | 消息

	sno	最高分	最低分	平均成绩	总成绩
1	s1	90	90	90	90
2	s2	87	87	87	174
3	s3	56	44	50	100
4	s4	81	81	81	81
5	s5	79	79	79	79
6	s6	88	88	88	88

图 4.18　例 4-18 查询结果

聚合函数对 NULL 均不敏感，即对 NULL 不会计算。

想一想：

如果把例 4-18 改为：检索不同课程的最高分、最低分、平均成绩，上面语句该如何修改？

【例 4-19】　检索学生中年龄最小的学生的年龄。

```
SELECT MIN(age)
FROM s
```

查询结果如图 4.19 所示。

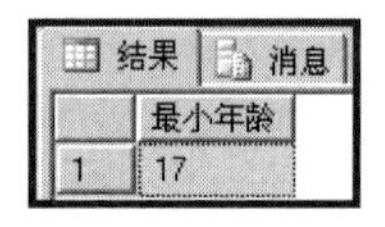
结果 | 消息

	最小年龄
1	17

图 4.19　例 4-19 查询结果

4.3　多表查询

如果需要检索的数据信息存储在多张表中，这时候就需要实现多表查询。在关系数据库管理系统中可以通过表的连接实现多表查询。表的连接的理论基础是笛卡儿积。

4.3.1　笛卡儿积

两张表进行笛卡儿积运算，如果不加任何限制条件，最终生成的大部分记录是没有意义的，首先来看一个无限制连接的例子。

1．无限制连接

【例 4-20】　求表 t 和表 tc 的笛卡儿积。

```
SELECT *
FROM t,tc
```

查询结果如图 4.20 所示。

提示： 假设表 t 有 100 条记录，表 tc 中有 1 万条记录，笛卡儿积后生成的新表的记录将有 100 万条，由此可见笛卡儿积运算量是非常大的，如果使用不当，将给系统带来沉重的负担，会影响系统的性能。

	tno	tn	sex	a...	department	prof	sal	comm	tno	cno
1	t1	王彬	男	45	计算机	教授	4000	1200	t1	c1
2	t1	王彬	男	45	计算机	教授	4000	1200	t1	c4
3	t1	王彬	男	45	计算机	教授	4000	1200	t2	c2
4	t1	王彬	男	45	计算机	教授	4000	1200	t3	c5
5	t1	王彬	男	45	计算机	教授	4000	1200	t4	c1
6	t1	王彬	男	45	计算机	教授	4000	1200	t4	c4
7	t2	李武	女	30	人文	讲师	3000	500	t1	c1
8	t2	李武	女	30	人文	讲师	3000	500	t1	c4
9	t2	李武	女	30	人文	讲师	3000	500	t2	c2
10	t2	李武	女	30	人文	讲师	3000	500	t3	c5
11	t2	李武	女	30	人文	讲师	3000	500	t4	c1
12	t2	李武	女	30	人文	讲师	3000	500	t4	c4
13	t3	王军	男	28	法律	助教	2000	300	t1	c1
14	t3	王军	男	28	法律	助教	2000	300	t1	c4
15	t3	王军	男	28	法律	助教	2000	300	t2	c2
16	t3	王军	男	28	法律	助教	2000	300	t3	c5
17	t3	王军	男	28	法律	助教	2000	300	t4	c1
18	t3	王军	男	28	法律	助教	2000	300	t4	c4
19	t4	孙胜利	男	50	计算机	副教授	3500	1000	t1	c1
20	t4	孙胜利	男	50	计算机	副教授	3500	1000	t1	c4
21	t4	孙胜利	男	50	计算机	副教授	3500	1000	t2	c2
22	t4	孙胜利	男	50	计算机	副教授	3500	1000	t3	c5
23	t4	孙胜利	男	50	计算机	副教授	3500	1000	t4	c1
24	t4	孙胜利	男	50	计算机	副教授	3500	1000	t4	c4

图 4.20　例 4-20 查询结果

2. 等值连接

仔细观察以上语句的运行结果，可以看到，有很多的无意义的记录。为了保证连接以后生成的记录有意义，需要增加连接条件。同样针对例 4-20 进行修改。

```
SELECT * FROM t,tc
WHERE t.tno=tc.tno
```

查询结果如图 4.21 所示。

	tno	tn	sex	age	department	prof	sal	comm	tno	cno
1	t1	王彬	男	45	计算机	教授	4000	1200	t1	c1
2	t1	王彬	男	45	计算机	教授	4000	1200	t1	c4
3	t2	李武	女	30	人文	讲师	3000	500	t2	c2
4	t3	王军	男	28	法律	助教	2000	300	t3	c5
5	t4	孙胜利	男	50	计算机	副教授	3500	1000	t4	c1
6	t4	孙胜利	男	50	计算机	副教授	3500	1000	t4	c4

图 4.21　例 4-20 修改后的查询结果

提示： t.tno 表示 tno 这个字段名来自表 t，“.” 表示从属关系，而 “,” 则表示分隔，二者不能替换使用。

此时的运算结果都将具有实际意义，由于此连接用了等值连接条件 t.tno=tc.tno 对笛卡儿积运算结果进行了筛选，所以也称这个连接为等值连接。由此可见，一般情况下，如果两个表没有相同字段，进行笛卡儿积运算是没有意义的。

同样针对例 4-20，另外一种语法结构如下：

```
SELECT *
FROM t INNER JOIN tc ON  t.tno=tc.tno
```

两种表达方式运算结果相同，选用哪种方法都可以。

3. 如何提高连接效率

上文阐明了不当的连接将给系统带来极大的运算量，进而影响系统性能。针对同一个检索，不同的 SELECT 语句表达查询效率会大不相同。

【例 4-21】 检索计算机系老师所教授的课程的课程号。

方法一：

```
SELECT DISTINCT cno
FROM t,tc
WHERE t.tno=tc.tno AND t.department='计算机'
```

查询结果如图 4.22 所示。

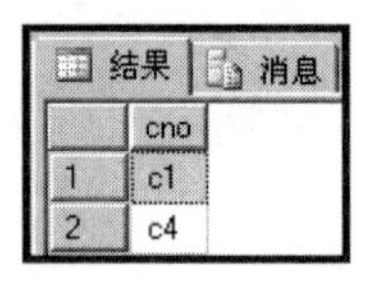

图 4.22　例 4-21 查询结果

方法二：

```
SELECT * into #teacher FROM t WHERE department='计算机'
SELECT * FROM #teacher,tc WHERE #teacher.tno=tc.tno
```

假设表中均未创建索引，表 t 有 100 条记录，表 t 中计算机系的老师有 20 个，表 tc 中有 1 万条记录。方法一运算量为：100×10 000=100(万次)；方法二的运算量为：10 000(扫描全表 t)+20×10 000≈20(万次)。由此可见不同的方法运算量大有不同。

4.3.2　自连接

连接不仅可以在表之间进行，也可以使一个表同其自身进行连接，称为自连接。

【例 4-22】 检索同时选修了课程号为 c1 和 c3 的学生的学号。

```
SELECT sc1.sno
FROM sc AS sc1,sc AS sc2
WHERE sc1.sno=sc2.sno AND sc1.cno='c1' and sc2.cno='c3'
```

查询结果如图 4.23 所示。

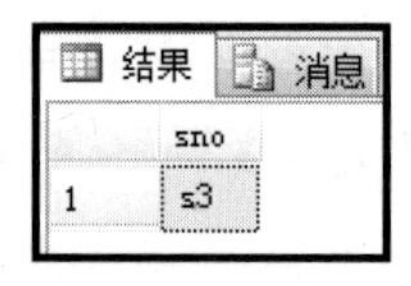

图 4.23　例 4-22 查询结果

4.4　子　查　询

如果一个 SELECT 语句嵌套在 WHERE 子句中，则称这个 SELECT 语句为子查询，而包含子查询的 SELECT 语句称为主查询。为了区别主、子查询，子查询一般要加小括号。

根据与主查询的关系，子查询可以分为相关子查询和不相关子查询。

4.4.1 不相关子查询

所谓不相关子查询是指子查询的查询条件不依赖于主查询，此类查询在执行时首先执行子查询，然后再执行主查询，例 4-23 就是一个不相关子查询。

在主查询的 WHERE 子句中，可以使用比较运算符及逻辑运算符以及逻辑运算符连接子查询。其中，常用的逻辑运算符有以下几种。

IN：包含于；ANY：某个值；SOME：某些值；ALL：所有值；EXISTS：存在结果。

【例 4-23】 检索选修了课程号为“c1”的学生的姓名和年龄。

```
SELECT sn,age
FROM s
WHERE sno=ANY(SELECT sno FROM sc WHERE cno='c1')
```

查询结果如图 4.24 所示。

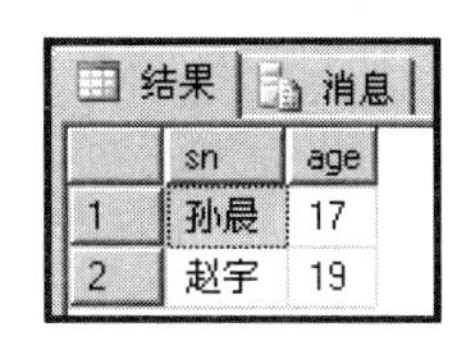

结果 | 消息

	sn	age
1	孙晨	17
2	赵宇	19

图 4.24 例 4-23 查询结果

提示： 不难理解，选修课程号是 c1 的课程的学生不止一个，这个时候在子查询之前必须加“=ANY”，表示和多个值中的任何一个相等就算满足条件了。如果能确认子查询返回的值只有一个，这时候什么也不加。另外，在此语句中可以把“=ANY”替换成“IN”或“=SOME”，三者是等价的。

【例 4-24】 检索比人文系所有教师年龄都大的计算机系老师的姓名和职称。

```
SELECT tn,prof
FROM t
WHERE age>ALL(SELECT age FROM t WHERE department='人文') AND department='计算机'
```

查询结果如图 4.25 所示。

	tn	prof
1	王彬	教授
2	孙胜利	副教授

图 4.25 例 4-24 查询结果

想一想：

“>ANY”相当于比其中一个大则满足条件，也就是比最小的大即可；而“>ALL”则表示比所有都大才满足条件，亦即要求比最大的大才满足条件。“<ANY”和“<ALL”又有什么区别呢？

有了以上的理解以后，针对例 4-24，我们又可以有如下的方法：

```
SELECT tn,prof
FROM t
WHERE age>(SELECT MAX(age) FROM t WHERE department='人文') AND department ='计算机'
```

查询结果如图 4.26 所示。

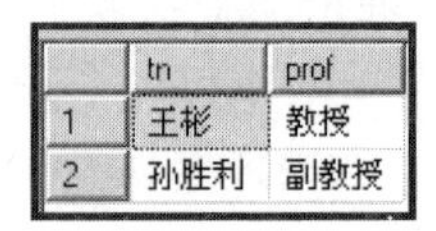

	tn	prof
1	王彬	教授
2	孙胜利	副教授

图 4.26　新方法下例 4-24 查询结果

4.4.2　相关子查询

相关子查询是指子查询的查询条件依赖于主查询，此类查询在执行时首先执行主查询得到第一个记录，再根据主查询第一个记录的值执行子查询，依此类推直至全部查询执行完毕。相关子查询一般比较复杂，不好理解。

【例 4-25】　检索平均成绩不及格的学生的学号和姓名。

```
SELECT sno,sn
FROM s
WHERE EXISTS(SELECT sno FROM sc WHERE sno=s.sno GROUP BY sno HAVING AVG(score)<60)
```

查询结果如图 4.27 所示。

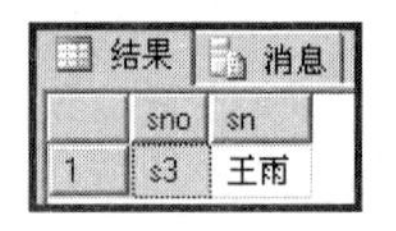

结果　消息

	sno	sn
1	s3	王雨

图 4.27　例 4-25 查询结果

EXISTS 表示存在结果，即如果其后面括号内的查询语句有结果返回，则返回值为“TRUE”。

【例 4-26】　查询讲授课程号为 c5 的教师姓名。

```
SELECT tn
FROM t
WHERE EXISTS(SELECT * FROM tc WHERE tno=t.tno AND cno='c5')
```

查询结果如图 4.28 所示。

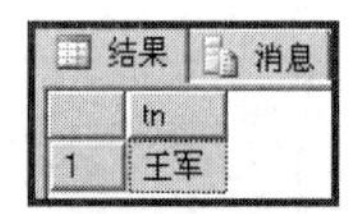

结果　消息

	tn
1	王军

图 4.28　例 4-26 查询结果

想一想：

如果在例 4-26 中把 EXISTS 改为 NOT EXISTS，则语句表达的语义是什么？

4.5　其 他 功 能

SELECT 语句除了以上介绍的功能外，还有一些其他的功能，例如：集合运算、取检索结果集中前 *n* 条记录等。

4.5.1　集合运算

使用 UNION(并)运算符可以将两个以上的查询结果合并为一个结果集。参加并运算的两个表要满足以下两个条件。

(1) 具有相同的列数。

(2) 对应的列具有相同的数据类型。

【例 4-27】　查询计算机系和人文系的教师的教师号、姓名、年龄和系别。

```
SELECT tno,tn,age,department
FROM t
WHERE department='计算机系'
UNION
SELECT tno,tn,age,department
FROM t
WHERE department='人文系'
```

查询结果如图 4.29 所示。

结果 | 消息

	tno	tn	a...	department
1	t1	王彬	45	计算机
2	t4	孙胜利	50	计算机
3	t2	李武	30	人文

图 4.29　例 4-27 查询结果

4.5.2　TOP 的使用

通过 TOP 关键字可以取得查询结果集的前 *n* 条记录。

【例 4-28】　查询年龄最小的学生的年龄(不能使用 MIN()函数)。

```
SELECT TOP 1 age
FROM s
ORDER BY age
```

查询结果如图 4.30 所示。

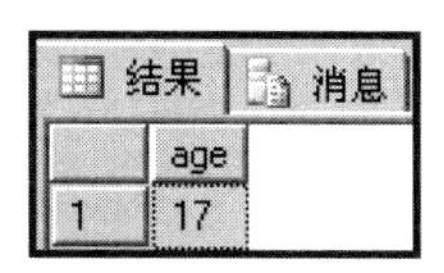

结果 | 消息

	age
1	17

图 4.30　例 4-28 查询结果

想一想：

此题曾是某知名公司的一道数据库面试题，如果想用同样的方法检索最大年龄，该如何修改以上语句？

4.6 函数及应用

4.6.1 数学函数

数学函数通常返回需要运算的数据的数值。常用的数学函数见表 4-7。

表 4-7 常用数学函数

函数类型	函数格式	函数值
三角函数	sin(float_expr)	正弦
	cos(float_expr)	余弦
	tan(float_expr)	正切
	cot(float_expr)	余切
反三角函数	asin(float_expr)	反正弦
	acos(float_expr)	反余弦
	atan(float_expr)	反正切
角度弧度转换函数	Degrees(numeric_expr)	弧度转换为角度
	Radians(numeric_expr)	角度转换为弧度
幂函数	Sort(float_expr)	平方根
	Exp(float_expr)	指数
	Log(float_expr)	自然指数
	Log10(float_expr)	常用对数
	Power(float_expr)	X 的幂
近似值函数	Round(numeric_expr,x)	将表达式取整到指定长度
	Ceiling(numeric_expr,length)	大于等于表达式的最小整数
	Floor(numeric_expr)	小于等于表达式的最小整数
符号函数	Abs(numeric_expr)	绝对值
	Sign(numeric_expr)	整数取 1，负数取－1，零取 0
其他	Rand([seed])	0～1 间的随机数，seed 为种子数
	Pi()	圆周率，常量 3.141 592 653 589 793

4.6.2 字符串函数

大多数字符串函数只能用于 char 和 varchar 数据类型以及明确转换成 char 和 varchar 数据类型，个别字符串函数也能用于 binary 和 varbinary 数据类型。常用的字符串函数见表 4-8。

表 4-8　常用字符串函数

函 数 类 型	函 数 格 式	函　数　值
转换函数	ASCII(char_expr)	最左端字符的 ASCII 码值
	Char(integer_expr)	相同 ASCII 码值的字符
	Str(float_expr[,length[,decimal]])	数值转换为字符串，length 为总长度 decimal 为小数位数
	Lower(string_expr)	转换为小写字母
	Upper(string_expr)	转换为大写字母
取子串函数	Left(string_expr,length)	左取子串
	Right(string_expr,length)	右取子串
	Substring(numeric_expr,length)	取子串
删除空格函数	Ltrim(string_expr)	删除左空格
	Rtrim(string_expr)	删除右空格
字符串比较函数	Charindex(string_expr1, string_expr2)	字符串 1 在字符串 2 中的起始位置
	Soundex(string_expr)	字符串转换为 4 位字符码
	Difference(string_expr1, string_expr2)	字符串 1 与字符串 2 差异
字符串操作函数	Len(sting_expr)	字符串长度
	Space(integer_expr)	产生空格
	Replicate(string_expr,integer_expr)	重复字符串
	Stuff(string_expr1,star,length,string_expr2)	替换字符串
	Reverse(string_expr)	反转字符串

4.6.3　日期时间函数

日期时间函数用于处理日期和时间数据。常用的日期时间函数见表 4-9，Datepart 取值表见表 4-10。

表 4-9　常用日期时间函数

函 数 格 式	函　数　值
Getdate()	系统的当前日期和时间
Year(date)	指定日期的年
Month(date)	指定日期的月
Day(date)	指定日期的日
Datepart(datepart,date)	日期的 datepart 部分的数值形式
Datename(datepart,date)	日期的 datepart 部分的字符串形式
Dateadd(datepart,number,date)	日期加，即日期 datepart 部分加数值后的新日期
Datediff(datepart,date1,date2)	日期减，即日期 1 与日期 2 的 datepart 部分相差的值

表 4-10　Datepart(日期类型)取值表

日期类型	函数格式	函数值
Year	Yy	1 753～9 999
Quarter	Qq	1～4
Month	Mm	1～12
Dayofyear	Dy	1～366
Day	Dd	1～31
Week	Wk	0～51
Weekday	Dw	1～7(星期日为 1)
Hour	Hh	0～23
Minute	Mi	0～59
Second	Ss	0～59
Milliseconds	Ms	0～999

4.7　数据更新

所谓数据更新就是指向数据库中新增加数据或对现有数据进行删除或修改，T-SQL 语言更新数据包括 3 个语句：插入记录(INSERT)、修改记录(UPDATE)和删除记录(DELETE)。

4.7.1　插入数据

创建一个新表时，表中没有数据，随着数据库的应用，需要不断地向表中插入数据，数据插入可以通过 SSMS 进行，也可以使用 T-SQL 语句。

插入数据的 T-SQL 语法格式如下：

```
INSERT INTO[(<列名 1>[,<列名 2>…])]VALUES(<值>)
```

该语句完成将一条新记录插入一个已经存在的表中。其中，值列表必须与列名表一一对应。如果省略列名表，则默认表的所有列。

【例 4-29】　向表 S 中插入一条学生记录(学号：S7；姓名：郑冬；性别：女；年龄：21；系别：计算机系)

方法一：

```
INSERT INTO S(sno, sn,sex,age,department)
VALUES ('S7','郑冬','女',21,'计算机系')
```

执行结果如图 4.31 所示。

图 4.31　例 4-29 查询结果

方法二：

```
INSERT INTO S
VALUES ('S7','郑冬','女',21,'计算机系')
```

提示：当向一张表中插入数据时，如果插入的是一条完整记录，以上两种方法均可；如果插入的记录不完整，有部分字段值未知，这时字段名不可省略，见例 4-30。

【例 4-30】　向表 S 中插入一条学生记录(学号：S7，姓名：郑冬，性别：女，年龄：21)，系别未知。

方法一：

```
INSERT INTO S(sno,sn,sex,age)
VALUES ('S7','郑冬','女'、21)
```

想一想：

针对上例，语句如果写成以下 3 种形式，哪种是正确的？

```
1. INSERT INTO S(sno,sn,age,sex) VALUES ('S7','郑冬',21,'女')
2. INSERT INTO S(sno,sex,sn,age) VALUES ('S7','女','郑冬',21)
3. INSERT INTO S VALUES ('S7','郑冬','女',21)
```

4.7.2　更新数据

数据库中的数据随时发生变化，例如：工资会变化，职称会变化等。数据更新可以通过 SSMS 进行，也可以使用 T-SQL 语句。

更新数据的 T-SQL 语法格式如下：

```
UPDATE <表名> SET <列名>=<表达式>[,<列名>=<表达式>]…[WHERE <条件>]
```

【例 4-31】　把刘伟教师转到人文系。

```
UPDATE t SET department ='人文' WHERE tn='刘伟'
```

想一想：

针对上例，语句如果写成以下形式，语义为何？

```
UPDATE t SET department ='人文'
```

【例 4-32】　所有学生年龄增加一岁。

```
UPDATE s SET age = age + 1
```

【例 4-33】　把教授课程号为 C2 课程的老师的工资增加 1 000 元。

```
UPDATE t SET sal = sal + 1000
WHERE tno=any(SELECT tno FROM tc WHERE cno='C2')
```

想一想：

针对上例，语句如果写成以下形式，正确吗？

```
UPDATE t,tc SET sal = sal + 1000
WHERE t.tno=tc.tno AND cno='C2'
```

【例 4-34】 把教授“计算机应用基础”课程的老师的工资增加 1 000 元。

方法一：

```
UPDATE t SET sal = sal + 1000
WHERE tno=ANY(SELECT tno FROM tc,c WHERE t.tno=tc.tno AND cn='计算机应用基础')
```

方法二：

```
UPDATE t SET sal=sal+1000
WHERE tno=ANY(SELECT tno FROM tc WHERE cno=(SELECT cno from c WHERE cn= '计算机应用基础'))
```

4.7.3 删除数据

删除表中记录使用 DELETE 语句，语法格式如下：

```
DELETE [FROM] <表名> [WHERE <条件>]
```

该语句完成删除表中满足条件的记录。其中，如果省略条件，则删除所有记录。

【例 4-35】 删除姓名是刘伟的老师的记录。

```
DELETE FROM t WHERE tn='刘伟'
```

【例 4-36】 删除所有老师的记录。

```
DELETE FROM t
```

想一想：

针对上例，语句如果写成以下形式，正确吗？如果不对，为什么？

```
DELETE * FROM t
```

【例 4-37】 删除刘宇航的选课记录。

```
DELETE FROM sc
WHERE sno=(SELECT sno FROM s WHERE sn='刘宇航')
```

提示： DELETE 语句操作的对象是表中的记录，因此在 DELETE 语法格式中，DELETE 与 FROM 之间不能添加任何内容，这与 SELECT 语句是不同的。

小　　结

本章首先介绍了数据操作(查询、删除、插入和更新)的理论基础关系代数及关系运算，接下来介绍了如何通过 T-SQL 语句实现数据的查删增改。

本章的重点是 SELECT 语句的使用方法，SELECT 语句掌握好了，UPDATE、DELETE 和 INSERT 的掌握将会变得更为容易。

背 景 材 料

为达到某一查询目的，SQL 语句的写法可能有多种，虽然“条条大路通罗马”，但效率却各不相同。在应用程序中，在保证实现功能的基础上，为了提高应用程序的响应速度，在书写 SQL 语句时，可以通过以下几点提高 SQL 语句的效率。

(1) 应尽量减少对数据库的访问次数；通过搜索参数，尽量减少对表的访问行数，最小化结果集，从而减轻网络负担；能够分开的操作尽量分开处理，提高每次的响应速度；在数据窗口使用 SQL 时，尽量把使用的索引放在选择的首列；算法的结构尽量简单；在查询时，不要过多地使用通配符，如：

```
SELECT * FROM T1
```

要用到几列就选择几列，如：

```
SELECT COL1,COL2 FROM T1
```

在可能的情况下尽量限制结果集行数，如：

```
SELECT TOP 300 COL1,COL2,COL3 FROM T1
```

某些情况下用户是不需要那么多的数据的，所以就不必在应用中使用数据库游标。游标是非常有用的工具，但比使用常规的面向集的 SQL 语句需要更大的开销。

(2) 避免使用不兼容的数据类型。例如 float 和 int、char 和 varchar、binary 和 varbinary 是不兼容的。数据类型的不兼容可能使优化器无法执行一些本来可以进行的优化操作。例如：

```
SELECT name FROM employee WHERE salary > 60000
```

在这条语句中，如 salary 字段是钱币型的，则优化器很难对其进行优化，因为 60 000 是个整型数。我们应当在编程时将整型转化成为钱币型，而不要等到运行时转化。

(3) 尽量避免在 WHERE 子句中对字段进行函数或表达式操作，这将导致数据库引擎放弃使用索引而进行全表扫描。如：

```
SELECT * FROM T1 WHERE F1/2=100
```

应改为：

```
SELECT * FROM T1 WHERE F1=100*2
```

```
SELECT * FROM RECORD WHERE SUBSTRING(CARD_NO,1,4)='5378'
```

应改为：

```
SELECT * FROM RECORD WHERE CARD_NO LIKE '5378%'
```

```
SELECT member_number, first_name, last_name FROM members WHERE DATEDIFF (yy,
dateofbirth,GETDATE()) > 21
```

应改为：

```
SELECT member_number, first_name, last_name FROM members WHERE dateofbirth <
DATEADD(yy,-21,GETDATE())
```

即：任何对列的操作都将导致全表扫描，它包括数据库函数、计算表达式等，查询时要尽可能将操作移至等号右边。

(4) 避免使用!=或＜＞、IS NULL 或 IS NOT NULL、IN 或 NOT IN 等这样的操作符，因为这会使系统无法使用索引，而只能直接搜索表中的数据。例如：

```
SELECT id FROM employee WHERE id != 'B%'
```

优化器将无法通过索引来确定将要命中的行数，因此需要搜索该表的所有行。

(5) 尽量使用数字型字段，一部分开发人员和数据库管理人员喜欢把包含数值信息的字段设计为字符型，这会降低查询和连接的性能，并会增加存储开销。这是因为引擎在处理查询和连接时会逐个比较字符串中每一个字符，而对于数字型而言只需要比较一次就够了。

(6) 合理使用 EXISTS 或 NOT EXISTS 子句。例如：

```
SELECT SUM(T1.C1)FROM T1 WHERE((SELECT COUNT(*)FROM T2 WHERE T2.C2=T1.C2>0)
SELECT SUM(T1.C1) FROM T1 WHERE EXISTS(SELECT * FROM T2 WHERE T2.C2=T1.C2)
```

两者产生相同的结果，但是后者的效率显然要高于前者。因为后者不会产生大量锁定的表扫描或是索引扫描。如果你想校验表里是否存在某条记录，不要用 count(*)，那样效率很低，而且浪费服务器资源。可以用 EXISTS 代替。如：

```
IF (SELECT COUNT(*) FROM table_name WHERE column_name = 'xxx')
```

可以写成：

```
IF EXISTS (SELECT * FROM table_name WHERE column_name = 'xxx')
```

经常需要写一个 T-SQL 语句比较一个父结果集和子结果集，从而找到是否存在在父结果集中有而在子结果集中没有的记录，如：

```
    SELECT a.hdr_key FROM hdr_tbl a WHERE NOT EXISTS (SELECT * FROM dtl_tbl b WHERE
a.hdr_key = b.hdr_key)
    SELECT a.hdr_key FROM hdr_tbl a LEFT JOIN dtl_tbl b ON a.hdr_key = b.hdr_key
WHERE b.hdr_key IS NULL
    SELECT hdr_key FROM hdr_tbl WHERE hdr_key NOT IN (SELECT hdr_key FROM dtl_tbl)
```

3 种写法都可以得到同样正确的结果，但是效率依次降低。

(7) 尽量避免在索引过的字符数据中使用非打头字母搜索。这也使得引擎无法利用索引。

见以下例子：

```
SELECT * FROM T1 WHERE NAME LIKE '%L%'
SELECT * FROM T1 WHERE SUBSTING(NAME,2,1)='L'
SELECT * FROM T1 WHERE NAME LIKE 'L%'
```

即使 NAME 字段建有索引，前两个查询依然无法利用索引完成加快操作，引擎不得不对全表所有数据逐条操作来完成任务。而第 3 个查询能够使用索引来加快操作。

(8) 充分利用连接条件。在某种情况下，两个表之间可能不只有一个连接条件，这时在 WHERE 子句中将连接条件完整地写上，有可能大大提高查询速度。例：

```
    SELECT SUM(A.AMOUNT) FROM ACCOUNT A,CARD B WHERE A.CARD_NO = B.CARD_NO
    SELECT SUM(A.AMOUNT) FROM ACCOUNT A,CARD B WHERE A.CARD_NO = B.CARD_NO AND
A.ACCOUNT_NO=B.ACCOUNT_NO
```

第二句将比第一句执行快得多。

(9) 消除对大型表行数据的顺序存取。尽管在所有的检查列上都有索引，但某些形式的 WHERE 子句强迫优化器使用顺序存取。如：

```
SELECT * FROM orders WHERE (customer_num=104 AND order_num>1001) OR order_num=1008
```

解决办法可以使用并集来避免顺序存取：

```
SELECT * FROM orders WHERE customer_num=104 AND order_num>1001
UNION
SELECT * FROM orders WHERE order_num=1008
```

这样就能利用索引路径处理查询。

习　　题

一、设有关系 R、S，如图 4.32 所示，计算：

(1) R∩S；(2) RUS；(3) R－S；(4) R×S；(5) $\prod_{(A,B)}(R)\times S$；(6) $\sigma_{(R.A='u')}(R\times S)$

关系R

A	B	C
a	*b*	*c*
u	*v*	*x*
x	*y*	*z*

关系S

A	B	C
a	*b*	*d*
x	*y*	*z*
u	*v*	*w*

图 4.32　关系 R 和 S

二、现有教务管理数据库，数据库中有以下几张表。

1．S(Sno，Sn，Sex，Age，Department)，即(学号、姓名、性别、年龄、系别)

2．C(Cno，Cn，Ct)，即(课程号、课程名称、课时)

3．SC(Sno，Cno，Score)，即(学号、课程号、成绩)

试用 T-SQL 语句表达下列语句。

1．检索计算机系的学生的姓名和年龄。

2．检索年龄大于 18 岁的男学生的姓名和年龄。

3．在 SC 表中检索成绩为空值的记录。

4．检索姓“张”的学生的姓名和系别，并按年龄排序。

5．统计计算机系学生的人数。

6．统计不同学生选修的课程的门数。

7．统计不同课程被选修的次数。

8．统计不同课程的成绩的最高分、最低分和平均分。

9．检索选修课程名为“数据库”的学生的学号和姓名。

10．检索选修课程名为“数据结构”的学生的姓名和系别。

11．检索姓名是“张三”的学生的选修课程的课程名和课时。

12．检索年龄大于女同学平均年龄的男学生姓名和年龄。

13．用数据定义语言 DDL 定义本题中用到的三张表。

14．向表 SC 中插入一条新记录('s2'，'c3'，98)。

15．把学号是 s45 的学生转到信息技术系。

16．把低于平均成绩的成绩提高 5%。

17．把选修“高等数学”课程不及格的成绩全改为空值。

18．把选修课程号是 C3 的相应记录删除。

19．把选修课程名是“C 语言”的记录删除。

第5章 索引和视图

教学目标

本章将要学习 SQL SERVER 2012 中索引和视图的相关知识，包括索引的创建、查看、修改、删除，建立索引的意义，以及视图的创建、查看、修改、删除，视图的使用，创建视图的意义和作用。

教学要求

知 识 要 点	能 力 要 求	相 关 知 识
索引的意义	了解索引的工作方法， 理解创建索引的意义	数据表、字段、排序、指针
索引的操作	掌握索引的创建、删除、重命名	SSMS 的使用 T-SQL
视图的操作	掌握视图的创建、删除、修改、使用	SSMS 的使用、T-SQL 数据检索的方法
视图的使用	掌握通过视图操纵数据的方法	对数据表进行插入、删除、更新操作的方法

导读

每一位国人都有使用汉语字典的经历，为了方便查找汉字，字典中都配有音节表和部首检字表。读者只要在音节表或部首检字表中找到汉字对应的页码，然后就能轻松地到指定的页码找到要查找的汉字，这种查找方法又快捷又准确。同样，在庞大的数据表中，如何才能又快又准地找到某条记录呢？这就需要为对应的数据表建立索引，有了索引就相当于在数据库中有了“音节表和部首检字表”，我们就能又快又准地找到想要的记录了。

在 Windows 中，通过视图菜单来更改文件或文件夹的大小和外观，使用不同的查看方式(缩略图、详细信息、列表等)，文件、文件夹并未改变，只是呈现在用户面前的外观不同而已，在这一点 Windows 视图的概念和数据库中视图的概念是相同的。在数据库中，视图与数据表密切相关，数据库中数据只存储于数据表中，视图中不存储数据。但视图为用户提供了一种数据呈现机制，这种机制可以让数据表中的数据以多样的方式呈现在用户面前。视图的机制使数据库更加易用，而且更加安全。

5.1 索　　引

如果把数据表看作一本书，那么索引就是这本书的目录。通过目录，读者不必翻阅整本图书就能迅速查找到所需要的信息。在数据库中，程序借助索引，不必扫描完整个数据表，就能快速查找到数据在表中的位置。

5.1.1 索引概述

1. 索引的概念

索引(Index)是在列上创建的一种数据库对象，它为表中的数据提供逻辑顺序，从而提高数据的访问速度。索引也是一个列表，在这个列表中包含了由数据表中一列或者若干列生成的键值的有序集合，以及这些键值对应的记录在数据表中的存储位置。

2. 索引的分类

根据索引的顺序与数据表的物理顺序是否相同，可以把索引分成两种类型：聚簇索引(Clustered Index)与非聚簇索引(Nonclustered Index)。

1) 聚簇索引

如果索引的键值顺序与数据表中数据行的物理存储顺序相同，称为聚簇索引。由于表中的数据行只能按照一种物理顺序存储，因此，每个只能创建一个聚簇索引。创建聚簇索引时，系统会对表进行复制，对表中的数据按照索引键值指定的升降序重新排列，然后删除原表。聚簇索引最适合于范围搜索。

提示： 主键是聚簇索引的良好候选者，默认情况下，创建主键时，自动按照主键建立聚簇索引。

2) 非聚簇索引

如果索引的键值顺序与数据表中数据行的物理存储顺序不同，称为非聚簇索引。在非聚簇索引中，索引与数据分开存储，创建索引时，并不改变数据表中记录的物理存储顺序。因此，一个表可以有多个非聚簇索引。

一个表可以同时存在聚簇索引和非聚簇索引，由于创建聚簇索引会改变表中数据行的物理顺序，因此应首先建立聚簇索引，然后建立非聚簇索引。

提示： 创建非聚簇索引实际上是创建了一个表的逻辑顺序的对象，索引包含指向数据表中记录行的指针，用于在表中快速定位数据。

3. 何时建立索引

如果在一个列上创建索引，该列就称为索引列。合理使用索引，能够提高整个数据库的性能；同时，不适宜的索引也会降低系统的性能。因此，在创建索引之前，需要考虑哪些列适合建立索引，哪些列不适合建立索引。

1) 考虑建立索引的列

(1) 主键。通常，检索、存取表是通过主键来进行的。因此，应该考虑在主键上建立索引。

(2) 连接中频繁使用的列。用于连接的列若按顺序存放，系统可以很快地执行连接。如外键，除用于实现参照完整性外，还经常用于进行表的连接。

(3) 需要频繁检索的列。建立索引后，可以大大加快查找速度。

2) 不考虑建索引的列

(1) 很少或从来不在查询中引用的列，因为系统很少或从来不根据这个列的值去查找数据行。

(2) 只有两个或很少几个值的列，以这样的列创建索引并不能得到建立索引的好处。

(3) 以 bit、text、image 数据类型定义的列。

(4) 数据行数很少的小表一般也没有必要创建索引。

4. 索引的优、缺点

索引作为一种数据库对象，对提高数据库整体性能具有重要的意义，但是系统为了维护索引也需要付出一定的代价。

1) 创建索引的优点

(1) 可以大大加快数据检索速度。

(2) 通过创建唯一索引，可以保证数据记录的唯一性。

(3) 在使用 ORDER BY 和 GROUP BY 子句进行检索数据时，可以显著减少查询中分组和排序的时间。

(4) 使用索引可以在检索数据的过程中使用查询优化器，提高系统性能。

(5) 可以加速表与表之间的连接，这一点在实现数据的参照完整性方面有特别的意义。

2) 创建索引的缺点

(1) 创建索引要花费时间和占用存储空间。如创建聚簇索引需要占用的存储空间是数据库表占用空间的 1.2 倍。在建立索引时，数据被复制以便建立聚簇索引，索引建立后，再将旧的未加索引的表数据删除。

(2) 建立索引加快了数据检索速度，却减慢了数据修改速度。每当执行一次数据的插入、删除和更新操作，就要维护索引，以保持数据顺序的正确性。所以，当执行修改操作时，建立了索引的表要比未建立索引的表所花的时间长。

5.1.2 创建索引

SQL Server 提供两种创建索引的方式：直接方式和间接方式。直接方式是指系统利用 SSMS 或 T-SQL 语句中的 CREATE INDEX 语句对表直接创建索引。间接方式是指系统在创建 PRIMARY KEY 约束或 UNIQUE 约束时，SQL Server 会自动创建聚集索引或唯一索引。与创建标准索引相比，定义 PRIMARY KEY 约束或 UNIQUE 约束应是首选的方法。

1. 使用 SSMS 创建索引

【例 5-1】 使用 SQL Server Management Studio，在 S 表的 sn 上，创建非聚集索引 idx_sn。

(1) 启动 SQL Server Management Studio，在【对象资源管理器】中依次展开【数据库】| Student_Course_Teacher2|【表】|【dbo.S】。

(2) 右击【索引】选项，执行【新建索引】|【非聚集索引】命令，界面如图 5.1 所示。

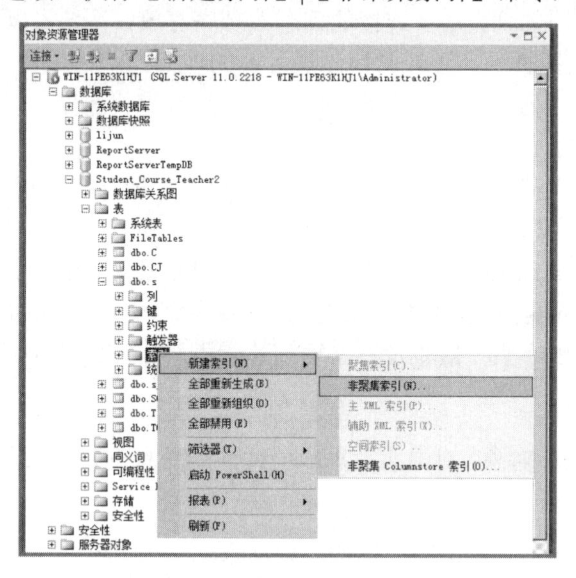

图 5.1 【新建索引】命令

(3) 在【新建索引】对话框中，输入索引名称“idx_sn”，如图 5.2 中“步骤 3”所示。

(4) 单击【添加】按钮打开【选择列】对话框，选择需要创建索引的列 sn，如图 5.2 中“步骤 4”所示。

(5) 单击【确定】按钮，已创建索引的列出现在【索引键列】中，完成索引的创建。

提示： 在创建索引时，可以根据需要，在【新建索引】对话框中，设置【索引类型】，是否具有【唯一】属性，并可以在【选择页】窗格中，单击【选项】，进行更详细的设置。

索引一旦创建后，表中的数据发生插入、删除、更新等操作时，索引会自动维护以适应新的数据；并在执行查询时由数据库管理系统自动启用以加快查询速度。

想一想：

如果要求在 S 表中基于系别 department 列的升序，系别相同时，按照年龄 age 列的降序创建索引，如何实现？

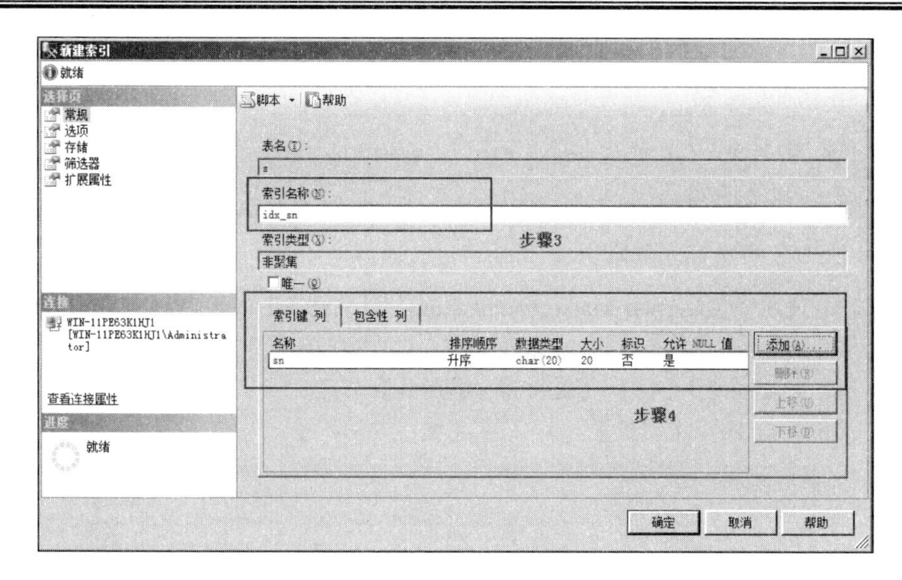

图 5.2 【新建索引】对话框

2. 使用 T-SQL 语句创建索引

使用 T-SQL 语句 CREATE INDEX 命令可以建立索引。

1) 基本语法格式

(1) CREATE [UNIQUE] [CLUSTERED | NONCLUSTERED]

(2) INDEX <索引名>

(3) ON [<表名 >](<列名>[ASC | DESC][,…*n*])

2) 参数说明

① UNIQUE：创建一个唯一索引，即索引的键值不重复。在列包含重复值或允许为 NULL 时，不能在该列创建唯一索引。

② CLUSTERED | NONCLUSTERED：指明创建的索引为聚簇索引还是非聚簇索引，默认值为非聚簇索引 NONCLUSTERED。

③ 索引名：指定所创建的索引的名称。

④ 表名：指定创建索引的表的名称，必要时还应指明数据库名称和所有者名称。

⑤ 列名：指定被索引的列，如果使用两个或两个以上的列组成一个索引则称为复合索引。

⑥ ASC | DESC：指定特定的索引列的排序方式，默认值是升序 ASC。

3) 创建索引示例

【例 5-2】 在 S 表中，创建基于系别 department 列升序，年龄 age 列降序的复合索引。

(1) CREATE INDEX idx_department_age

(2) ON S (department ASC, age DESC)

想一想：

例 5-2 中创建的是聚簇索引，还是非聚簇索引？尝试用 T-SQL 语句完成例 5-1；如果要求在 S 表中基于列 sn 创建聚簇索引，会出现什么问题？为什么？

提示：主键约束相当于聚簇索引和唯一索引的结合，因此当一个表中预先存在主键约束时，不能再次建立聚簇索引，因为在一个表中只允许有一个聚簇索引。

5.1.3 查看和删除索引

索引创建之后，可以查看和修改索引的定义。索引的维护需要占用系统资源，所以当某个索引不再需要时，应予以删除。

1. 使用 SSMS 查看和删除索引

【例 5-3】 使用 SQL Server Management Studio 查看例 5-1 中所创建的索引 idx_sn。

(1) 启动 SQL Server Management Studio，在【对象资源管理器】中依次展开【数据库】|【Student_Course_Teacher】|【表】|【dbo.S】|【索引】节点。

(2) 右击 idx_sn，选择【属性】选项，界面如图 5.3 所示。

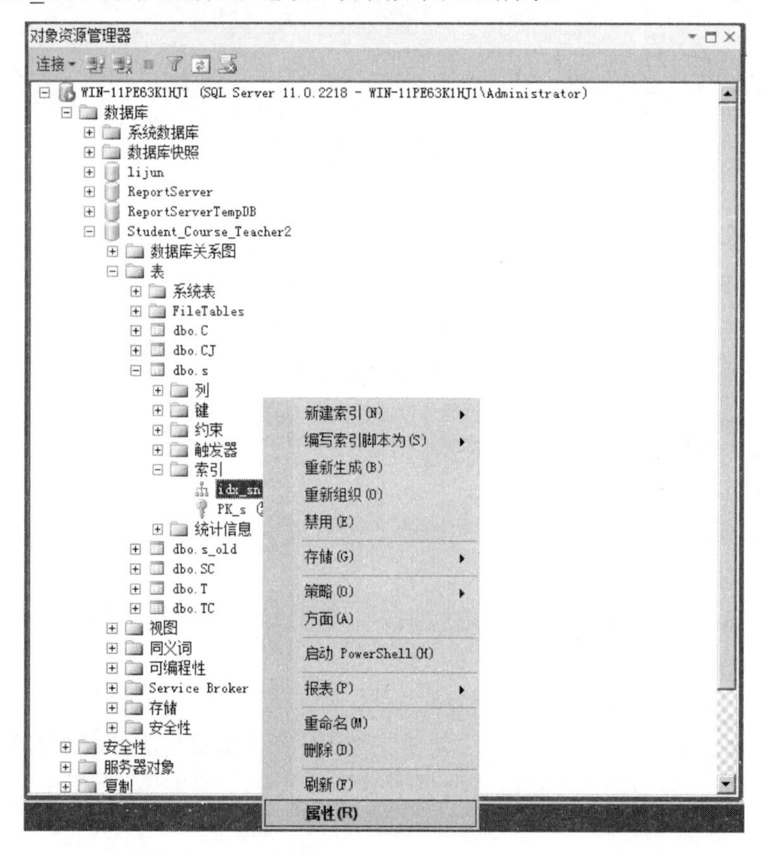

图 5.3 查看索引的属性

(3) 在属性查看窗口，可以查看该索引的定义，同时可以根据需要进行修改。

提示： 从图 5.3 中的右键菜单中还可以执行【删除】命令，在【删除对象】对话框中，单击【删除】按钮即可删除指定索引；同样，利用右键菜单中的【禁用】、【重命名】命令，可以禁用或重命名当前索引。

2. 使用 T-SQL 语句查看和删除索引

1) 查看索引

利用系统存储过程 sp_helpindex 可以返回指定表的所有索引的信息，基本语法格式如下：

```
sp_helpindex  [ @objname = ] 'name'
```

其中，[@objname =] 'name' 用来指定需要查看其索引的表的名称。

【例 5-4】　查看 S 表的索引。

```
sp_helpindex S
```

运行结果如图 5.4 所示。

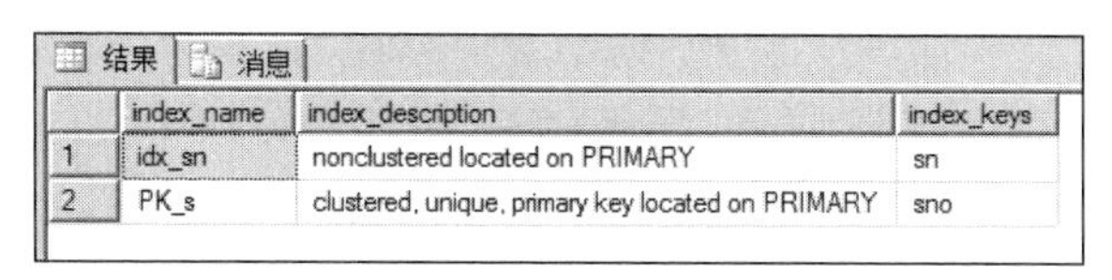

结果 | 消息

	index_name	index_description	index_keys
1	idx_sn	nonclustered located on PRIMARY	sn
2	PK_s	clustered, unique, primary key located on PRIMARY	sno

图 5.4　S 表的索引

2) 重命名索引

在创建索引之后，可以用系统存储过程 sp_ rename 重新命名表的索引。

【例 5-5】　将索引 idx_sn 重命名为“idx_sname”

```
sp_rename 'S.idx_sn' , 'idx_sname'
```

提示： 需要重命名的索引原名要以 '表名.索引名' 的形式给出，新名字只需要给出重命名后的名字，不需要给出表名；事实上使用 sp_rename 命令可以修改所有用户对象的名称。

3) 删除索引

如果某个索引不再需要，可以用 DROP INDEX 语句将其删除。使用 DROP INDEX 删除索引时，还应注意以下事项。

(1) 删除索引时，SQL Server 将释放被该索引所占的磁盘空间。

(2) 当删除表的时候，该表的全部索引也将被删除。

(3) 不能使用 DROP INDEX 语句删除由主键约束或唯一性约束创建的索引。

(4) 使用 DROP INDEX 删除索引时，不会出现确认信息，所以使用这种方法时要小心谨慎。

【例 5-6】　删除 S 表中的索引 idx_sname。

```
DROP INDEX s.idx_sname
```

5.2　视　　图

视图是一种常用的数据库对象，它为用户提供了一种查看数据库中数据的机制。

5.2.1　视图概述

1. 视图的概念

视图(View)是从一个或者多个数据表或视图中导出的逻辑上的虚拟数据表，常用于集中、简化和定制显示数据库中的数据。创建视图所基于的表称为基表，基表是数据库中真正存储数据的实体对象，是物理的数据源表，而视图对象只存放定义视图的 SELECT 语句。

2．视图和表的关系

视图和表很相似，两者都是由一系列带有名称的行和列的数据组成，用户对表的数据操纵方法同样适用于视图，即通过视图可以检索和更新数据。但是视图与表有本质区别：表中的数据是物理存储于磁盘上的，而视图并不存储任何数据，视图的数据来源于基表，在视图被引用时动态生成。对视图中数据的操纵，实际上是对基表中数据的操纵，当对通过视图看到的数据进行修改时，相应的基表的数据也会发生变化，同时，若基表的数据发生变化，这种变化也会自动地反映到视图中。

3．视图的数据源

视图查看的数据可以来源于以下情况。

(1) 一个基表中的行的子集或列的子集。

(2) 基表进行运算汇总的结果集。

(3) 多个基表连接操作的结果集。

(4) 一个视图的行的子集或列的子集。

(5) 基表与视图连接操作的结果集。

提示： 可以把那些比较复杂又经常使用的查询语句创建为视图对象，使用时只要给出视图的名字就可以直接调用，而不必重复书写复杂的 SELECT 语句。

4．视图的特点

视图通常建立在基本表上，但是与基本表相比，视图有很多优点，主要表现在以下几方面。

(1) 视图为用户集中了数据、简化了数据操作。视图的机制使用户把注意力集中到所关心的数据上，特别是当用户需要的数据分散在多个表中时，定义视图可以将它们集中在一起，作为一个整体进行查询和处理，对用户屏蔽了数据库内部组织的复杂性。

(2) 视图对重构数据库提供了一定程度的逻辑独立性。视图的创建可以向最终用户隐藏复杂的表连接，按人们习惯的方式在逻辑上把数据组织在一起交给用户使用，简化了用户的 SQL 程序设计，在一定程度上提供了逻辑上的数据独立，当数据库中表的结构发生变化时，只需要重新定义视图就可以保持用户原来的关系。

(3) 视图提供了一种安全机制，保护基表中的数据。数据表是某些相关数据的整体，如果不想让用户查看修改其中的一部分数据，则可以为不同用户创建不同的视图，只授予用户使用视图的权限而不允许访问基本表，增加了数据库的安全性。

5.2.2 创建视图

视图在数据库中是作为一个对象来存储的。创建视图前，要保证已被数据库所有者授权允许创建视图，并且有权操作视图所引用的表或其他视图。

1．使用 SSMS 创建视图

【例 5-7】 基于表 S 创建一个学生基本信息视图 v_s，由该视图能够查看除年龄 age 之外的其他所有信息，并按照姓名 sn 的升序排序，为列设置别名。

(1) 启动 SQL Server Management Studio，在【对象资源管理器】中依次展开【数据库】|【Student_Course_Teacher2】|【视图】节点。

(2) 右击【视图】节点，选择【新建视图】命令，界面如图 5.5 所示。

(3) 在弹出的【添加表】对话框中，单击要添加到新视图中的表 S，然后单击【添加】按钮，将表 S 添加到视图中(如果涉及多张数据表的话，同样操作)，如图 5.6 所示，然后单击【关闭】按钮。

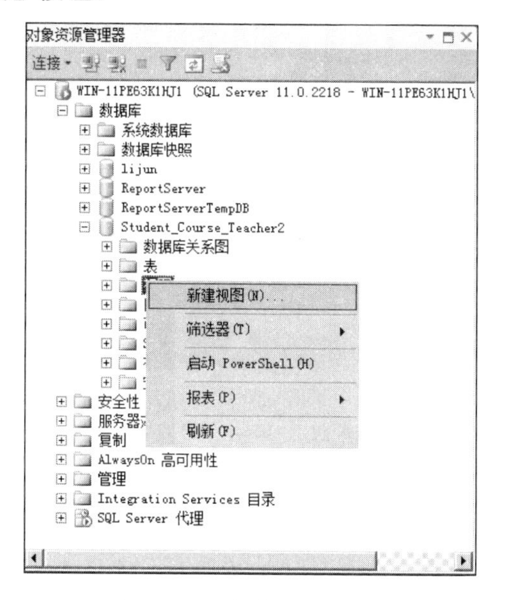

图 5.5 【新建视图】命令

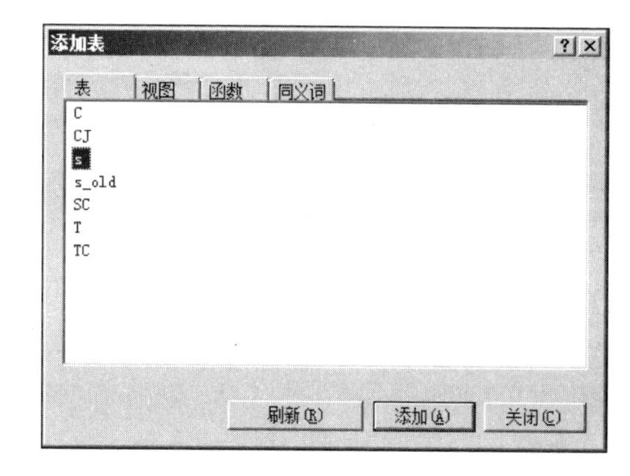

图 5.6 【添加表】对话框

(4) 在【关系图】窗格中选择添加到视图的列，在【条件】窗格中，输入列的别名，指定 sn 列排序方式为升序，界面如图 5.7 所示。

(5) 单击工具栏中的【执行 SQL】按钮 (或右击创建视图区域，在快捷菜单中选择【执行 SQL】命令)，可以查看到视图对应的结果集，如图 5.7 所示。

图 5.7　创建视图

(6) 单击工具栏中的【保存】按钮，在【选择名称】对话框中输入视图名称“v_s”，单击【确定】按钮，完成视图的定义，如果 5.8 所示。

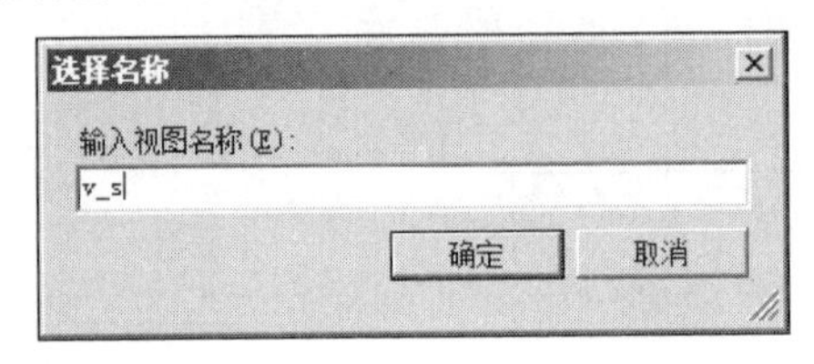

图 5.8 【选择名称】对话框

提示： 从图 5.7 中 SQL 窗格中可以看到，视图实际对应的就是一个 SELECT 查询；保存视图时，实际上保存的是对这个查询的定义，而不是查询的结果。每次打开视图，都是重新执行 SELECT 查询，数据来源于基本表。

想一想：

例 5-7 定义的视图隐去了表中的年龄信息，限制了用户只能存取表中部分列的数据，即表中“列”的子集，使用这种方法创建的视图称为投影视图。如果限制用户只能够存取表中的某些数据行，即表中“行”的子集，则产生的视图称为水平视图。假如为了宿舍管理需要，需要把 S 表中的所有男生的信息创建一个视图，提供给男生宿舍的管理员，这个视图应该如何创建？

【例 5-8】 创建基于 S、C、SC 表的视图 v_s_c_sc，通过该视图可以查询每个学生选修课程的情况及相应成绩，视图中包含 sno(学号)、sn(姓名)、cn(课程名)、score(成绩)列。

(1) 启动 SQL Server Management Studio，在【对象资源管理器】中依次展开【数据库】|【Student_Course_Teacher2】|【视图】节点。

(2) 右击【视图】节点，选择【新建视图】命令。

(3) 在弹出的【添加表】对话框中，单击要添加到新视图中的表，按住 Ctrl 键，可以同时选中 S、C、SC 表，如图 5.9 所示，然后单击【添加】按钮(也可以一个一个地添加)完成操作。

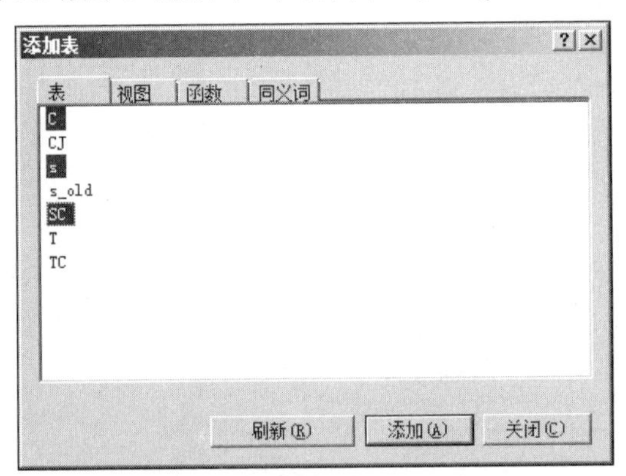

图 5.9 【添加表】对话框

(4) 在【关系图】窗格中选择添加到视图的列，选择列时的先后顺序，决定了将来在视图中列的先后顺序，也可以在【条件】窗格中，用拖动的方法改变列的先后顺序，如图 5.10 所示。

(5) 单击工具栏中的【执行 SQL】按钮，可以看到视图对应的结果集，如图 5.10 所示。

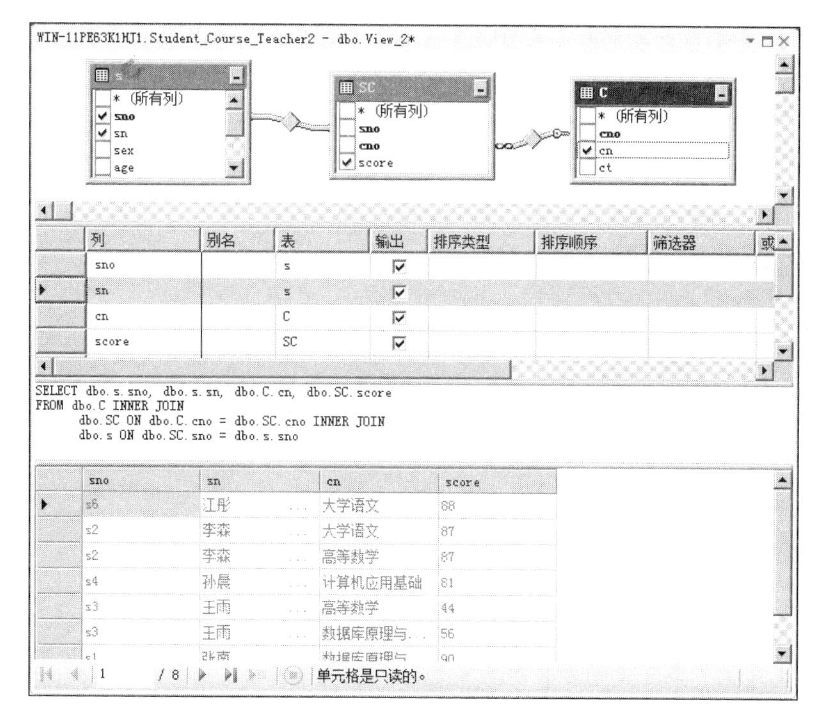

图 5.10　创建视图

(6) 单击工具栏中的【保存】按钮，在【选择名称】对话框中，输入视图名称“v_s_c_sc”，单击【确定】按钮，完成视图的定义。

提示： 从多个基本表中提取感兴趣的数据集中到一个视图中，表示为一个单独的“可见表”，从而简化多表查询，这种视图称为联合视图。

2．使用 T-SQL 语句创建视图

使用 T-SQL 语句 CREATE VIEW 可以创建视图。

1) 基本语法格式

```
CREATE VIEW <视图名>[ (列名 1, 列名 2 [ , …n ] ) ]
[ WITH ENCRYPTION ]
 AS
<SELECT 查询语句>
[WITH CHECK OPTION]
```

2) 参数说明

① 列名：视图显示时使用的列标题，若直接使用查询语句指定的列名时，可以省略。以下几种情况必须明确组成视图的所有列名。

a．某个目标列为未指定别名的计算列。

b．多表连接中几个同名的列作为视图的列。

c．需要在视图中为某列使用新的名字。

② ENCRYPTION：要求系统存储时对该 CREATE VIEW 语句进行加密，不允许别人查看和修改定义语句。

③ CHECK OPTION：与定义视图中 SELECT 语句的 WHERE 子句配合使用，当对视图中数据进行 UPADATE、INSERT、DELETE 操作时，修改后的数据必须满足 WHERE 子句设置的条件，不满足条件的数据不允许修改。若该项省略，可以在不违反约束前提下对数据任意修改，但修改后不满足条件的记录不再出现在视图中。

3) 创建视图示例

【例 5-9】 基于表 C、TC、T 创建一个教师授课视图【v_教师授课】，该视图包含教师姓名 tn、性别 sex、年龄 age、所授课程名 cn、该课程的学分 ct 等字段。

```
CREATE VIEW v_教师授课 (教师姓名, 性别, 年龄, 课程名, 学分)
AS
SELECT    T.tn, T.sex, T.age, C.cn, C.ct
FROM      C INNER JOIN
                 TC ON C.cno = TC.cno INNER JOIN
                 T ON TC.tno = T.tno
```

【例 5-10】 将所有成绩不及格的学生信息创建一个视图【v_不及格的学生信息】，该视图包含学生学号 sno、姓名 sn、所修课程名 cn、学分 ct、成绩 score，同时将该视图的定义加密，并保证对该视图中数据的修改要满足预先设定的条件。

```
CREATE VIEW v_不及格的学生信息
WITH ENCRYPTION
AS
SELECT  S.sno AS 学号, S.sn AS 姓名, C.cn AS 课程名, C.ct AS 学分, SC.score AS 成绩
FROM    C INNER JOIN
             SC ON C.cno =SC.cno INNER JOIN
             S ON SC.sno =S.sno
WHERE    SC.score < 60
WITH CHECK OPTION
```

想一想：

尝试用一些测试数据检验 WITH CHECK OPTION 是如何起作用的。

5.2.3 修改和删除视图

1. 使用 SSMS 修改、删除视图

【例 5-11】 删除例 5-7 创建的视图 v_s 中性别 sex 列。

(1) 启动 SQL Server Management Studio，在【对象资源管理器】中依次展开【数据库】|【Student_Course_Teacher2】|【视图】节点。

(2) 右击 v_s 视图，选择【设计】命令，界面如图 5.11 所示。

(3) 在视图定义界面中，取消选择 sex 列。

(4) 单击工具栏中的【保存】按钮，保存修改后视图的定义。

提示： 修改视图实际上修改的是对应的 SELECT 查询语句。在图 5.11 中的右键菜单中，【重命名】命令可以很方便地重命名视图；【删除】命令可以删除当前视图。

想一想：

注意视图“v_不及格的学生信息”的图标右下角有一把小锁，尝试修改一下该视图的定义，看能否修改，为什么？

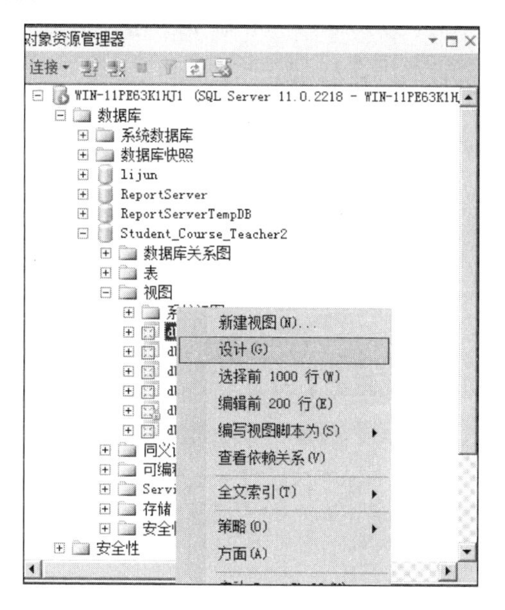

图 5.11 【设计】命令

2. 使用 T-SQL 语句查看、修改、删除视图

1) 查看视图的结构

【例 5-12】　使用系统存储过程 sp_help 查看视图 v_s 的结构。

```
sp_help v_s
```

运行结果如图 5.12 所示。

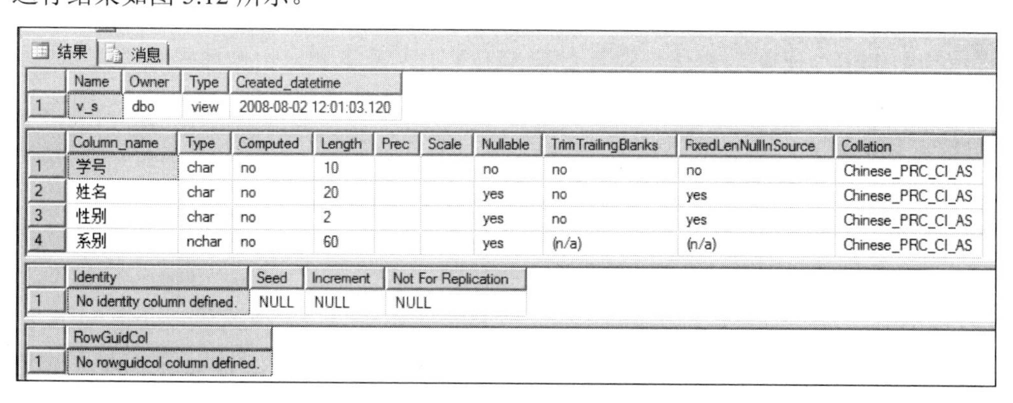

	Name	Owner	Type	Created_datetime
1	v_s	dbo	view	2008-08-02 12:01:03.120

	Column_name	Type	Computed	Length	Prec	Scale	Nullable	TrimTrailingBlanks	FixedLenNullInSource	Collation
1	学号	char	no	10			no	no	no	Chinese_PRC_CI_AS
2	姓名	char	no	20			yes	no	yes	Chinese_PRC_CI_AS
3	性别	char	no	2			yes	no	yes	Chinese_PRC_CI_AS
4	系别	nchar	no	60			yes	(n/a)	(n/a)	Chinese_PRC_CI_AS

	Identity	Seed	Increment	Not For Replication
1	No identity column defined.	NULL	NULL	NULL

	RowGuidCol
1	No rowguidcol column defined.

图 5.12　视图 v_s 的结构

【例 5-13】　使用系统存储过程 sp_helptext 查看视图 v_s 的定义文本。

```
sp_helptext v_s
```

运行结果如图 5.13 所示。

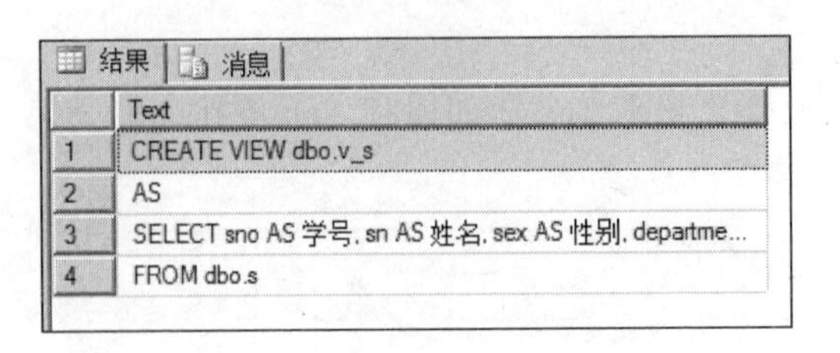
结果 | 消息

	Text
1	CREATE VIEW dbo.v_s
2	AS
3	SELECT sno AS 学号, sn AS 姓名, sex AS 性别, departme...
4	FROM dbo.s

图 5.13　视图 v_s 的定义文本

想一想：

查看例 5-10 中创建的视图“v_不及格学生的信息”的定义文本，会出现什么提示信息？为什么？

2) 修改视图

利用 ALTER VIEW 语句修改视图定义的基本语法格式如下：

```
ALTER  VIEW  <视图名>[ (列名1, 列名2 [ , …n ] ) ]
[ WITH  ENCRYPTION ]
 AS
<SELECT  查询语句>
[WITH CHECK OPTION]
```

【例 5-14】　修改例 5-9 中创建的视图“v_教师授课”，删除其中的性别和年龄列，使之仅包含教师姓名、所授课程名、该课程学分等信息。

```
ALTER VIEW v_教师授课(教师姓名, 课程名, 学分)
AS
SELECT     T.tn, C.cn, C.ct
FROM       C INNER JOIN
                   TC ON C.cno = TC.cno INNER JOIN
                   T ON TC.tno = T.tno
```

提示：ALTER VIEW 的语法格式与 CREATE VIEW 基本相同，修改视图的过程相当于先删除原有视图，然后根据查询语句再创建一个同名的视图。

3) 重命名视图

利用系统存储过程 sp_rename 可以很方便地修改视图的名称，基本语法格式如下：

```
sp_rename  <旧视图名> , <新视图名>
```

【例 5-15】　修改例 5-9 中创建的视图“v_教师授课”的名字为 v_ttc。

```
sp_rename  v_教师授课 , v_ttc
```

4) 删除视图

使用 DROP VIEW 命令，一次可以删除一个或多个视图，需要删除的视图名之间以逗号隔开。

【例 5-16】　删除视图 v_ttc。

```
DROP VIEW v_ttc
```

5.2.4　通过视图操纵数据

视图与表具有相似的结构，用户可以像操作数据表一样，对视图进行查询、添加、修改、删除等操作。但是由于视图只是虚拟表，不存储任何数据，因此通过视图操纵数据，本质上是对基本表数据进行操纵。

1. 查询视图

【例 5-17】　查询视图 v_s 的数据。

```
SELECT  *
FROM  v_s
```

查询结果如图 5.14 所示。

	学号	姓名	性...	系别
1	s1	张南	男	计算机系
2	s2	李森	男	人文系
3	s3	王雨	女	计算机系
4	s4	孙晨	女	法律系
5	s5	赵宇	男	法律系
6	s6	江彤	女	人文系

图 5.14　查询视图

提示：在视图 v_s 中查询与直接在 S 表中查询相比，会发现屏蔽了年龄 age 字段，对特定的用户，可以只赋予视图 v_s 的查询权限，而没有对基本表 S 的查询权限，从而对特定的用户屏蔽数据。具体如何设置用户和对用户授权，请参阅本书相关章节内容。

【例 5-18】　在例 5-9 创建的视图“v_教师授课”中，查询“计算机应用基础”课程的授课情况。

```
SELECT *
FROM v_教师授课
WHERE 课程名='计算机应用基础'
```

查询结果如图 5.15 所示。

	教师姓名	性别	年龄	课程名	学分
1	王彬	男	45	计算机应用基础	64
2	孙胜利	男	50	计算机应用基础	64

图 5.15　在视图中查询

提示：由于视图“v_教师授课”为用户集中了数据，与用户通过连接 3 张基本表进行查询相比，简化了操作步骤，屏蔽了数据库中数据组织的复杂性。

由于在创建视图“v_教师授课”时，为 cn 字段指定了别名“课程名”，所以在利用视图查询时，只能使用“课程名”，而不能使用基本表中的列名 cn。

2. 修改视图数据

当向视图中插入、更新、删除记录时，实际上都是对视图所基于的表执行相应的操作。但是通过视图修改数据有一定的限制，必须遵循以下原则。

(1) 由多个表连接成的视图修改数据时，不能同时影响一个以上的基础表；但可以通过多个语句，每次针对一个基本表完成。

(2) 不允许对视图中的计算列进行修改，也不允许对视图定义中包含有聚合函数的视图进行插入或修改操作。

(3) 在通过视图修改或插入数据时，必须遵守视图基本表中所定义的各种数据约束条件；除非基表中的所有非空列都已经出现在视图中(或者非空列已经设置了默认值或 IDENTITY)，否则不能使用 INSERT 语句插入数据，因为系统不知道应该将什么数据插入到非空列中。

【例 5-19】 通过视图 v_s 向表 S 增加一条新的学生记录。

```
INSERT INTO v_s
VALUES ( 's7' , '李眉' , '女' , '人文系' )
SELECT *
FROM S
```

运行结果如图 5.16 所示，通过视图向基本表 S 插入了一条新记录，注意由于视图中没有年龄 age 列，所以在基本表 S 中新增加的记录的 age 列的值为 NULL。

	sno	sn	sex	age	department
1	s1	张南	男	18	计算机系
2	s2	李森	男	18	人文系
3	s3	王雨	女	17	计算机系
4	s4	孙晨	女	17	法律系
5	s5	赵宇	男	19	法律系
6	s6	江彤	女	18	人文系
7	s7	李眉	女	NULL	人文系

图 5.16 通过视图向基表插入数据后的结果

提示： 与使用 SSMS 完成对表的操作一样，使用 SSMS 可以非常容易地完成对视图的各种操作，这里不再赘述，读者可以自行探究。

【例 5-20】 在视图 v_ttc 中，将课程名“数据库原理与应用”修改为“数据库应用技术”。修改之前可以查看视图 v_ttc 的记录，如图 5.17 所示。

表 - dbo.C　视图 - dbo.v_ttc　摘要

	教师姓名	性别	年龄	课程名	学分
	王彬	男	45	计算机应用基础	64
	王彬	男	45	数据库原理与应用	64
	李武	女	30	大学语文	64
	王军	男	28	法理学	64
	孙胜利	男	50	计算机应用基础	64
	孙胜利	男	50	数据库原理与应用	64
*	NULL	NULL	NULL	NULL	NULL

图 5.17 修改前的视图查询结果

```
UPDATE v_ttc
SET 课程名='数据库应用技术'
WHERE 课程名='数据库原理与应用'
```

运行成功后的界面如图 5.18 所示。

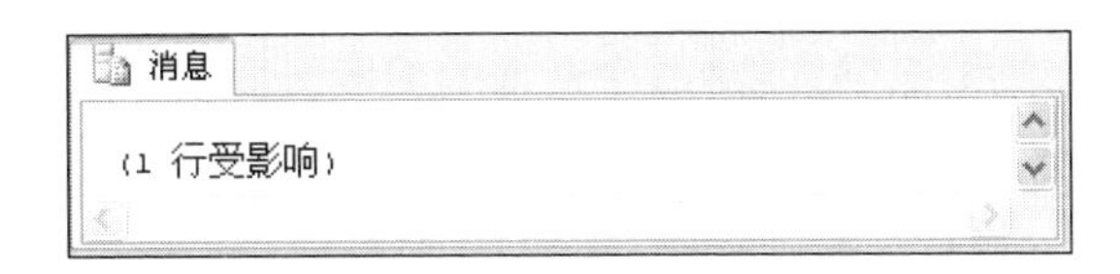

图 5.18　UPDATE 语句运行成功后的消息

打开 CN 表，可以看到课程名“数据库原理与应用”已经修改为“数据库应用技术”，如图 5.19 所示。

表 - dbo.C　视图 - dbo.v_ttc　摘要

	cno	cn	ct
	c1	计算机应用基础	64
	c2	大学语文	64
	c3	高等数学	72
▶	c4	数据库应用技术	64
	c5	法理学	64
*	NULL	NULL	NULL

图 5.19　通过视图更新基表之后的结果

想一想：

在图 5.17 中，视图 v_ttc 中有两行课程名为“数据库原理与应用”的记录，为何在表示更新操作运行成功的图 5.18 中，显示“1 行受影响”？

在视图“v_ttc”中，能否同时修改教师年龄和课程名？为什么？如果需要的话，应如何操作？能否在该视图中插入一条新记录？

小　　结

索引和视图都是重要的数据库对象。

索引是在列上建立的一种数据库对象，为表中的数据提供逻辑顺序，从而提高数据的访问速度。按照数据行的物理存储顺序与索引的键值顺序是否相同，索引分为聚簇索引和非聚簇索引。索引的优点是提高数据的查询性能，缺点是建立索引会占用一定的存储空间，数据更新操作所花费的时间也会更长。建立、修改、删除索引可以通过 SSMS 和 T-SQL 语句两种方法实现，索引的使用和维护由数据库管理系统自动实现。

视图是从一个或多个表中派生出来的用于集中、简化和定制显示数据库中数据的一种数据库对象。数据表中的数据是物理存储于磁盘上的，视图并不存储任何数据，在打开视图时，数据由基本表动态生成。通过视图这种机制，简化了数据操作，便于实现数据的安全管理，为重构数据库提供一定的逻辑独立性。视图的创建、查看、修改可以用 SSMS 和 T-SQL 语句两种方法实现。可以像操作表一样操作视图，但是由于视图只是虚拟表，不存储任何数据，因此通过视图操纵数据，本质上是对基本表数据进行操纵，而且对视图的更新操作有一定的限制。

背 景 材 料

选择了一个高性能的数据库管理系统不等于自然而然会有一个好的数据库应用系统。如果数据库应用系统设计不合理，不仅会增加客户端和服务器端编程的难度，而且还会影响系统实际运行的性能。

一个经过优化的数据库系统，可以使每次查询的响应时间最短，从而使整个数据库服务器的吞吐量最大化。对系统性能问题的考虑应贯穿于开发阶段的全过程，特别是初始设计阶段。一般来讲，在系统的分析、设计、测试阶段，因为数据量较小，设计和测试人员往往只关注功能的实现，很少注意到性能的不足，等到系统投入实际运行一段时间后，才发现系统性能的降低，这时再来考虑提高系统性能，则要花费更多的人力、物力。视图和索引也是提高系统性能时重点考虑的两个数据库对象。

视图是从一个或几个基本表导出的表，它简化了用户数据模型，提高了数据的逻辑独立性，实现了数据共享和数据的安全保密，体现了数据库本质的最重要的特色和功能。虽然使用视图有很多优越性，但是由于视图是虚拟表，每次查询视图的操作都会转化成对基本表的操作，如果视图在建立时条件非常复杂，那么对视图查询就会消耗大量的 CPU 时间，所以并不是视图越多越好。

数据库管理系统的查询优化程序要依靠索引来工作，建立相应的索引后，系统可以方便地找到用户要寻找的信息，而不必扫描整张用户表，同时，索引还可以提高表和表之间连接查询的速度，提高 Order By 和 Group By 的操作速度。索引的建立并不是必需的，没有索引，用户一样可以查询和处理数据。当数据表记录不多时，几乎感觉不到所消耗的系统时间；但随着数据量的不断增加，系统的运行会越来越慢，甚至用户一个简单的查询操作都要等上一会儿，这时索引在提高数据库系统的性能上能发挥很大的作用。但是与此同时，索引的建立需要附加的磁盘空间，数据库内容的修改也会导致索引的修改，从而带来一定的系统开销，所以说索引的建立也要适度，无用的索引过多会成为系统的沉重负担。

习　　题

一、填空题

1. 在 SQL Server 数据库中，按存储结构的不同，将索引分为两类：__________和__________。

2. 为索引更改名字使用系统存储过程__________。

3. 在使用 CREATE INDEX 语句创建聚簇索引时，需要使用的关键字是__________；建立唯一索引的关键字是__________。

4. 创建视图用__________语句，修改视图用__________语句，删除视图用__________语句。

5. 创建视图时，带__________参数可以将视图的定义语句加密；带__________参数对视图执行修改操作时，必须遵守定义视图时 WHERE 子句指定的条件。

6. 视图中的数据存储在__________中，对视图做更新操作时，实际操作的是__________中的数据。

二、选择题

1. 下列不适合建立索引的选项是(　　)。

　　A. 主键　　　　　　B. 外键

　　C. 取值很少的列　　D. 频繁搜索的列

2．在一个数据表中，最多可以定义(　　)聚集索引。

A．1 个　　B．2 个　　C．多个

3．为数据库中一个或多个表中的数据提供另一种查看方式的逻辑表被称为(　　)。

A．触发器　　B．存储过程　　C．视图　　D．索引

4．(　　)类型的索引会改变基本表中数据的物理存储顺序。

A．聚簇索引　　B．非聚簇索引　　C．唯一索引

5．某图书公司有图书销售数据库，其中有的数据表包含几十万条记录，下面哪种方法能够最好地提高查询速度？(　　)

A．收缩数据库　　B．为数据表建立视图

C．更换高档服务器　　D．在数据表上建立索引

6．(　　)能保证通过视图添加到基本表中的行可以通过视图访问。

A．WITH ENCRYPTION　　B．WITH CHECK OPTION

C．WITH GRANT OPTION　　D．WITH RECOMPILE

三、简答题

1．简述什么是索引，索引的作用及分类。

2．什么情况下不适合使用索引？

3．什么是视图？

4．使用视图有什么优点？

5．修改视图中的数据会受到哪些限制？

四、实训题

1．写出 SQL 语句，对 S 表 sn 字段建立唯一值索引。

2．写出 SQL 语句，删除 1 题中建立的索引。

3．基于 S 表创建视图 v_man，包含表中所有男生的学号、姓名、性别、生日。

4．用 INSERT 语句向视图 v_man 中添加一条新的男生记录，内容自拟，然后重新打开视图，看是否添加成功。

5．打开 S 表，看基表中是否增加了视图中添加的记录。这说明了什么？

6．修改视图 v_man，去掉姓名字段，看能否在修改后的视图中添加新记录，为什么？

7．创建一个视图 v_woman，视图名自拟，视图中包含所有女同学的学号、姓名、性别、课程名、成绩字段。

8．在视图 v_woman 中查询所有女生的“大学语文”的成绩，并按成绩由高到低排序。

第6章 T-SQL 编程

教学目标

本章介绍 T-SQL 程序设计中 GO 语句的使用、变量的定义、输入输出的格式以及注释的使用，介绍流程控制语句以及游标的使用。

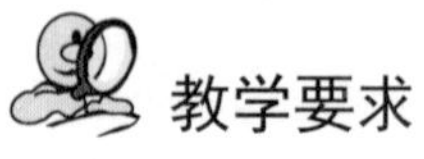

教学要求

知 识 要 点	能 力 要 求	相 关 知 识
T-SQL 基础	掌握 T-SQL 程序设计中 GO 语句的使用、变量的定义以及注释的使用	GO 语句、变量、注释
流程控制语句	掌握 T-SQL 程序设计中流程控制语句的使用	选择语句、循环语句、转移语句、等待语句、返回语句
游标的使用	掌握 T-SQL 程序设计中游标的使用	游标的基础、游标的使用

导读

第 5 章介绍的插入、查询、更新和删除等 SQL 语句均是单条的语句，不能定义变量，没有流程控制语句，因此，无法实现复杂的业务规则控制。为解决此问题，本章介绍 SQL 程序设计，将学习变量的定义、赋值、流程控制和游标等内容。其中流程控制语句包括顺序、选择、循环结构的控制语句，是数据库应用程序设计的基础。

通过本章学习，读者应掌握如何用流程控制语句进行 SQL 设计程序，理解游标的意义，掌握游标的创建与使用。

6.1　T-SQL 基础

T-SQL 在第 2 章已有简单介绍，它是 Microsoft 公司在关系型数据库管理系统 SQL Server 中的 SQL-3 标准的实现，是微软对 SQL 的扩展，具有 SQL 的主要特点，同时增加了变量、运算符、函数、流程控制和注释等语言元素，使得其功能更加强大。T-SQL 对 SQL Server 十分重要，SQL Server 中使用图形界面能够完成的所有功能，都可以利用 T-SQL 来实现。使用 T-SQL 操作时，与 SQL Server 通信的所有应用程序都通过向服务器发送 T-SQL 语句来进行，而与应用程序的界面无关。

6.1.1　GO 的使用

批处理是一组 SQL 语句的集合，以结束符 GO 终结。批处理中的所有语句被一次提交 SQL Server 2012，SQL Server 2012 将这些语句编译为一个执行单元，称为 SQL Server 2012 执行计划。

批处理用 GO 语句作为批处理的结束标志，若没有 GO 语句，默认所有的语句属于一个批处理。

提示： 在一个批处理中，如果出现编译错误(如某条语句存在语法错误)，SQL Server 2012 将取消整个批处理内所有语句的执行。

6.1.2　T-SQL 变量

变量是 SQL Server 2012 用来在语句之间传递数据的方式之一，是一种语言中必不可少的组成部分。

T-SQL 变量也称为局部变量，或用户自定义变量，一般用于临时存储各种类型的数据，以便在 SQL 语句之间传递。例如作为循环变量控制循环次数，暂时保存函数或存储过程返回的值，也可以使用 table 类型代替临时表临时存放一张表的全部数据。

局部变量的作用范围是在一个批处理、一个存储过程或一个触发器内，其生命周期从定义开始到它遇到的第一个 GO 语句或者到存储过程、触发器的结尾结束，即局部变量只在当前的批处理、存储过程、触发器中有效。

提示： 如果在批处理、存储过程、触发器中使用其他批处理、存储过程、触发器定义的变量，则系统出现错误并提示“必须声明变量”。

用 DECLARE 语句声明定义局部变量的命令格式：

```
DECLARE  {@变量名  数据类型[(长度)]  } [, …n ]
```

说明：

(1) 局部变量必须以@开头以区别字段名变量。

(2) 变量名必须符合标识符的命名规则。

(3) 系统固定长度的数据类型不需要指定长度，例如：INT 或 DATETIME。

提示：局部变量的数据类型可以是系统类型，也可以是用户自定义类型，但不允许是 text、ntext、image 类型。

【例 6-1】 变量的定义。

```
DECLARE @name CHAR (8)
```

——定义@name 为长度为 8 的字符型

```
DECLARE @m INT,@n DECIMAL (6,2)
```

——定义@m 为整型，@n 为小数总长度 6 位，其中小数 2 位，不计小数点

6.1.3 输入输出

1. 输入

用 SET、SELECT 给局部变量赋值的命令格式：

```
SET  @局部变量=表达式
SELECT  { @局部变量=表达式} [, …n]
```

说明：

(1) SET 只能给一个变量赋值，而 SELECT 可以给多个变量赋值。

(2) 两种格式可以通用，建议首选使用 SET，而不推荐使用 SELECT 语句。

(3) SELECT 也可以直接使用查询的单值结果给局部变量赋值。如：

```
SELECT  @局部变量=表达式或字段名
FROM  表名  WHERE  条件
```

提示：表达式中可以包含 SELECT 语句子查询，但只能是集合函数返回的单值，且必须用圆括号括起来。

2. 输出

用 PRINT、SELECT 显示局部变量的值的命令格式：

```
PRINT  表达式
SELECT 表达式  [, …n ]
```

说明：

(1) 使用 PRINT 必须有且只能有一个表达式，其值在查询分析器的【消息】子窗口显示。

(2) 使用 SELECT 实际是无数据源检索格式，可以有多个表达式，其结果是按数据表的格式在查询分析器的【网格】子窗口显示，若不指定别名，显示标题【(无名列)】。

【例 6-2】　自定义局部变量的使用。

```
USE Student_Course_Teacher
  DECLARE  @name  varchar(15),  @学号 char(22)
  SELECT  @学号='学号为 s1 的学生的姓名:'                -- 也可使用 SET
  SET @name= (SELECT Sn FROM s where sno='s1')
  PRINT @学号+ @name
  GO
```

运行结果如图 6.1 所示。使用 PRINT 在【消息】子窗口输出表达式的值。

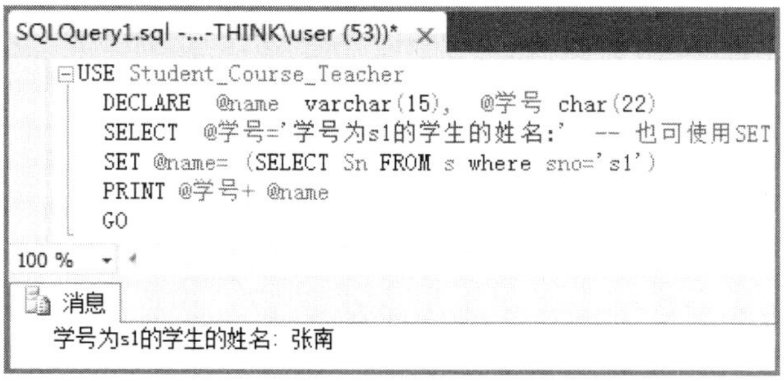

```
SQLQuery1.sql -...-THINK\user (53))*
USE Student_Course_Teacher
  DECLARE  @name  varchar(15),  @学号 char(22)
  SELECT  @学号='学号为s1的学生的姓名:'  -- 也可使用SET
  SET @name= (SELECT Sn FROM s where sno='s1')
  PRINT @学号+ @name
  GO
100 %
消息
学号为s1的学生的姓名: 张南
```

图 6.1　自定义局部变量的使用

想一想：

如果将例题中的输出显示改用 SELECT 语句，输出结果是什么样的？

6.1.4　注释

注释是程序的说明或暂时禁止使用的语句而不被执行，使用注释可以使程序清晰可读，有助于以后的管理维护。

SQL Server 支持行注释和块注释两种方式。

1．行注释

命令格式：

```
--注释内容
```

说明：

(1) 以两个减号开始直到本行结束的全部内容都被认为是注释内容。

(2) 行注释可以单独一行，也可以跟在 SQL 语句之后，注释内容中还可以有双减号(允许嵌套)，双减号之后也可以没有内容。

2．块注释

命令格式：

```
/*注释内容*/
```

说明：

(1) 以“/*”开始不论多少行，直到“*/”之间的所有文字都被作为注释内容。

(2) 块注释可以从一行开头开始，也可以跟在 SQL 语句之后开始，注释内容中还可以有“/*”字符组合，也可以有单个“*”“/”字符，但不能有“*/”组合(不允许嵌套)，中间可以没有注释内容。

【例 6-3】 注释的使用。

```
USE Student_Course_Teacher          /*打开数据库*/
GO                                  -- 一个批处理结束
```

6.2 流程控制语句

流程控制语句是控制程序执行的命令，是指那些用来控制程序执行和流程分支的命令，流程控制语句主要用来控制 SQL 语句、语句块或者存储过程的执行流程。比如条件控制语句、循环语句等，可以实现程序的结构性和逻辑性，以完成比较复杂的操作。

6.2.1 语句块

BEGIN…END 语句能够将多个 T-SQL 语句组合成一个语句块，并将它们视为一个单元处理。在条件语句和循环等控制流程语句中，当符合特定条件便要执行两个或者多个语句时，就需要使用 BEGIN…END 语句，将多个 T-SQL 语句组合成一个语句块。

6.2.2 选择

1. IF/ELSE 条件语句

IF…ELSE 语句是条件判断语句，其中，ELSE 子句是可选的，最简单的 IF 语句没有 ELSE 子句部分。IF…ELSE 语句用来判断当某一条件成立时执行某段程序，条件不成立时执行另一段程序。SQL Server 允许嵌套使用 IF…ELSE 语句，而且嵌套层数没有限制。

命令格式：

```
IF  逻辑条件表达式
      语句块 1
[ELSE
      语句块 2]
```

说明：

(1) IF 语句执行时先判断逻辑条件表达式的值(只能取 TRUE 或 FLASE)，若为真则执行语句块 1，为假则执行语句块 2，没有 ELSE 则直接执行后继语句。

(2) 语句块 1、语句块 2 可以是单个 SQL 语句，如果有两个以上语句，但必须放在 BEGIN…END 语句块中。

【例 6-4】 查询教师平均工资，如果平均工资大于 3 000 元，则显示“收入水平较高”，否则显示“收入水平较低”。

```
Use Student_Course_Teacher2
Go
IF (SELECT AVG (sal) FROM t)>3000
   BEGIN
     PRINT '收入水平较高'
   END
ELSE
```

```
    PRINT '收入水平较低'
```

运行结果如图 6.2 所示。

```
SQLQuery1.sql -...-THINK\user (53))*
Use Student_Course_Teacher
Go
IF (SELECT AVG (sal) FROM t)>3000
  BEGIN
    PRINT '收入水平较高'
  END
ELSE
  PRINT '收入水平较低'
100 %
消息
收入水平较高
```

图 6.2 例 6-4 执行结果

提示：条件表达式中可以包含 SELECT 子查询，但必须用圆括号括起来。

2. CASE 语句

CASE 表达式可以根据不同的条件返回不同的值，CASE 不是独立的语句，只用于 SQL 语句中允许使用表达式的位置。

1) 简单 CASE…END 表达式

命令格式：

```
CASE  测试表达式
WHEN 常量值 1  THEN  结果表达式 1
 [  { WHEN 常量值 2  THEN  结果表达式 2 }  [ …n ]   ]
ELSE  结果表达式 n ]
END
```

说明：

根据测试表达式的值得到一个对应值。先计算测试表达式的值，将测试表达式的值按顺序依次与 WHEN 指定的各个常量值进行比较。

(1) 如果找到了一个相等常量值，则整个 CASE 表达式取相应 THEN 指定的结果表达式的值，之后不再比较，跳出 CASE…END。

(2) 如果找不到相等的常量值，则取 ELSE 指定的结果表达式 n。

(3) 如果找不到相等的常量值也没有使用 ELSE，则返回 NULL。

【例 6-5】 查询教师工资，工资为 3 000 元的显示“平均收入者”，工资为 2 000 元的显示为“低收入者”，工资为 4 000 元的显示为“高收入者”，其余的显示“未知”。

```
Use Student_Course_Teacher2
Go
SELECT tn 教师姓名,
收入水平=CASE  sal
WHEN 3000 THEN '平均收入者'
WHEN 2000 THEN '低收入者'
WHEN 4000 THEN '高收入者'
```

```
ELSE '未知'
END
FROM T
```

运行结果如图 6.3 所示。

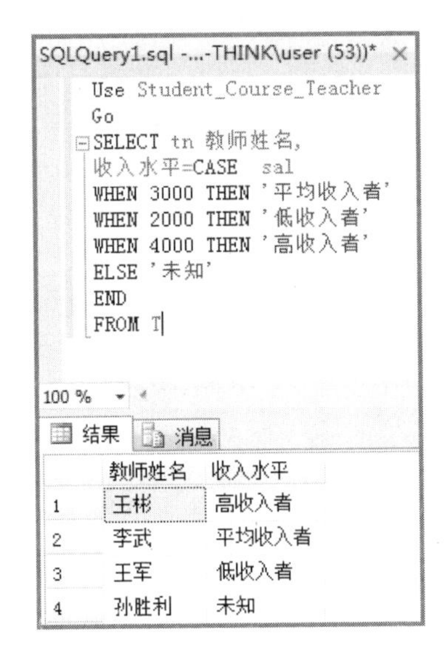

图 6.3　例 6-5 执行结果

2) 搜索 CASE … END 表达式

命令格式：

```
CASE
WHEN 条件表达式 1  THEN  结果表达式 1
{WHEN 条件表达式 2 THEN 结果表达式 2 } [ …n ] ]
[ ELSE  结果表达式 n ]
END
```

说明：根据某个条件得到一个对应值，执行过程中按以下规则运行。

(1) 按顺序依次判断 WHEN 指定条件表达式的值，遇到第一个为真的条件表达式，则整个 CASE 表达式取对应 THEN 指定的结果表达式的值，之后不再比较，结束并跳出 CASE…END。

(2) 如果找不到为真的条件表达式，则取 ELSE 指定的结果表达式 n。

(3) 如果找不到为真的条件表达式也没有使用 ELSE，则返回 NULL。

提示： 搜索 CASE 表达式与简单 CASE 表达式的语法区别是 CASE 后没有测试表达式，WHEN 指定的不是常量值而是条件表达式。

【例 6-6】 查询教师工资，大于平均工资的显示“高收入者”，低于平均工资的显示为“低收入者”，否则显示为“平均收入者”。

```
Use Student_Course_Teacher
Go
SELECT tn 教师姓名,收入水平=
CASE
WHEN sal<(SELECT AVG(sal) FROM T) THEN '低收入者'
```

```
WHEN sal>(SELECT AVG(sal) FROM T) THEN '高收入者'
ELSE '平均收入者'
END
FROM T
```

运行结果如图 6.4 所示。

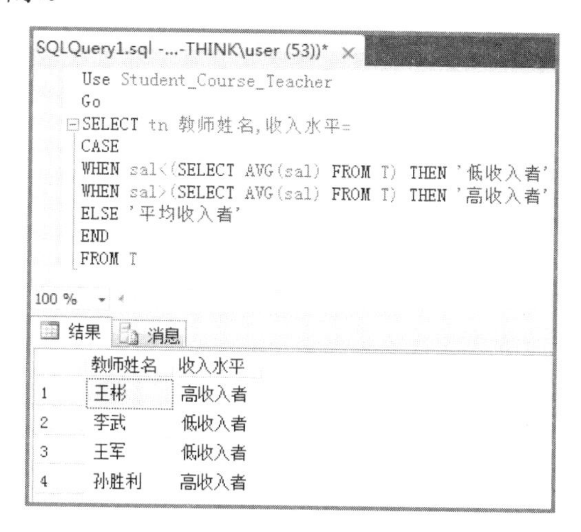

图 6.4　例 6-6 执行结果

6.2.3　循环

在程序中当需要多次重复处理某项工作时，就需使用 WHILE 循环语句。WHILE 语句通过布尔表达式来设置一个循环条件，当条件为真时，重复执行一个 SQL 语句或语句块，否则退出循环，继续执行后面语句。

命令格式：

```
WHILE  逻辑条件表达式
      BEGIN
          循环体语句系列 …
          [BREAK]
          …
          [CONTINUE]
          …
      END
```

说明：先计算判断条件表达式的值。

(1) 若条件为真，则执行 BEGIN … END 之间的循环体语句系列，执行到 END 时返回到 WHILE，再次判断条件表达式的值。

(2) 若值为假(条件不成立)，则直接跳过 BEGIN … END 不执行循环。

(3) 若在执行循环体时遇到 BREAK 语句，则无条件跳出 BEGIN … END。

(4) 若在执行循环体时遇到 CONTINUE 语句，则结束本轮循环，不再执行之后的循环体语句，返回到 WHILE 再次判断条件表达式的值。

【例 6-7】　计算 1+2+3+…+100 的和。

```
DECLARE @i Int, @sum Int
    SELECT  @i=1,  @sum =0          -- 可以使用两个 SET 语句
```

```
    WHILE @i<=100
        SELECT @sum=@sum+@i, @i=@i+1
    PRINT @sum
```

想一想：

如果准备给教师增加工资，每次每人增加 200 元，直至平均工资超过 3 500 元结束，请问如何实现？

6.2.4 转移

GOTO 用来改变程序执行的流程，使程序跳到标有标签的程序处继续执行，不执行 GOTO 语句和标签之间的语句。

命令格式：

```
Llabel_name:
GOTO Llabel_name
```

说明：标签是 GOTO 的目标，它仅标识了跳转的目标。标签不隔离其前后的语句。执行标签前面语句的用户将跳过标签并执行标签后的语句。除非标签前面的语句本身是控制流语句(如 RETURN)，这种情况才会发生。

提示：尽量少使用 GOTO 语句。过多使用 GOTO 语句可能会使 T-SQL 批处理的逻辑难于理解。使用 GOTO 实现的逻辑几乎完全可以使用其他控制流语句实现。GOTO 最好用于跳出深层嵌套的控制流语句。

【例 6-8】 分行打印字符 1 至 5。

```
DECLARE @Fcount INT
BEGIN
  SELECT @Fcount=1
  Label_1:
  PRINT Cast(@Fcount as VARCHAR)
  SELECT @Fcount=@Fcount+1
  WHILE @Fcount<6
  GOTO Label_1
END
```

6.2.5 等待

WAITFOR 语句用于暂时停止执行 SQL 语句、语句块或者存储过程等，直到所设定的时间已过或者所设定的时间已到才继续执行。

命令格式：

```
WAITFOR { DELAY '时间' | TIME '时间' }
```

说明：使程序暂停指定的时间后再继续执行。

DELAY 指定暂停的时间长短——相对时间。

TIME 指定暂停到什么时间再重新执行程序——绝对时间。

“时间”参数必须是 datetime 类型的时间部分，格式为 hh:mm:ss，不能含有日期部分。

【例 6-9】　示例。

```
Use Student_Course_Teacher
Go
WAITFOR delay '00:00:03'  --将在 3 秒钟之后执行 select 语句
SELECT * FROM T
```

6.2.6　返回

RETURN 语句用于无条件地终止一个查询、存储过程或者批处理，此时位于 RETURN 语句之后的程序将不会被执行。当在存储过程中使用 RETURN 语句时，此语句可以指定返回给调用的应用程序、批处理或过程的整数值。如 RETURN 未指定值，则存储过程返回 0。大多数存储过程按常规使用返回代码表示存储过程的成功或失败。没有发生错误时存储过程返回 0。任何非零值表示有错误发生。

命令格式：

```
RETURN [integer_expression]
```

说明：参数 integer_expression 为返回的整型值。存储过程可以给调用过程或应用程序返回整型值。

6.3　游　　标

在数据库开发过程中，当你检索的数据只是一条记录时，你所编写的语句代码往往使用 SELECT 语句。但是我们常常会遇到这样的情况，即如何从有多条记录的结果集中去逐一地读取一条记录呢？游标为我们提供了一种极为方便的解决方案。

6.3.1　游标基础

在数据库中，游标是一个十分重要的概念。游标提供了一种对从表中检索出的数据进行操作的灵活手段，就本质而言，游标实际上是一种能从包括多条数据记录的结果集中每次提取一条记录的机制。

游标的主要用途就是在 T-SQL 脚本程序、存储过程、触发器中对 SELECT 语句返回的结果集进行逐行逐字段处理，把一个完整的数据表按行分开，一行一行地逐一提取记录，并从这一记录行中逐一提取各项数据。

游标与变量类似，必须先定义后使用。

游标的使用过程：定义声明游标→打开游标→从游标中提取记录并分离数据→关闭游标→释放游标。

6.3.2　游标使用

1. 定义游标

命令格式：

```
DECLARE 游标名 CURSOR
    [FORWARD_ONLY|SCROLL]
```

```
[STATIC|KEYSET|DYNAMIC|FAST_FORWARD]
[READ_ONLY|OPTIMISTIC] [TYPE_WARNING]
FOR  SELECT 语句
[ FOR UPDATE [ OF 字段名 [ , … n ] ] ]
```

说明：

(1) FORWARD_ONLY 指定该游标为顺序结果集，只能用 NEXT 向后方式顺序提取记录。

(2) SCROLL 指定该游标为滚动结果集，可以使用向前、向后、定位方式提取记录。

(3) STATIC 与 INSENSITIVE 含义相同，在系统 tempdb 数据库中创建临时表存储游标使用的数据，即游标不会随基本表内容而变化，同时也无法通过游标来更新基本表。

(4) KEYSET 指定游标中列的顺序是固定的，并且在 tempdb 内建立一个 KEYSET 表，基本表数据修改时能反映到游标中。如果基本表添加符合游标的新记录时该游标无法读取(但其他语句使用 WHERE CURRENT OF 子句可对游标中新添加的记录数据进行修改)。如果游标中的一行被删除掉，则用游标提取时，@@FETCH_STATUS 的返回值为-2。

(5) DYNAMIC 指定游标中的数据将随基本表而变化，但需要大量的游标资源。

(6) FAST_FORWARD 指定 FORWARD_ONLY 而且 READ_ONLY 类型游标。使用 FAST_FORWARD 参数则不能同时使用 FORWARD_ONLY、SCROLL、OPTIMISTIC 或 FOR UPDATE 参数。

(7) OPTIMISTIC 指明若游标中的数据已发生变化，则对游标数据进行更新或删除时可能会导致失败。

(8) TYPE_WARNING 指定若游标中的数据类型被修改成其他类型时，给客户端发送警告。

提示： 若省略 FORWARD_ONLY|SCROLL 则不使用 STATIC、KEYSET 和 DYNAMIC 时默认为 FORWARD_ONLY 游标，使用 STATIC、KEYSET 或 DYNAMIC 之一则默认为 SCROLL 游标。

提示： 若省略 READ_ONLY|OPTIMISTIC 参数，则默认选项为：如果未使用 UPDATE 参数不支持更新，则游标为 READ_ONLY；STATIC 和 FAST_FORWARD 类型游标默认为 READ_ONLY；DYNAMIC 和 KEYSET 类型游标默认为 OPTIMISTIC。

【例 6-10】 标准游标。

```
Use Student_Course_Teacher
Go
DECLARE YB1 CURSOR
FOR SELECT * FROM T
```

【例 6-11】 只读游标。

```
Use Student_Course_Teacher
Go
DECLARE YB2 CURSOR
FOR SELECT * FROM T
FOR READ ONLY
```

2．打开游标

命令格式：

```
OPEN  [GLOBAL]  游标名
```

说明： 打开指定的游标，如果全局游标与局部游标同名时，GLOBAL 表示打开全局游标，省略为打开局部游标。

用 DECLARE 定义的游标，必须打开以后才能对游标中的结果集进行处理。就是说 DECLARE 只声明了游标的结构格式，打开游标才执行 SELECT 语句得到游标中的结果集。

提示： 打开游标后，可以使用全局变量@@ERROR 判断该游标是否打开成功。@@ERROR 为 0 则打开成功，否则打开失败。

3．从游标中提取数据

命令格式：

```
FETCH
[NEXT|PRIOR|FIRST|LAST| ABSOLUTE{n|@nvar}|RELATIVE{n|@nvar}]
FROM  [GLOBAL]  游标名 [ INTO  @变量名 [ , …n ]  ]
```

说明：

(1) 在游标内有一个游标指针 CURSOR 指向游标结果集的某个记录行，称为当前行，游标刚打开时，CURSOR 指向游标结果集第一行之前。

(2) FETCH 之后的参数为提取记录的方式，可以是以下方式之一。

① NEXT：顺序向下提取当前记录行的下一行，并将其作为当前行。第一次对游标操作时取第一行为当前行，处理完最后一行，再用 FETCH　NEXT，则 CURSOR 指向结果集最后一行之后，@@FETCH_STATUS 的值为－1。

② PRIOR：顺序向前提取当前记录的前一行，并将其作为当前行。第一次用 FETCH PRIOR 对游标操作时，没有记录返回，游标指针 CURSOR 仍指向第一行之前。

③ FIRST：提取游标结果集的第一条记录，并将其作为当前行。

④ LAST：提取游标结果集的最后一条记录，并将其作为当前行。

⑤ ABSOLUTE{n|@nvar}：按绝对位置提取游标结果集的第 n 或第@nvar 条记录，并将其作为当前行。若 n 或@nvar 为负值，则提取结尾之前的倒数第 n 或第@nvar 条记录。n 为整数，@nvar 为整数类型变量。

⑥ RELATIVE{n|@nvar}：按相对位置提取当前记录之后(正值)或之前(负值)的第 n 或第@nvar 条记录，并将其作为当前行。

(3) FROM 指定提取记录的游标，GLOBAL 用于指定全局游标，省略为局部游标。

(4) INTO 指定将提取记录中的字段数据存入对应的局部变量中。变量名列表的个数、类型必须与结果集中记录的字段的个数、类型相匹配。

(5) 打开游标用 FETCH 提取记录后，可用@@FETCH_STATUS 检测游标的当前状态。

@@FETCH_STATUS 的返回值如下。

0：FETCH 语句提取记录成功。

−1：FETCH 语句执行失败或提取的记录不在结果集内。

−2：被提取的记录已被删除或根本不存在。

提示：@@FETCH_STATUS 只能检测游标提取记录后的状态，若用作循环条件输出多条记录时，必须在循环之前先用 FETCH 提取一条记录，再用@@FETCH_STATUS 判断提取记录是否成功，以确定是否进行循环。

4. 关闭游标

命令格式：

```
CLOSE  [GLOBAL]  游标名
```

说明：释放游标中的结果集，解除游标记录行上的游标指针。当游标提取记录完毕后，应及时关闭该游标释放结果集的内存空间。游标关闭后，其定义结构仍然存储在系统中，但不能提取记录和定位更新，需要时可用 OPEN 语句再次打开。

提示：关闭只有定义而没有打开的游标会产生语法错误。

5. 释放游标

命令格式：

```
DEALLOCATE  [GLOBAL]  游标名
```

说明：删除指定的游标，释放该游标所占用的所有系统资源。

提示：关闭游标并不改变其定义，可用 OPEN 再次打开。若想放弃游标，必须使用 DEALLOCATE 释放它。游标释放后，不再允许另一进程在其上执行 OPEN 操作。

【例 6-12】 一个完整的游标声明、定位、更新、关闭、释放的例子。

```
Use Student_Course_Teacher
Go
DECLARE   @tno   VARCHAR (10), @tn   VARCHAR (10)
DECLARE t_cur CURSOR
FOR SELECT tno, tn FROM T
FOR  UPDATE   OF tno, tn
OPEN t_cur
FETCH   next   FROM t_cur INTO   @tno, @tn
WHILE   @@fetch_status = 0
BEGIN
IF  @tno='t1'
UPDATE T
SET tn ='吴胜'
WHERE   CURRENT   OF t_cur
FETCH   next   FROM t_cur INTO   @tno, @tn
END
CLOSE t_cur
DEALLOCATE t_cur
```

运行结果如图 6.5 所示。

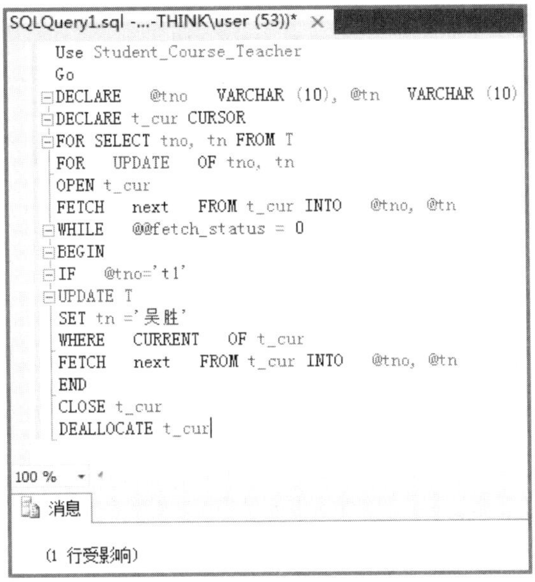

```
SQLQuery1.sql -...-THINK\user (53))*
Use Student_Course_Teacher
Go
DECLARE  @tno  VARCHAR (10), @tn  VARCHAR (10)
DECLARE t_cur CURSOR
FOR SELECT tno, tn FROM T
FOR  UPDATE  OF tno, tn
OPEN t_cur
FETCH  next  FROM t_cur INTO  @tno, @tn
WHILE  @@fetch_status = 0
BEGIN
IF  @tno='t1'
UPDATE T
SET tn ='吴胜'
WHERE  CURRENT  OF t_cur
FETCH  next  FROM t_cur INTO  @tno, @tn
END
CLOSE t_cur
DEALLOCATE t_cur

100 %
消息
(1 行受影响)
```

图 6.5　例 6-12 执行结果

小　　结

本章首先介绍了 T-SQL 程序设计中 GO 语句的使用，全局变量及局部变量的定义，输入输出格式，注释的使用。接下来介绍了 T-SQL 程序设计中流程控制语句的使用，包括选择语句、循环语句、 转移语句、等待语句、返回语句。最后介绍了 T-SQL 程序设计中游标的定义、打开、从游标中提取数据、关闭、释放。

本章的重点是变量的使用，流程控制语句的使用，游标的使用。难点是从游标中提取数据。

背 景 材 料

在 SQL Server 2012 中，某些 T-SQL 系统函数(以下简称为函数)的名称以两个 at 符号(@@) 打头。在 Microsoft SQL Server 的早期版本中，@@functions 被称为全局变量，但它们不是变量，也不具备变量的行为。@@functions 是系统函数，它们的语法遵循函数的规则。接下来我们来了解一下这些函数及使用方法。

这些函数由 SQL Server 2012 系统提供，可以在任何程序中随时调用。通过这些函数可以访问 SQL Server 2012 的一些配置设定值和统计数据。在使用时应注意以下几点。

(1) 用户只能使用这些预先定义的函数。

(2) 引用函数时，必须以标记符“@@”开头。

(3) 可以通过函数获取系统的配置设定值或统计数据，但不能通过函数修改系统的配置设定值或统计数据。

(4) 用户定义的变量名称不能与函数的名称相同。

常用函数见表 6-1。

表 6-1　常用函数

变　　量	作　　用
@@SERVICENAME	返回 SQL Server 正运行于哪种服务状态之下
@@REMSERVER	返回登录记录中记载的远程 SQL Server 服务器的名称
@@VERSION	返回 SQL Server 当前安装的日期、版本和处理器类型
@@MAX_CONNECTIONS	返回允许连接到 SQL Server 的最大连接数目
@@PACK_RECEIVED	返回 SQL Server 通过网络读取的输入包的数目
@@LOCK_TIMEOUT	返回当前会话等待锁的时间长短其单位为毫秒
@@SERVERNAME	返回运行 SQL Server 本地服务器的名称
@@PACK_SENT	返回 SQL Server 写给网络的输出包的数目
@@ERROR	返回最后执行的 Transact-SQL 语句的错误代码
@@TRANCOUNT	返回当前连接中处于激活状态的事务数目

【例 6-13】　利用函数查看 SQL Server 的版本、当前使用的 SQL Server 服务器的名称以及所使用的服务器的服务名称等信息。

代码如下：

```
PRINT '目前所用 SQL Server 的版本信息'
PRINT  @@version                                          --版本
PRINT '目前所用 SQL Server 服务器的名称:'+@@servername     --服务器的名称
PRINT '目前所用服务器的服务名称:'+@@servicename            --服务名称
GO
```

执行的结果如图 6.6 所示。

```
消息
目前所用SQLServer的版本信息
Microsoft SQL Server 2005 - 9.00.1399.06 (Intel X86)
    Oct 14 2005 00:33:37
    Copyright (c) 1988-2005 Microsoft Corporation
    Enterprise Edition on Windows NT 5.2 (Build 3790: Service Pack 2)

目前所用SQL Server服务器的名称:HOME-UR9H91SA0A
目前所用服务器的服务名称:MSSQLSERVER
```

图 6.6　例 6-13 的执行结果

习　　题

一、填空题

1. SQL Server 服务器将批处理编译成一个可执行单元，称为__________。
2. SET 只能给__________变量赋值，而 SELECT 可以给__________变量赋值。
3. __________语句能够将多个 T-SQL 语句组合成一个语句块，并将它们视为一个单元处理。

4．WHILE 语句通过布尔表达式来设置一个循环条件，当条件__________时，重复执行一个 SQL 语句或语句块，否则退出循环，继续执行后面语句。

5．__________语句用来改变程序执行的流程，使程序跳到标有标识和程序继续执行。

6．请阅读程序，在横线处填入语句。

```
DECLARE @Number int,@Total int
SET @Number=0
SET @Total=0
WHILE (@Number<11)
_____________
SET @Total=@Total+@Number
SET @Number=@Number+1
END
PRINT '1+2+...+10='+CAST(@Total AS char(2))
```

7．请阅读程序，在横线处填入语句。

```
Use Student_Course_Teacher
Go
IF __________ (SELECT * from T where SAL=4000)
BEGIN
PRINT '有收入为 4000 元的教师'
END
ELSE
PRINT'无'
```

8．请阅读程序，在横线处填入语句。

```
Use Student_Course_Teacher
Go
UPDATE T
SET SAL=
__________
WHEN prof='教授'    THEN    sal * 1.08
WHEN prof='副教授'    THEN    sal * 1.07
WHEN prof='讲师'    THEN    sal * 1.06
ELSE
THEN wage * 1.05
```

9．请阅读程序，在横线处填入语句。

```
USE Student_Course_Teacher
GO
__________ @name varchar (15)
SET @name= (SELECT Tn FROM T where tno='t3')
PRINT @name
```

10．请阅读程序，在横线处填入语句。

```
USE Student_Course_Teacher
GO
DECLARE T_cursor CURSOR
FOR SELECT * FROM T
__________
FETCH NEXT FROM T_cursor
WHILE @@FETCH_STATUS=0
BEGIN
FETCH NEXT FROM T_cursor
END
```

二、选择题

1．返回 SQL Server 当前安装的日期、版本和处理器类型的全局变量是(　　)。

A．@@DBTS　　B．@@VERSION

C．@@NESTLEVEL　　D．@@REMSERVER

2．局部变量必须以(　　)开头以区别字段名变量。

A．@　　B．#　　C．￥　　D．&

3．RETURN 语句用于无条件地终止一个(　　)。

A．查询　　B．存储过程　　C．批处理　　D．程序

4．打开游标用 FETCH 提取记录后，可用@@FETCH_STATUS 检测游标的当前状态。当@@FETCH_STATUS 的返回值为(　　)表示提取记录成功。

A．−2　　B．−1　　C．0　　D．1

5．批处理用(　　)语句作为批处理的结束标志。

A．END　　B．GO　　C．PRINT　　D．SELECT

6．RETURN 语句用于无条件地终止一个查询、存储过程或者批处理，如 RETURN 未指定值，则存储过程返回(　　)。

A．END　　B．TRUE　　C．FLASE　　D．0

7．

```
DECLARE @x INT,@y INT
SELECT @x=1, @y=2
IF @x>@y
PRINT'x>y'
(    )
PRINT'y>x'
```

A．ELSE　　B．GO　　C．PRINT　　D．SELECT

8．

```
DECLARE @x INT, @y INT, @c INT
SELECT @x = 1, @y=1
WHILE @x < 3
BEGIN
PRINT @x --打印变量 x 的值
```

WHILE @y < 3

BEGIN

SELECT @c = 100*@x+ @y

PRINT @c --打印变量 c 的值

SELECT @y = @y + 1

END

SELECT @x = @x + 1

SELECT @y = 1

(　　)

A．ELSE　　B．GO　　C．PRINT　　D．END

9．(　　)delay '01:02:03'

SELECT * FROM T

A．SELECT　　B．IF　　C．WAITFOR　　D．WHILE

10．DECLARE @x INT

SELECT @x = 1

label_1

PRINT @x

SELECT @x = @x + 1

WHILE @x < 6

(　　) label_1

A．THEN　　B．GO　　C．GOTO　　D．END

三、简答题

1．简述 SQL Server 支持的两种注释方式。

2．简述什么情况下用到 WAITFOR 语句。

3．简述游标的主要用途。

4．简述游标的使用过程。

5．使用什么语句可以打开游标？打开成功后，游标指针指向结果集的什么位置？

第7章 存储过程和触发器

教学目标

存储过程和触发器均是 SQL Server 2012 提供的工具，它们以程序模块的形式提供用户管理和使用数据库的方法。本章要求掌握存储过程和触发器的基本概念、类型、创建、修改、删除及使用方法。通过它们，数据库管理员及用户可以创建和管理安全且具有良好性能的数据库。存储过程和触发器均使用 T-SQL 编程，存储于服务器中，并可在服务器端得到执行。

教学要求

知识要点	能力要求	相关知识
存储过程的基本概念	了解存储过程的基本概念和主要类型、存储过程的主要优点	存储过程、系统存储过程、用户存储过程、存储过程的优点
存储过程的创建、修改及删除	掌握利用 T-SQL 语句及在 SSMS 中创建、修改及删除存储过程的方法	CREATE PROCEDURE 的语法格式、各部分的含义及详细语法。ALTER PROCEDURE、DROP PROCEDURE 的应用。使用 SSMS 管理存储过程的方法
触发器的基本概念	了解触发器的基本概念	触发器的概念
触发器的创建、修改及删除	掌握利用 T-SQL 语句及在 SSMS 中创建、修改及删除 DML 触发器的方法	CREATE TRIGGER、ALTER TRIGGER、DROP TRIGGER 的语法格式、各部分的含义及详细语法。使用 SSMS 管理触发器的方法

导读

对数据库用户而言，速度和数据安全或许是他们最关心的问题。存储过程不仅提高了访问数据的速度与效率，而且还提供了良好的安全机制。前文了解了简单的完整性约束，通过触发器可以实现更为复杂的数据完整性检查，例如检查 E-Mail 地址是否是有效等；同时，触发器还能够帮助数据库管理员或开发人员控制用户在表中插入、删除或更新数据。

在这一章中，将分别介绍存储过程和触发器的基本概念和使用方法。

7.1 存储过程

存储过程是一组为了完成特定功能的 SQL 语句集，经编译后存储在数据库中，并在用户发出调用命令后在服务器端执行，并将执行的结果返回给调用它的用户。一个存储过程完成一项相对独立的功能，用户可以在应用程序中调用存储过程执行相应功能，调用时可以向存储过程传递参数，存储过程也可以返回参数值给用户。

7.1.1 存储过程概述

1. 存储过程的优点

从存储过程的概念可知，存储过程作为 SQL Server 中的一类数据库对象，它具备以下优点。

(1) 存储过程支持模块化程序设计，可增强代码的重用性和共享性。

一个存储过程是为了完成某一个特定功能而编写的一个程序模块，这一点符合结构化程序设计的思想。存储过程创建好后被存储在数据库中，可以被重复调用，实现了程序模块的重用和共享。所以，存储过程增加了代码的重用性和共享性。

提示： 模块化。模块化有些类似于实际生活中的机械制造，一个大型机械可以被划分为几大部件，而每一部件又是由若干零件组装成的，零件可以再进行细分，各个零件既相互独立又相互联系，共同组成了一个整体。模块化是在程序开发过程中变复杂为简单的一种程序设计思想。数据库应用程序的功能越强，所编写程序的复杂程度就越高，为了降低编程的复杂度，可以按功能对整个系统进行分割，每一独立的功能由一个独立的模块来完成，这种分块模式可以组织成一个层次结构，上一层的每个模块由其下层的若干个子模块共同完成其功能，这样越下层模块功能越简单，实现起来也越容易，特别是有些下层模块可以被多个不同的上层模块调用，从而实现模块的重用和共享，存储过程可以作为这样的一个底层模块实现结构化程序设计。

(2) 使用存储过程可以提高程序的运行速度。

存储过程可以提高程序的运行速度，主要是因为完成操作的 T-SQL 语句存储在服务器端，并可预先编译形成执行计划。

当应用程序存储在客户机上时，执行程序中数据库操作语句，一般要经过以下 4 个步骤。

① 将查询语句通过网络发送到服务器。

② 服务器编译 T-SQL 语句，优化并产生可执行的代码。

③ 执行查询 1。

④ 执行结果发回客户机的应用程序。

而存储过程是存储在服务器端的，调用存储过程只需从客户端发送一条包含存储过程名的执行命令，并且存储过程在创建同时被编译和优化，当第一次执行存储过程时，SQL Server 产生可执行代码并将其保存在内存中，这样以后再调用该存储过程时就可以直接执行内存中的代码，即以上 4 个步骤中的第 1 步和第 2 步都被简化了，这能大大改善系统的性能。

提示： 编译是将 T-SQL 语句翻译成二进制目标代码的过程。只有二进制的目标程序才能被计算机执行。优化是 SQL Server 为了提高 T-SQL 语句的执行效率而对语句执行过程中的顺序和处理方式所做的更改。

(3) 使用存储过程可以减少网络流量。

完成一个模块的功能如果直接使用 T-SQL 语句，那么每次执行程序时都需要通过网络传输全部 T-SQL 语句。若将其组织成存储过程，则只需要通过网络传输的数据量将大大减少。

(4) 存储过程可以提高数据库的安全性。

通过授予对存储过程的执行权限而不是授予数据库对象的访问权限，可以限制对数据库对象的访问，在保证用户通过存储过程操纵数据库中数据的同时，可以保证用户不能直接访问存储过程中涉及的表及其他数据库对象，从而保证了数据库中数据的安全性。另外，由于存储过程的调用过程隐藏了访问数据库的细节，也增加了数据库中的数据的安全性。

2．存储过程的种类

SQL Server 2012 主要支持 3 种不同类型的存储过程：用户定义的存储过程、系统存储过程和扩展存储过程。

1) 用户定义的存储过程

用户定义存储过程在用户数据库中创建，通常与数据库对象进行交互。用户定义的存储过程是指保存的 T-SQL 语句集合，可以接受输入参数，调用数据定义语言(DDL)和数据操作语言(DML)语句，然后返回输出参数。

2) 系统存储过程

系统存储过程是 SQL Server 2012 内置在产品中的存储过程，在 SQL Server 中的许多管理工作是通过执行系统存储过程来完成的。用户可以在应用程序中直接调用系统存储过程来完成相应的功能，系统存储过程名称以 sp_为前缀。

想一想：

为什么用户创建的存储过程不要以 sp_作为其名称的前缀？系统存储过程与用户存储过程有哪些主要区别？

3) 扩展存储过程

扩展存储过程是以在 SQL Server 2012 环境外执行的动态链接库(DLL 文件)来实现的，可以加载到 SQL Server 2012 实例运行的地址空间中执行，扩展存储过程可以使用 SQL Server 2012 扩展存储过程 API 完成编程。扩展存储过程以前缀 xp_来标识，对于用户来说，扩展存储过程和普通存储过程一样，可以用相同的方式来执行。

7.1.2　用户存储过程的创建与执行

用户存储过程需要事先创建并将其存储在数据库服务器中才能被执行，创建存储过程可以使用 T-SQL 语句 CREATE PROCEDURE，也可以通过 SSMS 完成。

1．创建存储过程的语法格式

```
CREATE PROC[EDURE] <存储过程名>
[<参数定义>] [OUTPUT]
[WITH {RECOMPILE|ENCRYPTION}]
AS
[BEGIN]
<T_SQL 语句块>
[END]
```

说明：

(1) 存储过程名：为新创建的存储过程指定名称。

(2) 参数定义：存储过程中的输入、输出参数说明，具体格式参照后面在存储过程中使用参数的内容。

(3) WITH 子句：指定一些选项主要包括 RECOMPILE 和 ENCRYPTION。

其中：RECOMPILE 表明 SQL Server 不会缓存该存储过程的可执行代码，该存储过程将在每次运行时重新编译。

ENCRYPTION 表示 SQL Server 加密包含 CREATE PROCEDURE 语句的文本。

(4) T_SQL 语句块：在存储过程中要执行的所有 T-SQL 语句。

2．创建存储过程

【例 7-1】 创建存储过程查询学生张南的基本信息(学号、性别、年龄、系)。

```
USE student_course_teacher        --打开数据库
GO                                --打开数据库的语句和建立存储过程的语句各自独立成批
CREATE PROCEDURE displayzhangnan
AS
SELECT SNO,SEX,AGE,DEPARTMENT
FROM S
WHERE SN='张南'
GO
```

想一想：

USE 语句如果省略，上述语句还能正确执行吗？

在查询窗口中输入以上程序，单击【执行】按钮即可完成存储过程的创建。创建后可以在 SSMS 中查看到所创建的存储过程。

存储过程创建以后，接下来学习如何使用存储过程。

3．执行存储过程的语法格式

```
Exec[ute] <存储过程名> <参数>
```

说明：

(1) 存储过程名：为要调用执行的存储过程名，必须是已经创建好的存储过程。

(2) 参数：调用存储过程时传递的参数。

提示：当调用存储过程的语句为批中第一条语句时，关键字 EXEC 可省略。

4. 执行存储过程

执行存储过程使用 EXECUTE 语句，例如：执行例 7-1 创建的存储过程 displayzhangnan，在查询窗口中需要输入：

```
EXEC  displayzhangnan
```

单击【执行】按钮，运行结果如图 7.1 所示。

图 7.1　存储过程 displayzhangnan 运行结果

练一练：

新创建一个存储过程，通过这个存储过程去查询所有学生的所有信息，创建完成后，执行这个存储过程。并想一想，完成这个任务通过存储过程与通过 T-SQL 去完成有什么不同？

5. 创建带参数的存储过程

【例 7-2】　查询指定姓名的学生的个人信息。

分析：依题意可知，如果指定的姓名是张三，那存储过程就要查询到张三学生的个人信息，如果是李四就应该查询到李四的个人信息。由此可知，学生的姓名需要在存储过程执行的时刻即时传给存储过程，那如何把姓名传给存储过程呢，这时候就需要使用输入参数。

存储过程的输入参数要先定义后使用，定义参数要依照下述规定。

(1) 在创建存储过程时应在 CREATE PROCEDURE 和 AS 关键字之间定义参数。

(2) 每个参数都要指定参数名和数据类型，参数名必须以@符号为前缀，并且符合标识符命名规则。

(3) 如果有多个参数，各个参数定义之间用逗号分隔。

参数定义语法格式如下：

```
<@参数名> <数据类型>[=<默认值>]
```

说明：

参数名：为输入或输出参数命名，必须以@符号为前缀。

数据类型：为参数指定数据类型。

【例 7-3】　代码如下，请依据以上分析仔细理解。

```
USE student_course_teacher        --打开数据库
GO
CREATE PROCEDURE displaystudent
(@SNAME NCHAR(20))                --通过个参数把要查询的学生的姓名传给存储过程
AS
   SELECT * FROM S
   WHERE SN=@SNAME                --由于姓名已通过@SNAME 传入存储过程，因此此时@SNAME
可作为已知量使用
GO
```

6．执行带有输入参数的存储过程

执行带输入参数的存储过程时，在执行语句中，需要将具体的值(例如例 7-2 中的学生的姓名)通过存储过程的参数传递给存储过程，那如何把值传给存储过程呢？

1) 按位置顺序传递

在 EXECTUTE 语句中，只给出参数的值。当有多个参数时，各个参数值之间用逗号分隔，给出参数值的顺序必须与创建存储过程的语句中的参数定义顺序一致，即参数传递的顺序就是参数定义的顺序。

```
例：EXEC  displaystudent '张南'
```

执行存储过程 displaystudent，将'张南'传递给形式参数@sname。

想一想：

执行上面语句后会得到怎样的运行结果？要查询其他学生(比如李森)的基本信息，应如何执行存储过程？

2) 通过参数名传递

在 EXECUTE 语句中，对每一个参数均使用“参数名=参数值”的形式给出参数值。通过参数名传递参数的好处是，参数可以以任意顺序给出，但需要记忆所有参数的参数名。

```
例：EXEC  displaystudent  @sname='张南'
```

3) 使用参数的默认值

在创建存储过程时，可以为输入参数指定默认值，当执行存储过程时，如未指定参数值，SQL Server 会自动使用参数的默认值。

【例 7-4】　创建存储过程查询指定系的学生信息(学号，姓名，性别，年龄)，如没有指出系名，则查询计算机系学生信息。

```
--创建存储过程根据输入系名查询该系的学生信息
USE student_course_teacher
GO
CREATE PROCEDURE display_student
(@de char(30)='计算机系')          --给参数指定默认值
AS
SELECT SNO,SN,SEX,AGE
FROM S
WHERE DEPARTMENT=@DE
```

练一练：

上机执行存储过程，分别指定参数值和不指定参数值，体会执行结果的不同之处。

上述存储过程实现数据查询，除了查询功能以外，存储过程还可以实现数据的更新、删除与插入。首先，来学习如何通过存储过程删除数据。

7. 创建存储过程删除数据

【例 7-5】 创建存储过程删除指定学号的学生的个人信息。

```
--创建存储过程实现按学生学号删除基本信息
USE student_course_teacher
GO
CREATE PROCEDURE deletestudent
(@SNO CHAR(10))
AS
   DELETE  FROM S
   WHERE SNO=@SNO
GO
```

执行存储过程删除 S1 号学生：

```
EXEC deletestudent 'S1'
```

这个存储过程执行后可以查看 S 表中已经没有学号为 S1 的学生的信息了。以下存储过程用来实现数据更新。

8. 创建存储过程更新数据

【例 7-6】 创建存储过程将所有学生的年龄加 1。

```
--创建存储过程实现将所有学生在 S 表中的年龄增加 1
USE student_course_teacher
GO
CREATE PROCEDURE updatestudent
AS
  UPDATE S
  SET AGE=AGE+1
GO
```

执行存储过程：

```
EXEC updatestudent
```

提示： 只有当这个存储过程有即时输入或输出数据的时才需要定义参数，如果没有这种需求就无需定义参数，例如本例就不需要参数。

想一想：

如何通过存储过程实现数据的插入？请写出向表 S 中插入一条记录的存储过程。

9. 在存储过程中使用输出参数

下面学习如何使用输出参数，请看例 7-7。

【例 7-7】　创建存储过程查询并输出指定学生的总成绩。

分析：依题意可知，如果指定的姓名是张三，那存储过程就要查询到张三学生的总成绩并输出。由此可知，此存储过程不仅要定义输入参数即时向存储过程传递学生的姓名，同时，还要有一个参数，传出学生的总成绩。

那么如何使用输出参数呢？首先来看输出参数的定义，定义输出参数与输入参数的位置与方法相同，只是需要在参数定义后指明 OUTPUT 关键字。

语法格式如下：

```
<@参数名> <数据类型> OUTPUT
```

输入参数是调用存储过程的应用程序传递给存储过程的变量值，而输出参数与输入参数恰好相反，是存储过程传递给应用程序的结果值，二者都需要在存储过程中进行参数定义，都是在调用存储过程时进行参数传递。比如：按照学号查询学生各门课程总成绩的存储过程，被查询学生的学号就是该存储过程的输入参数，而查询得到的总成绩要由存储过程传递给应用程序，就要定义为输出参数。

例 7-7 的代码如下。

```
--创建存储过程根据输入学生学号查询该学生的总成绩
USE student_course_teacher
GO
CREATE PROCEDURE display_student_score
(@sno char(10)='s1' ,@scoresum int OUTPUT)     --说明一个输入参数和一个输出参数
AS
SELECT @scoresum=SUM(SCORE)
FROM SC
WHERE SNO = @SNO
```

执行上述程序就可创建存储过程。在程序中调用带有输出参数的存储过程时，事先要使用 DECLARE 语句说明接收输出数据的变量，然后再执行存储过程，将存储过程输出参数的值传递给所说明的接收变量。传递参数的方法也有两种。

1) 按位置顺序传递

在 EXECTUTE 语句中，除依次给出各输入参数的值外，再按顺序给出输出参数的接收变量，用 OUTPUT 在参数变量后指明此变量是输出参数。

```
declare @aa int          --说明接收输出参数值的变量
--执行存储过程,其中's2'为输入参数，@aa 为接收输出参数的变量
exec display_student_score 's2',@aa output
select @aa                  --显示输出参数的值
```

执行结果如图 7.2 所示。

图 7.2　存储过程 display_student_score 执行结果

提示：接收输出参数的变量的数据类型要与输出参数的定义相匹配。

2) 通过参数名传递

在 EXECUTE 语句中，对每一个输入参数均使用“参数名=参数值”的形式给出参数值。但对输出参数要使用“形参变量=实参变量 OUTPUT”的形式指定输出参数和接收其值的变量。此时参数的顺序可以和定义的顺序不一致。

```
declare @aa int             --说明接收输出参数值的变量
exec display_student_score @scoresum=@aa output, @sno1='s2'  --执行存储过程
select @aa                     --显示输出参数的值
```

想一想：

请比较不同的参数传递方法的异同点。

10．在存储过程中使用返回值

与函数返回值的概念类似，存储过程也有返回值，返回值是通过存储过程名返回给调用它的程序的数值，一个存储过程只能有一个返回值，一般用来表示存储过程的执行情况。在存储过程中使用 RETURN 语句来返回值。

11．对存储过程的定义文本加密

对于已经创建好的存储过程，用户可以通过查询系统视图 sys.sql_modules 查看它们的定义文本，但如果在 CREATE PROCEDURE 语句中使用了 WITH ENCRYPTION 子句，则将对存储过程的定义文本加密，不能使用 sys.sql_modules 目录视图查看创建存储过程的文本。

【例 7-8】 创建存储过程查询学生 s1 的成绩信息(学号，课程号，成绩)并对其加密。

```
--创建存储过程查看学生 s1 的成绩信息(学号，课程号，成绩)
USE student_course_teacher
GO
CREATE PROCEDURE displayscore
WITH ENCRYPTION
AS
  SELECT SNO,CNO,SCORE
  FROM SC
WHERE SNO='s1'
GO
```

存储过程创建后，执行下列语句可以查看到所创建的所有存储过程的定义文本，只有 displayscore 存储过程的定义文本显示“NULL”。

```
select *
from sys.sql_modules
```

运行结果如图 7.3 所示。

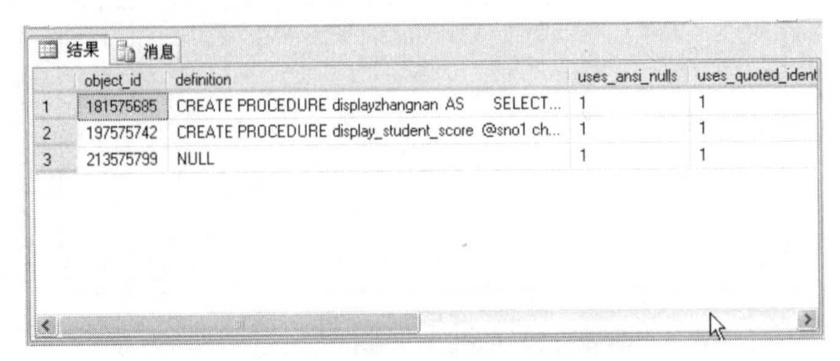

图 7.3 查看已创建的存储过程

12．强制重新编译存储过程

当存储过程引用的基表在结构上发生了改变或数据库添加了索引，原来为存储过程生成的可执行代码可能不再是最优的了，这时需要重新编译存储过程使其优化。在 SQL Server 中，强制重新编译存储过程的方式有以下 3 种。

(1) 使用 sp_recompile 系统存储过程强制在下次执行存储过程时对其重新编译。

(2) 创建存储过程时在其定义中指定 WITH RECOMPILE 选项，则每次执行存储过程时都对其重新编译。

(3) 调用存储过程时在 EXECUTE 语句中指定 WITH RECOMPILE 选项，则只在这一次执行时重新编译。

【例 7-9】　创建存储过程查询学生 s1 的成绩信息(学号、课程号、成绩)并对其强制重新编译。

```
--创建存储过程查看学生 s1 的成绩信息(学号，课程号，成绩)
USE student_course_teacher
GO
CREATE PROCEDURE displayscore1
WITH RECOMPILE
AS
    SELECT SNO,CNO,SCORE
    FROM SC
WHERE SNO='s1'
GO
```

上述语句创建的存储过程在每次执行时都要重新编译，虽然语句的执行得到了及时优化，但重新编译存储过程也要花费系统时间，所以要慎重使用。

13．在 SSMS 中创建存储过程

创建存储过程也可以在 SSMS 中实现，具体步骤是：在 SSMS 的对象资源管理器中找到要创建存储过程的数据库，在其下层的【可编程性】下，右击【存储过程】选项，在弹出的快捷菜单中选择【新建存储过程】命令，如图 7.4 所示，在右侧的查询窗口中给出了创建存储过程的模板，在其中添加必要的内容就可以完成存储过程的创建。

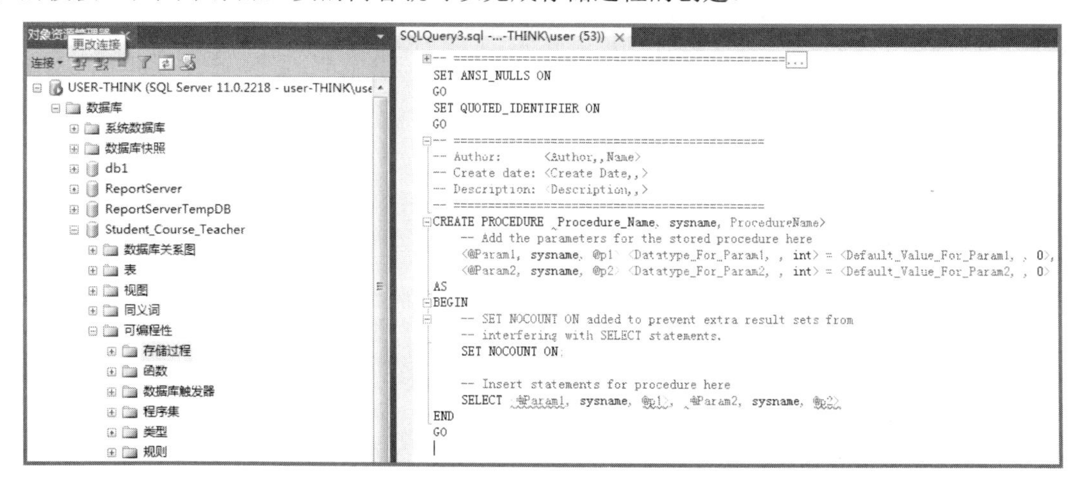

图 7.4　在 SSMS 中创建存储过程窗口

7.1.3 存储过程的修改与删除

1. 存储过程的修改

存储过程创建完成后，SQL Server 2012 提供了两种方法修改存储过程。

1) 在 SSMS 中修改

打开 SSMS 窗口，在【对象资源管理器】中右击要修改的存储过程，例如 dbo.display_student_score，在弹出的快捷菜单中选择【修改】命令，在右侧的查询窗口中出现了修改存储过程的语句及原存储过程的内容，按照新内容完成修改后，单击【执行】按钮就完成了存储过程的修改，界面如图 7.5 所示。

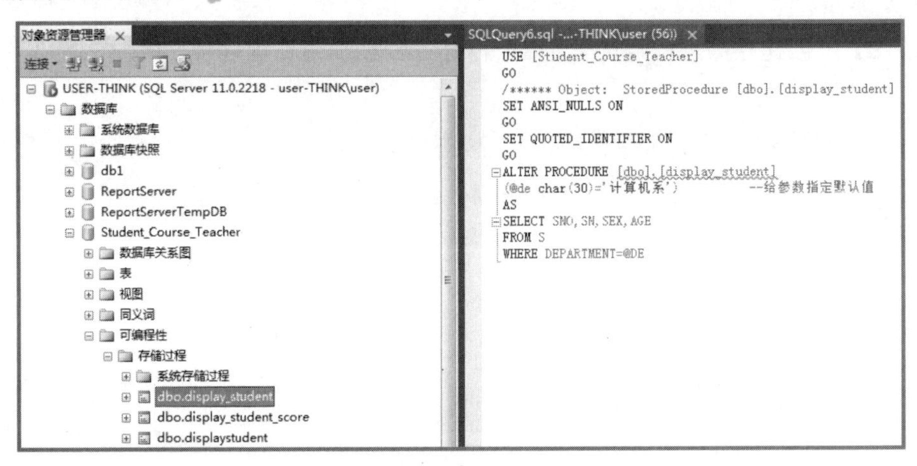

图 7.5 在 SSMS 中修改存储过程窗口

2) 利用 ALTER PROCEDURE 语句修改存储过程

ALTER PROCEDURE 是专用来修改存储过程的语句，其语法格式除保留字外均与 CREATE PROCEDURE 相同。

【例 7-10】 修改存储过程 displayscore，将其改为显示学生 s2 的成绩。

```
--创建存储过程查看学生 s2 的成绩信息(学号，课程号，成绩)
USE student_course_teacher
GO
ALTER PROCEDURE displayscore
WITH ENCRYPTION
AS
  SELECT SNO,CNO,SCORE
  FROM SC
WHERE SNO='s2'
GO
```

提示： 如果创建存储过程时对存储过程加密了，就不能在 SSMS 中修改存储过程了，只能通过 T-SQL 进行修改了。

2. 存储过程的删除

对于不再使用的存储过程要及时删除，以收回该对象所占用的系统资源。

提示：如果一个存储过程被其他存储过程调用，则该存储过程不能删除，否则，调用它的存储过程执行时会出错。所以在删除存储过程前需要查看存储过程的依赖关系。

查看依赖关系可以在 SSMS 中完成，打开 SSMS 窗口，在【对象资源管理器】中右击要查看依赖关系的存储过程，比如 dbo. display_student_score，在弹出的快捷菜单中选择【查看依赖关系】命令，打开对象依赖关系窗口，可以分别查看依赖于 display_student_score 的对象和 display_student_score 所依赖的对象，界面如图 7.6 所示。

图 7.6　在 SSMS 中查看存储过程的依赖关系窗口

1) 使用 SSMS 删除存储过程

打开 SSMS 窗口，在对象资源管理器中右击要删除的存储过程，比如 dbo.display_student_score，在弹出的快捷菜单中选择【删除】命令，打开删除对象窗口，如图 7.7 所示。单击【确定】按钮即可删除。

2) 使用 T-SQL 删除

DROP PROCEDURE 是专用于删除存储过程的语句，使用它可以删除一个或多个存储过程。

语法格式：

```
DROP PROCEDURE 存储过程名 1[，存储过程名 2…]
例：DROP PROCEDURE dbo.display_student_score
```

删除过程界面如图 7.7 所示。

图 7.7　在 SSMS 中删除存储过程窗口

7.1.4　存储过程的应用

存储过程的设计对提高数据库系统的性能有很大的作用，一般将系统中独立功能的一个模块都可以编写为存储过程，存储过程不仅可以对一个表完成查询，还可以实现多表查询，如下例所示：

【例 7-11】　创建存储过程查询所有学生的成绩信息(学号、姓名、课程名、成绩)。

```
--创建存储过程查看所有学生的成绩信息(学号，姓名，课程名，成绩)
USE student_course_teacher
GO
CREATE PROCEDURE displayallscore
AS
   SELECT S.SNO,SN,CN,SCORE
   FROM S JOIN SC ON S.SNO=SC.SNO
JOIN C ON SC.CNO=C.CNO     --在 S，SC，C 三表中共同完成数据查询
GO
```

运行上面所建立的存储过程 displayallscore，在查询窗口中输入：

```
EXEC  displayallscore
```

再单击【执行】按钮就可以得到运行结果，如图 7.8 所示。

	SNO	SN	CN	SCORE
1	s1	张南	数据库原理与应用	90
2	s2	李森	大学语文	87
3	s2	李森	高等数学	87
4	s3	王雨	高等数学	44
5	s3	王雨	数据库原理与应用	56
6	s4	孙晨	计算机应用基础	81
7	s5	赵宇	计算机应用基础	79
8	s6	江彤	大学语文	88

图 7.8　执行存储过程 displayallscore 结果

【例 7-12】　创建存储过程查询指定学生的成绩信息(学号、姓名、课程名、成绩)。

```
--创建存储过程根据输入学生的学号查询该学生的成绩信息
USE student_course_teacher
GO
CREATE PROCEDURE display_score
@sno1 char(10)
AS
     SELECT S.SNO,SN,CN,SCORE
 FROM S JOIN SC ON S.SNO=SC.SNO
JOIN C ON SC.SNO=C.CNO
GO
```

7.2　触　发　器

7.2.1　触发器概述

1. 触发器的概念

触发器是一类特殊的存储过程，它具有和存储过程类似的特征，但却不像存储过程那样被调用执行，而是在满足条件时被自动触发执行。例如：往表中插入记录、更改记录或者删除记录时，即可被触发执行。触发器的主要目的是为了实现表间数据的完整性约束。

对表中数据的操作通常包括插入、删除和修改，所以触发器也分为 INSERT、UPDATE、DELETE 三种。由于触发器是依附于表的，当对表中数据有 INSERT、UPDATE 或 DELETE 三种操作时，如果该表上有 INSERT、UPDATE 或 DELETE 触发器，则 SQL Server 2012 将自动执行它们。

想一想：
触发器和存储过程的执行有什么不同？

2. 触发器的工作原理

1) SQL Server 2012 为触发器维护的两个表

为了实现触发器的功能，SQL Server 2012 会为每个触发器创建两个专用表：INSERTED 表和 DELETED 表。这是两个逻辑表。这两个表的结构总是与被该触发器作用的表的结构相同，由SQL Server系统创建并负责维护，用户不能对它们进行修改。触发器执行完成后，与该触发器相关的这两个表也会被删除。

提示：所谓的逻辑表，就是这样的表只存放在内存而不在数据库中进行存储。

2) INSERTED表和DELETED表的作用

如果在表中创建了触发器，当对表中的数据进行删除操作时，SQL Server 2012首先会把要删除的记录存放到DELETED表中。当向表中插入记录时，SQL Server 2012会把要插入的记录先存放到INSERTED表中。当对表中的数据进行修改时，SQL Server 2012首先会把要修改的记录存放到DELETED表中，再把新记录存放到INSERTED表中。

想一想：

在DELETED表中与被更新的表有相同的行吗？INSERTED表中与被更新的表有相同的行吗？

7.2.2 创建触发器

1. DML触发器的两种类型

SQL Server 2012提供了两种类型的触发器：INSTEAD OF触发器和AFTER触发器。在创建触发器时要指明所创建触发器的类型。

INSTEAD OF触发器用于替代激活触发器执行的T-SQL语句，即本来要执行的INSERT、UPDATE或DELETE语句不执行了，转而执行相应的触发器程序。AFTER触发器在一个INSERT、UPDATE或DELETE语句之后执行，表上所设置的约束条件的检查等动作都将在AFTER触发器被激活之前实施。AFTER触发器只能用于表而不能用于视图。

提示：一个表或视图的每种操作(INSERT、UPDATE、DELETE)都可以有且只能有一个INSTEAD OF触发器，一个表的每个更新操作都可以有多个AFTER触发器。

2. 创建DML触发器

创建存储过程可以使用T-SQL语句，也可以通过SSMS完成。

提示：对触发器的创建有一些限制，所以创建触发器之前，以下要注意几点：①创建触发器的权限默认是属于表的所有者的，而且不能再授权给他人；②只能在当前数据库中创建触发器，但触发器可以引用其他数据库的对象；③触发器不能创建在系统表或临时表上。

1) 使用T-SQL语句创建触发器

命令格式如下：

```
CREATE TRIGGER <触发器名>
ON (<表名>|<视图名>)
WITH ENCRYPTION
{FOR|AFTER|INSTEAD OF}
[INSERT,UPDATE,DELETE]
AS
<T-SQL语句>
```

说明：

(1) 触发器名：要创建的触发器名称，它们的名称必须符合标识符的命名规则。

(2) 表名|视图名：与所创建的触发器相关联的表或视图的名称。

(3) FOR|AFTER|INSTEAD OF：指定了触发器的类型，其中 FOR 与 AFTER 意义相同，都创建 AFTER 触发器，INSTEAD OF 表示创建 INSTEAD OF 类型的触发器。

(4) INSERT，UPDATE，DELETE：指定了触发触发器的条件。

(5) WITH ENCRYPTION：对触发器的定义文本加密。

(6) T-SQL 语句：指定触发器所执行的 T-SQL 语句。

【例 7-13】 在成绩表(SC)上创建插入触发器，如果输入的成绩不在 0～100 分之间，则提示出错并回滚插入语句。

```
USE student_course_teacher
CREATE TRIGGER insertsc
ON sc
AFTER INSERT  --插入之后触发
AS
--判断要插入的记录是否满足条件
IF EXISTS (SELECT * FROM INSERTED WHERE score<0 or score>100)
BEGIN
PRINT '成绩超范围，插入数据不成功'
ROLLBACK TRANSACTION    --取消已经插入的记录
END
```

想一想：

如果把上述代码中的 AFTER 更改为 INSTEAD OF，这个触发器会起到什么作用？

2) 在 SSMS 中创建触发器

创建触发器也可以在 SSMS 中完成，具体步骤是：在 SSMS 的对象资源管理器中先找到创建触发器的表，单击其中的【触发器】节点，在右侧的摘要窗格中可以看到该表上的所有触发器，右击【触发器】或已存在的任意触发器，在弹出的快捷菜单中选择【新建触发器】命令，界面如图 7.9 所示，在右侧的查询窗口中给出了创建触发器的模板，在其中添加必要的内容就可以完成触发器的创建。

3. 修改和删除触发器

修改触发器的定义类似于重新定义一个触发器，使用的 T-SQL 语句为 ALTER TRIGGER，其语法格式及含义除语句关键字外与 CREATE TRIGGER 完全相同。

删除触发器使用 DROP TRIGGER 语句，并且可以在 SSMS 中找到要删除的触发器然后删除。

【例 7-14】 删除创建的触发器 insertsc，语句如下：

```
DROP TRIGGER insertsc
```

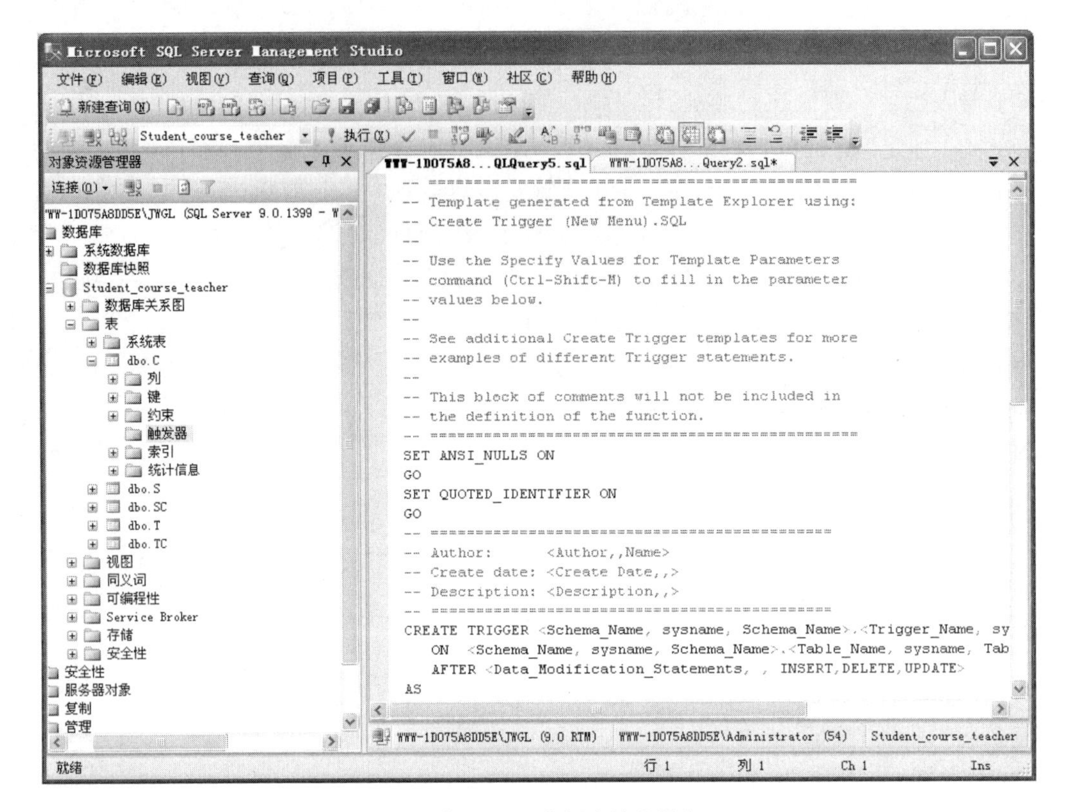

图 7.9 在 SSMS 中创建触发器窗口

7.2.3 DML 触发器的应用实例

触发器的使用可以很灵活，能够完成多种完整性约束功能，下面以几个实例说明触发器的用法。实际应用中会出现以下情况：某个学生被开除了，那么在从表 S 中删除这个学生的个人信息的同时，也需要在表 SC 中把这个学生的选课记录删除，利用触发器可以很容易实现这个功能。

【例 7-15】 在 S 表上创建删除触发器，当某个学生被删除时，该学生的选课记录也同时被删除，实现方法如下：

```
--在 S 表上删除操作的触发器
USE student_course_teacher
GO
CREATE TRIGGER studentdelete
ON S
AFTER DELETE
AS
  DELETE FROM SC
WHERE SNO IN
(SELETE SNO FROM deleted)
```

本例触发器实现的是级联删除的功能，保证了数据的完整性。

【例 7-16】 在 TC 表的 tno 列上设置了参照 T 表 tno 列的外键，及参照 C 表 cno 列的外键，来保证向 TC 表中插入的教师授课记录中的教师号在 T 表中一定存在，课程号在 C 表中一定存在，这一规则也可以利用在 TC 表上建立 INSERT 触发器来实现。

```
--实现外键约束的触发器
USE student_course_teacher
GO
CREATE TRIGGER tcinsert
ON tc
AFTER INSERT
AS
IF (SELETE COUNT(*)       --如果所插入的教师号在 t 表中不存在，则取消插入的记录
FROM t,INSERTED
WHERE t.tno=INSERTED.tno)=0
BEGIN
PRINT '所插入的教师号不存在'
ROLLABCK TRANSACTION
END
ELSE
IF (SELETE COUNT(*)       --如果所插入的课程号在 c 表中不存在，则取消插入的记录
FROM c,INSERTED
WHERE c.tno=INSERTED.tno)=0
BEGIN
PRINT '所插入的课程号不存在'
ROLLABCK TRANSACTION
END
```

【例 7-17】　在触发器中测试指定列上数据的变化，假设 SC 表上 score 列的值一旦输入则不允许修改，可以在 SC 表上创建修改触发器：

```
--监测修改指定列的触发器
USE student_course_teacher
GO
CREATE TRIGGER scUpdate
ON sc
AFTER UPDATE
AS
IF UPDATE(score)
BEGIN
PRINT '不能修改成绩值'
ROLLBACK TRANSACTION
END
```

建立了上述触发器后，当执行以下语句时，将显示信息“不能修改成绩值”。

```
UPDATE sc
SET score =98
WHERE sno='1'
```

【例 7-18】　在表 S 上创建一个插入触发器，输入 department 列时输入代码，1-计算机系，2-人文系，3-法律系，存储在表中时将其转换成汉字存储。

```
--表 S 上的插入触发器
USE student_course_teacher
GO
```

```
CREATE TRIGGER sInsert
ON S
INSTEAD OF INSERT
AS
DECLARE @de nchar(30)
DECLARE @sno char(10)
DECLARE @sn nchar(20)
DECLARE @sex char(2)
DECLARE @age int
SELECT @de =department
FROM INSERTED
IF @de ='1'
SET @de='计算机系'
ELSE IF @de ='2'
SET @de='人文系'
ELSE IF @de ='3'
SET @de='法律系'
INSERT INTO S
VALUES(@sno,@sn,@sex,@age,@de)
```

INSTEAD OF 触发器用于替代引起触发器执行的 T-SQL 语句，当向 S 表中执行 INSERT 语句时，INSERT 触发器被触发，这时 INSERTED 表中已经有了要插入的数据，在触发器程序中根据 department 列值将它转换成相应的汉字后再执行触发器中的插入语句，而原来激活触发器的 INSERT 语句不会被执行。

小　　结

存储过程和触发器均是服务器端程序，即存储过程和触发器均存储在数据库服务器中，并且被服务器执行，二者对提高数据库的性能和保证数据完整性均有重要作用。

本章讲解了存储过程与触发器的概念及创建、修改和删除的方法；同时还列举了一些典型例题说明了二者的实际应用。

背 景 材 料

简单教务管理信息系统的开发由位于后台的数据库服务器和位于前台的客户端应用程序两部分组成，其中后台数据库服务器中的 DBMS 选择 SQL Server 2012，前台应用程序的实现可以使用 PowerBuilder 来完成，用户在客户端执行 PowerBuilder 应用程序，在应用程序中连接后台数据库并执行操作数据库的命令，通过计算机网络传输到数据库服务器，数据库服务器执行相应的操作并将结果反馈给客户端。

在建立数据库服务器时，根据应用程序的需要，在服务器计算机中安装 SQL Server 服务器实例，并在 SQL Server 服务器中创建数据库以及数据库对象。其中，相对独立的功能模块可以编写为存储过程事先存储在数据库服务器中。

比如：系统中的查询功能可以分解为查询学生信息、查询教师信息、查询课程信息、查询学生成绩信息等几个大的功能模块，其中查询学生成绩信息功能可以进一步划分为若干个查询子模块，如：按学生学号或姓名查询全部课程成绩、按学号或姓名查询某门课程成绩、查询某门课程所有学生的成绩、查询全部课程成绩、查询课程总分和平均分、查询不及格成绩等。每一个查询子模块都可以编写为一个存储过程来实现，在应用程序中用户将查询所需的信息(比如学号或姓名等)输入后，由应用程序调用存储过程并将所需数据传递给存储过程，存储过程在服务器端执行查询程序，并将结果传回客户端。

例如按姓名查询学生某门课程成绩模块，运行过程如图 7.10 所示。

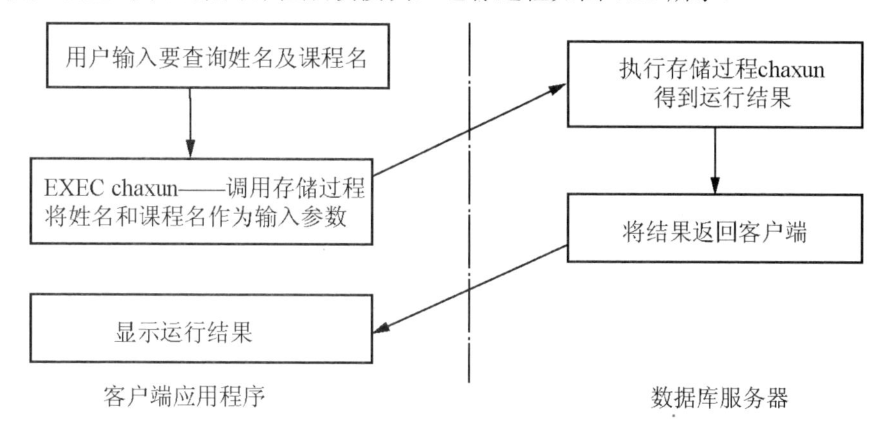

图 7.10　使用存储过程完成查询功能

其中存储过程 chaxun 需要连接学生信息表、学生成绩表、课程信息表，并从中查询到指定学生指定课程的成绩。

```
--创建存储过程查看所有指定学生某门课程成绩信息
USE student_course_teacher
GO
CREATE PROCEDURE chaxun
@SN1 NCHAR(20),@CN1 VARCHAR(30),@CJ INT OUTPUT
AS
   SELECT @cj=SCORE
   FROM S JOIN SC ON S.SNO=SC.SNO
JOIN C ON SC.CNO=C.CNO
WHERE SN=@SN1 AND CN=@CN1    --在 S，SC，C 三表中共同完成数据查询
GO
```

习　题

一、填空题

1．存储过程是完成特定功能的一组__________的集合，其功能有些类似于高级语言中的__________和__________。

2．SQL Server 2012 主要支持两种不同类型的存储过程：__________存储过程和__________存储过程。

3．在 SQL Server 2012 中，系统存储过程以__________为前缀，它们在物理上位于一个内部隐藏的资源数据库(Resouce)中。

4. 使用 T-SQL 语句__________可以创建存储过程，语句__________可以修改存储过程，语句__________删除存储过程。

5. 执行存储过程使用__________语句。

6. 存储过程通过__________来与调用它的程序通信。在程序中调用存储过程时，可以通过__________参数将数据传给存储过程，存储过程可以通过__________参数将数据返回给调用它的程序。

7. 执行带输入参数的存储过程时，在 SQL Server 提供了两种传递参数的方式：__________和__________。

8. 在创建存储过程时，对存储过程的定义文本加密要使用__________关键字，表示每次执行存储过程时都要重新编译存储过程使用__________关键字。

9. DML 触发器的两种类型分别为：__________和__________。

10. 使用 T-SQL 语句__________可以创建触发器，__________语句可以修改触发器，__________语句删除触发器。

11. 激活 DML 触发器时系统会自动维护两张表，分别为__________表和__________表。

二、选择题

1. 下面哪个不能作为存储过程名？(　　)

A. abc　　B. q_e　　C. qw12　　D. aqz

2. 有关存储过程说法不正确的是(　　)。

A. 存储过程是由 T-SQL 语句编写的

B. 存储过程在客户端执行

C. 存储过程可以反复多次执行

D. 存储过程可以提高数据库的安全性

3. 下面哪个不是对存储过程操作的语句？(　　)

A. CREATE PROCEDURE　　B. ALTER PROCEDURE

C. DROP PROCEDURE　　D. DELETE PROCEDURE

4. 系统存储过程，下列说法正确的是(　　)。

A. 只能由系统使用　　B. 用户可以调用

C. 需要用户编写程序　　D. 用户无权使用

5. 下面哪条语句不能带有 DML 触发器？(　　)

A. INSERT　　B. DELETE　　C. CREATE　　D. UPDATE

6. 下面哪个关键字不能用来表示触发器的类型？(　　)

A. FROM　　B. FOR　　C. AFTER　　D. INSTEAD OF

7. 下面哪个说法不是存储过程和触发器的共同之处？(　　)

A. 都需要事先编写程序　　B. 都用 T-SQL 语言编写程序

C. 都在服务器端执行　　D. 都是用户调用执行的

8. 下面哪个是加密存储过程的关键字？(　　)

A. WITH ENCRYPTION　　B. WITH RECOMPILE

C. WITH DISABLE　　D. WITH ENABLE

三、名词解释

存储过程　　输入参数　　输出参数　　触发器
DML 触发器　　AFTER 触发器　　INSTEAD OF 触发器

四、简答题

1. 存储过程有哪些优点？
2. 存储过程的定义中主要包含哪几部分的内容？
3. 系统存储过程与用户定义的存储过程有什么相同和不同之处？
4. 激活 DML 触发器的语句不同时，系统自动创建的表有什么不同？
5. AFTER 触发器与 INSTEAD OF 触发器有什么不同？

五、实训题

1. 创建一个存储过程可以查看 S 表中所有学生的信息，修改该存储过程使其可以查看 S 表中任意学生的信息，删除所创建的存储过程。

2. 创建一个存储过程使其可以计算出 S1 学生的平均成绩。

3. 创建存储过程使其可以根据输入的学号输出任意学生的平均成绩。

4. 在 S 表上创建一个触发器，当向 S 表中插入数据时，若学生年龄小于零则插入操作被拒绝执行，同时给出提示信息。

5. 在 SC 表上创建一个触发器，当将成绩修改为小于 0 或大于 100 的数据值时，则不允许修改。

第8章 数据库的备份与恢复

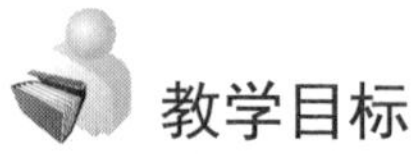

教学目标

本章介绍进行数据管理的方法；介绍 SQL Server 2012 在同一数据库服务器上数据库备份与恢复的方法，SQL Server 2012 在不同数据库之间移动数据的方法，SQL Server 2012 的不同数据环境之间的数据的传输方法。

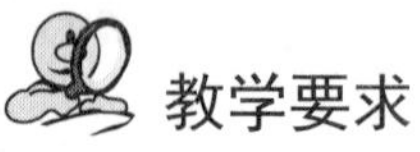

教学要求

知 识 要 点	能 力 要 求	相 关 知 识
同一数据库服务器上数据库备份	掌握管理备份设备，SQL Server 2012 备份数据库的方法	备份设备的创建与管理、备份数据库、使用 T-SQL 语句备份数据库
同一数据库服务器上数据库恢复	掌握 SQL Server 2012 的数据库恢复方法	使用对象资源管理器恢复数据库、使用 T-SQL 语句恢复数据库
附加、分离数据库	掌握 SQL Server 2012 不同数据库之间移动数据	使用对象资源管理器分离与附加数据库、使用 T-SQL 语句分离与附加数据库
数据导入/导出	掌握 SQL Server 2012 的不同数据环境之间的数据的传输	数据转换、数据导入、数据导出

导读

9 · 11 事件发生前，约有 350 家企业在世贸大楼中工作。一年后，再回到世贸大楼的公司变成了 150 家，有 200 家企业由于无法存取原有重要的信息系统而倒闭。2003 年，国内某电信运营商的计费存储系统发生两个小时的故障，造成 400 多万元的损失，这些还不包括导致的无形资产损失。据 IDC 的统计数字表明，美国在 2000 年以前的十年间发生过灾难的公司中，有 55%当时倒闭，剩下的 45%中，因为数据丢失，有 29%也在两年之内倒闭，生存下来的仅占 16%。Gartner Group 的数据也表明，在经历大型灾难而导致系统停运的公司中有 40%再也没有恢复运营，剩下的公司中也有 1/3 在两年内破产。

由此可见，尽管我们在使用计算机系统时一再小心谨慎，但是，由于各种各样的原因诸如系统硬件、网络故障、机房断电甚至火灾地震等原因而导致的数据丢失给企业带来的灾害是无法估量的。因此，如何有效防止数据丢失将是一项意义重大的工作，本章将学习如何进行数据库的备份与恢复，从而去有效地保护数据。

8.1　数据库的备份与恢复概述

数据库备份与恢复主要有以下几个方面的用途：一是制作一个数据库的副本，即把一个数据库备份下来，当数据库损坏或系统崩溃时可以将过去制作的备份还原到服务器中，以保证数据的安全性；二是在不同的数据库服务器之间移动数据库，即把一个数据库服务器上的数据库备份下来，然后恢复到另外一个数据库服务器中。此外，还可以在 SQL Server 2012 与其他数据格式文件之间进行数据交换。

8.2　同一数据库服务器上数据库的备份与恢复

数据库在使用过程中，可能会出现各种人为及自然的原因而导致的数据丢失和损坏等现象。为了防止由于数据的丢失而造成的损失，需要数据库管理员定期做好数据库的备份与恢复工作。另外，数据库备份对于例行的数据管理工作，如将数据库从一台服务器复制到另一台服务器，可以快速地建立数据库的副本。

8.2.1　数据库备份概述

1. 备份的概念

数据库备份是制作一个数据库的副本，这个副本包括数据库结构和数据，在数据库损坏或系统崩溃的时候可以利用这个副本恢复数据库，这个副本就是数据库的备份。

2. 备份的类型

SQL Server 2012 针对数据库或文件和文件组提供了 4 种不同类型的备份，分别是：完整备份、差异备份、文件和文件组备份、事务日志备份。

提示：此处的文件和文件组是指某个数据库对应的文件和文件组。

(1) 完整备份将备份整个数据库或数据库对应的文件和文件组，包括事务日志部分。完整备份所有数据和足够的日志。

(2) 差异备份是对自上次完整备份后更改过的数据进行备份。差异备份比完整备份更小、更快，可以简化频繁的备份操作，减少数据丢失的风险。

(3) 文件和文件组备份是指在进行数据库备份时，只备份单独的一个或几个数据文件或文件组，而不是备份整个数据库。与完整数据库备份相比较，文件备份的主要优点是对大型的数据库备份和还原的速度提升很多，主要的缺点是管理起来比较复杂。如果某个损坏的文件未备份，那么媒体介质故障可能导致无法恢复整个数据库。因此，必须维护完整的文件备份，包括完整恢复模式的文件备份和日志备份。

(4) 事务日志备份包括了在前一个日志备份中没有备份的所有日志记录。

提示： 要想进行事务日志备份，需要首先设置数据库的恢复模式为完整恢复模式和大容量日志恢复模式，恢复模型的设置方法如下：右击目标数据库，在快捷菜单中选择【属性】命令，弹出的对话框如图 8.1 所示，单击选择页中的【恢复模式】下拉框选择合适选项，即可设置恢复模式了。

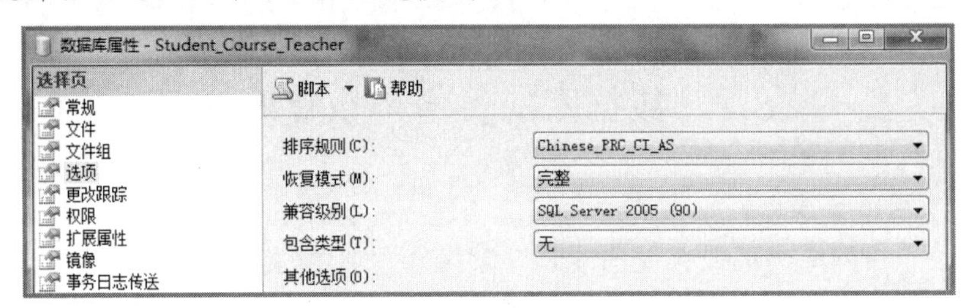

图 8.1　恢复模式设置对话框

3．备份设备

要进行数据库备份，需要解决这样一个问题，即要备份哪个数据库，备份到哪里？而备份设备即是解决备份到哪里这个问题。

备份设备是指用来存储备份内容的存储介质。存储介质包括：DISK(磁盘文件)、TAPE(磁带)和 PIPE(命名管道)。其中磁盘文件是最常用的备份介质，备份设备在硬盘中是以文件形式存在的。

接下来介绍备份设备的创建，备份设备的创建与管理有两种方法：使用 SSMS 或 T-SQL 语句。

1) 使用 SSMS 创建与管理备份设备

(1) 打开 SSMS，展开本地服务器上的【服务器对象】文件夹，右击【备份设备】选项，在打开的快捷文件夹中选择【新建备份设备】命令，弹出新建【备份设备】对话框，界面如图 8.2 所示。

图 8.2　备份设备

(2) 在新建【备份设备】对话框中，在【设备名称】对话框中输入备份设备的逻辑名称 aaa1，相对应其物理设备名称为 D:\Program Files\Microsoft SQL Server\MSSQL.1\MSSQL\Backup\aaa1.bak，用户可以根据需要改变其物理存储位置，界面如图 8.3 所示。

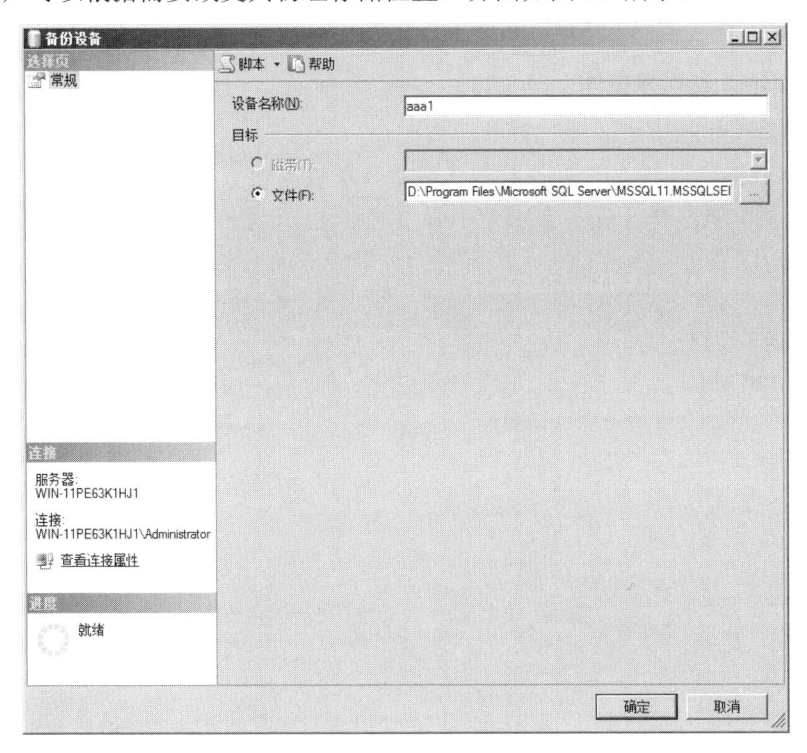

图 8.3　输入备份设备名称

(3) 在新建【备份设备】对话框中，单击【确定】按钮，完成备份设备的创建。

(4) 在【备份设备】文件夹中可以看到新建立的备份设备 aaa1，选择该备份设备，右击，可以查看备份设备的属性或删除备份设备。

2) 使用 T- SQL 语句创建与管理备份设备

(1) 创建备份设备的命令是系统存储过程 sp_addumpdevice。该系统存储过程的简要语法结构：

```
sp_ addumpdevice 'device_type', 'logical_name', 'physical_name'
```

参数说明：

device_type：备份设备的类型。可以是 disk、pipe 或 tape。

logical_name：备份设备的逻辑设备名称。

physical_name：备份设备的物理设备名称。

(2) 利用 T-SQL 创建备份设备实例。

【例 8-1】　使用 T-SQL 语句创建备份设备 dev，存储于 D 盘。

```
Exec sp_addumpdevice 'disk','dev','d:\sqldb\aaa2.bak'
Go
```

提示： 利用 T-SQL 语句创建备份设备后，在 SSMS 中只要刷新一下即可看到新创建的备份设备。

8.2.2 数据库备份

备份设备创建成功之后，利用备份设备即可实现数据库的备份。在同一数据库服务器上，备份数据有两种方法：使用 SSMS 或 T-SQL 语句。

1. 使用 SSMS 备份数据库

以备份数据库 Student_Course_Teacher 为例。

(1) 打开 SSMS，展开本地服务器的【数据库】文件夹，右击 Student_Course_Teacher，在弹出的快捷菜单中选择【任务】|【备份】命令，打开【备份数据库】对话框，如图 8.4 所示。

图 8.4 【备份数据库】对话框 1

(2) 在【备份数据库】对话框中，在【数据库】下拉列表中选择数据库 Student_Course_Teacher；【备份类型】选择【完整】，代表对数据库 Student_Course_Teacher 完整备份；【备份集】可以给新创建的备份命名，并可以做相应的说明，同时还可以设置过期时间。

(3) 在【目标】选项组中，单击【添加】按钮，打开【选择备份目标】对话框，界面如图 8.5 所示。

(4) 在【选择备份目标】对话框中，选择【备份设备】选项卡，并在下拉列表中选择备份设备 aaa1，单击【确定】按钮，关闭【选择备份目标】对话框，返回【备份数据库】对话框。

(5) 在【备份数据库】对话框中，在【选择页】选中【选项】，其中有【可靠性】、【覆盖介质】等选项，用户采用默认值设置即可，如图 8.6 所示。

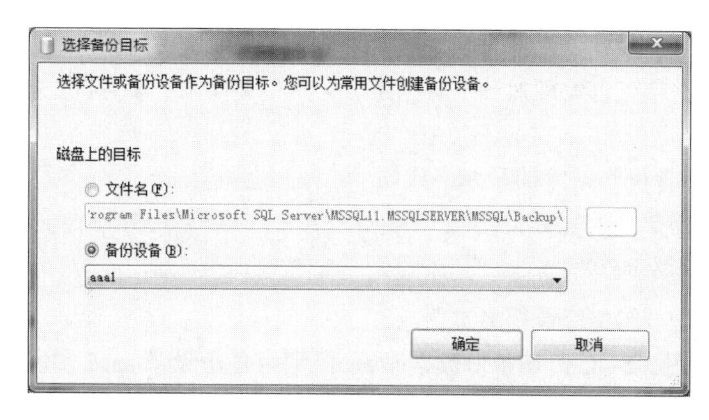

图 8.5 【选择备份目标】对话框

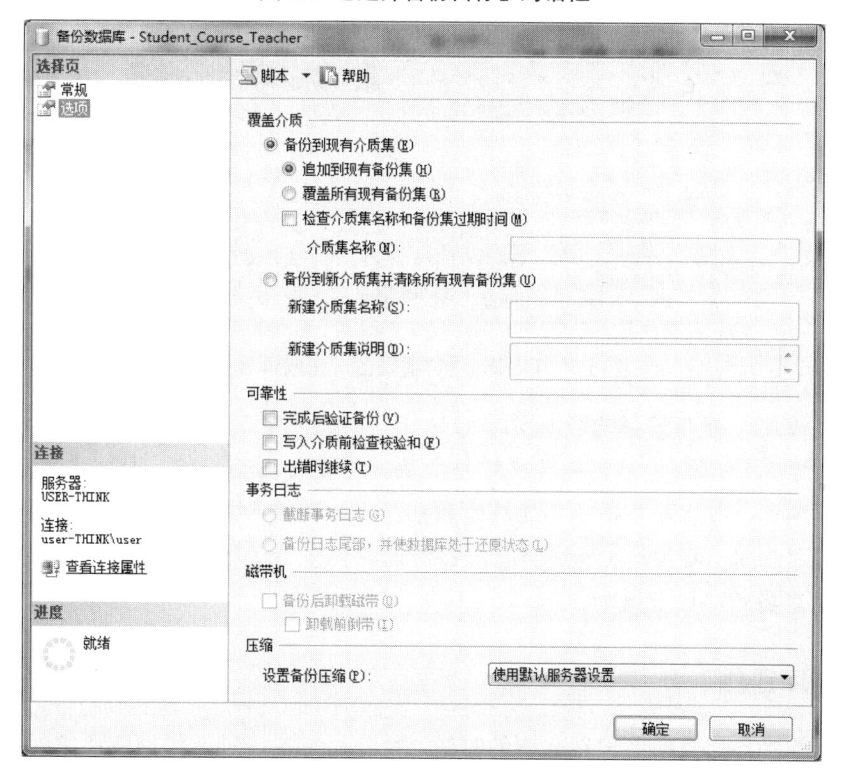

图 8.6 【备份数据库】对话框 2

(6) 单击【确定】按钮，开始备份数据库。备份成功之后，弹出消息框，表示完成备份操作，如图 8.7 所示。

图 8.7　备份完成消息框

2. 使用 T-SQL 语句备份数据库

T-SQL 备份数据库可以实现对整个数据库、文件和文件组、事务日志的备份，本章介绍完全备份方法。

(1) T-SQL 语句备份数据库的命令格式如下：

```
BACKUP  DATABASE database_name
TO <backup_device>
```

(2) 利用 T-SQL 语句备份数据库实例。

【例 8-2】 使用 T-SQL 语句备份数据库 aaa，利用备份设备 aaa2 实现备份。

```
BACKUP DATABASE db1 TO aaa2
```

执行结果如图 8.8 所示。

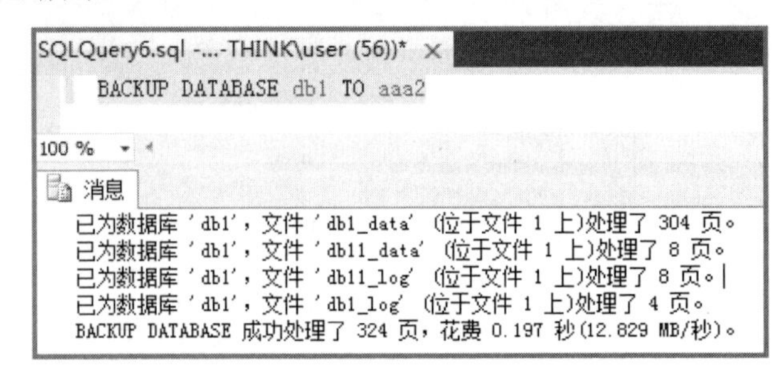

图 8.8 T-SQL 语句实现备份完成消息框

提示： 备份是一种非常耗费系统资源的操作，不能频繁进行备份，否则会影响服务器的正常工作。由于完整备份要对整个数据库进行完整备份，数据量大，需要耗费的时间长，因此完整备份不能过于频繁，而且最好不要安排在工作时间进行。相对于完整备份，差异备份和事务日志备份的数据量会小很多，这两种备份的频率依据实际需要可以适当增加。

8.2.3 数据库还原

数据库备份后，当数据库出现问题的时候，可以利用备份进行数据库还原。还原数据库有两种方法：使用 SSMS 或使用 T-SQL 语句。

1. 使用 SSMS 还原数据库

(1) 打开 SSMS，右击【数据库】文件夹，在弹出的快捷菜单中，选择【还原】命令，打开【还原数据库】对话框，界面如图 8.9 所示。

(2) 打开选择页【常规】，在还原的目标数据库下拉列表中选择需要还原的数据库 Student_Course_Teacher；在还原的源选项中选择源设备，打开【指定备份】对话框，选择【备份媒体】为备份设备时，单击【添加】按钮，选择备份设备 aaa1，或选择【备份媒体】文件时，单击【添加】按钮，选择备份文件为系统默认路径下的备份文件 aaa1.bak，显示并选择用于还原的备份集，如图 8.10 所示。

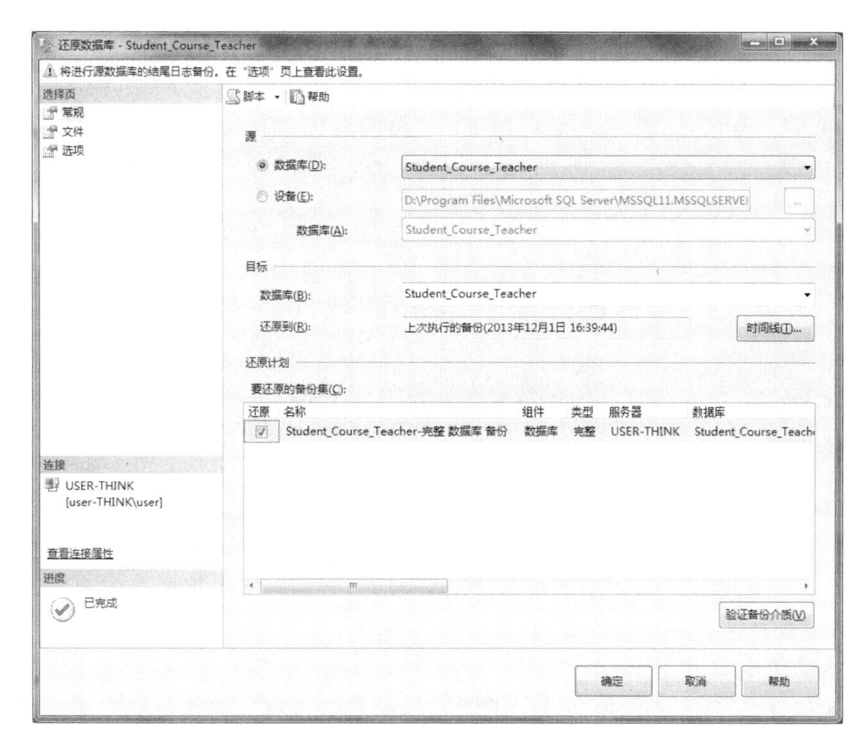

图 8.9 【还原数据库】对话框

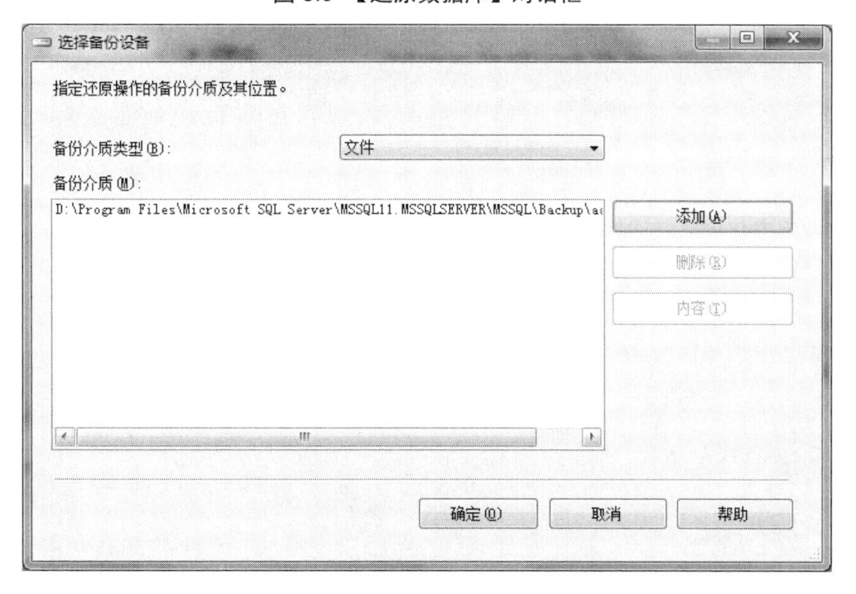

图 8.10 【选择备份设备】对话框

(3) 选择用于还原的备份集，单击【确定】按钮，完成数据库的还原。

2．使用 T-SQL 语句还原数据库

(1) T-SQL 语句还原数据库的命令格式如下：

```
RESTORE DATABASE database_name
[FROM <backup_device>[,…n]]
```

(2) 利用 T-SQL 语句还原数据库实例。

【例 8-3】 使用 T-SQL 语句还原数据库 LJ。

```
RESTORE DATABASE LJ FROM aaa1
Go
```

提示：参照使用 SSMS 数据库还原方法，请体会上述命令的使用方法。

8.3 不同数据库服务器间数据库的备份与恢复

在 SQL Server 2012 中，分离与附加数据库主要用于在不同的数据库服务器之间转移数据库。

1. 分离数据库

分离数据库是指将数据库从当前数据库服务器分离，将数据库从 SQL Server 实例中删除，使数据库在其数据文件和事务日志文件中保持不变。之后，就可以使用这些文件将数据库附加到任何 SQL Server 实例，包括分离该数据库的服务器。分离数据库的两种方法，分别是利用 SSMS 和 T-SQL。

1) 利用 SSMS 分离数据库

(1) 打开 SSMS，展开本地服务器上的【数据库】文件夹，右击数据库【Student_Course_Teacher】，在弹出的快捷菜单中选择【任务】|【分离】命令，打开【分离数据库】对话框。

(2) 单击【确定】按钮，即可完成对数据库的分离，界面如图 8.11 所示。

图 8.11 分离数据库界面

2) 利用 T-SQL 语句分离数据库

(1) 利用 T-SQL 语句分离用户数据库的命令格式。

T-SQL 分离用户数据库的命令是系统存储过程 sp_detach_db，该系统存储过程的语法格式为：

```
sp_detach_db  'dbname'
```

(2) 利用 T-SQL 语句分离用户数据库实例。

【例 8-4】　使用 T-SQL 语句分离用户数据库 aaa。

```
Exec sp_detach_db 'Student_Course_Teacher'
Go
```

想一想：

使用 T-SQL 语句分离数据库时，要注意什么问题？用户正在使用当前的数据库连接时，系统是否允许分离该数据库？

2. 附加数据库

附加数据库是分离数据库的反过程，附加数据库可以使数据库的状态与分离时的状态完全相同，通过数据文件与日志文件的重新定位将数据库附加于数据库服务器上。附加数据库的两种方法分别是利用 SSMS 和 T-SQL 语句。

1) 利用 SSMS 附加数据库

(1) 打开 SSMS，展开本地服务器上的【数据库】文件夹，右击【数据库】选项，在弹出的快捷菜单中选择【附加】命令，打开【附加数据库】对话框。

(2) 在【附加数据库】对话框中，单击【添加】按钮，然后在【定位数据库文件】对话框中选择该数据库所在的磁盘驱动器，展开目录树以查找和选择该数据库的.mdf 文件，例如：

D:\Program Files\Microsoft SQL Server\MSSQL.1\MSSQL\Data\ Student_Course_Teacher.mdf

(3) 单击【确定】按钮，附加对话框中显示附加数据库的详细信息，如图 8.12 所示。

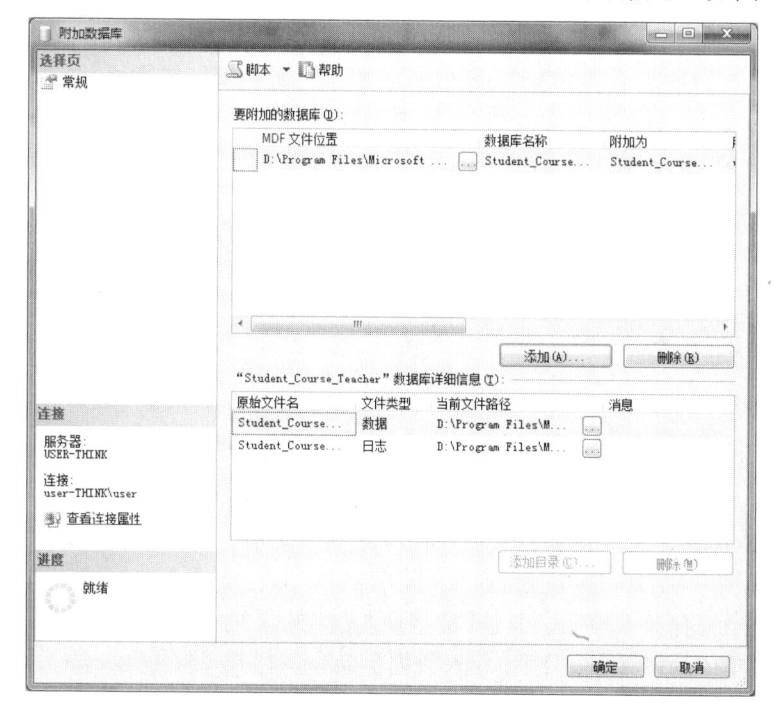

图 8.12　附加数据库界面

(4) 单击【确定】按钮，完成数据库的附加，在 SSMS 中可以看到附加的数据库 Student_Course_Teacher。

2) 利用 T-SQL 语句附加数据库

(1) 利用 T-SQL 语句附加用户数据库的命令格式。

T-SQL 语句附加用户数据库的命令是系统存储过程 sp_attach_db，该存储过程的语法格式为：

```
sp_attach_db  'dbname', 'filename'
```

dbname：数据库名称。

filename：数据库文件的物理名称。

(2) 利用 T-SQL 语句附加用户数据库实例。

【例 8-5】 使用 T-SQL 语句的系统存储过程附加用户数据库 Student_Course_Teacher。

```
Exec sp_attach_db 'Student_Course_Teacher',
'D:\Program Files\Microsoft SQL Server\MSSQL11.MSSQLSERVER\MSSQL\DATA\
Student_Course_Teacher.mdf'
Go
```

提示： 分离 SQL Server 2012 数据库之后，可以将该数据库重新附加到 SQL Server 2012 的相同实例或其他实例上。有的时候，新附加的数据库在视图刷新后才会显示在 SSMS 的“数据库”节点中。若要随时刷新视图，请在 SSMS 中单击，再单击“视图”菜单中的“刷新”。

8.4 数据格式的转换

数据导入/导出主要用于在 SQL Server 2012 与其他数据库管理系统(如 Oracle、Access 等)或其他数据格式(如 Excel、文本文件等)之间进行数据交换，也可以在 SQL Server 2012 数据库服务器之间转移数据库。利用数据的导入/导出也可以实现数据库的备份和还原，但它们之间的概念是不同的。

在 SQL Server 2012 中，数据导入/导出是通过数据转换服务(Data Transformation Services，DTS)实现的。

8.4.1 数据导入/导出

1. 数据导入

数据导入是指将数据从外部数据源导入到 SQL Server 数据表的过程。外部数据源包括其他数据库管理系统(如 Oracle、Access 等)或其他数据格式文件(如 Excel 文件、文本文件等)。

利用 SQL Server 导入向导的导入过程如下，以将文本文件中的数据导入到数据库的学生表 s 中为例说明：

(1) 打开 SSMS，打开本地服务器的【数据库】文件夹，右击数据库 Student_Course_ Teacher，在弹出的快捷菜单中选择【任务】|【导入数据】命令，打开【SQL Server 导入和导出向导】窗口，如图 8.13 所示。

(2) 单击【下一步】按钮，打开【选择数据源】对话框。【数据源】下拉列表框中默认值为 SQL Native Client，单击下拉按钮，选择数据源为【平面文件源】，可以实现将一个文本文件作为数据源，如图 8.14 所示。

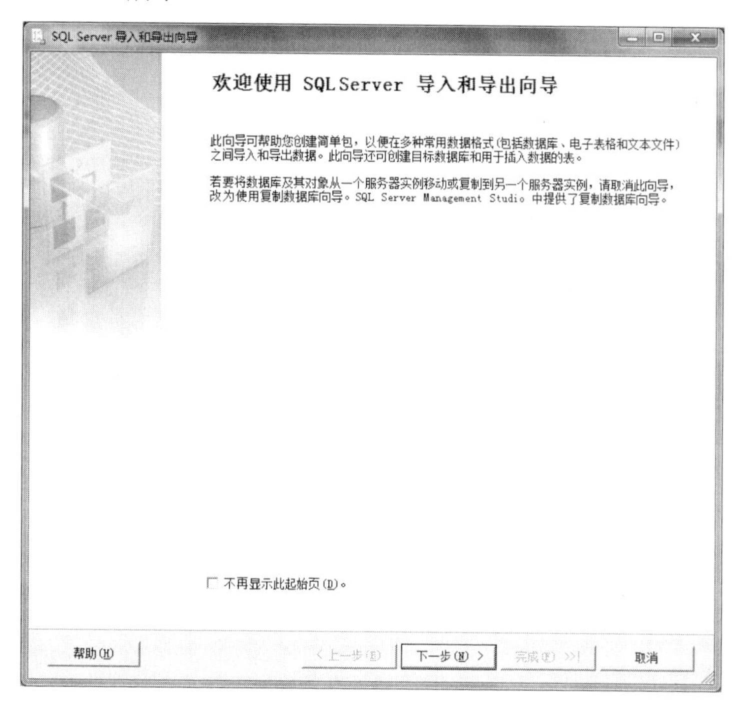

图 8.13 【SQL Server 导入和导出向导】窗口

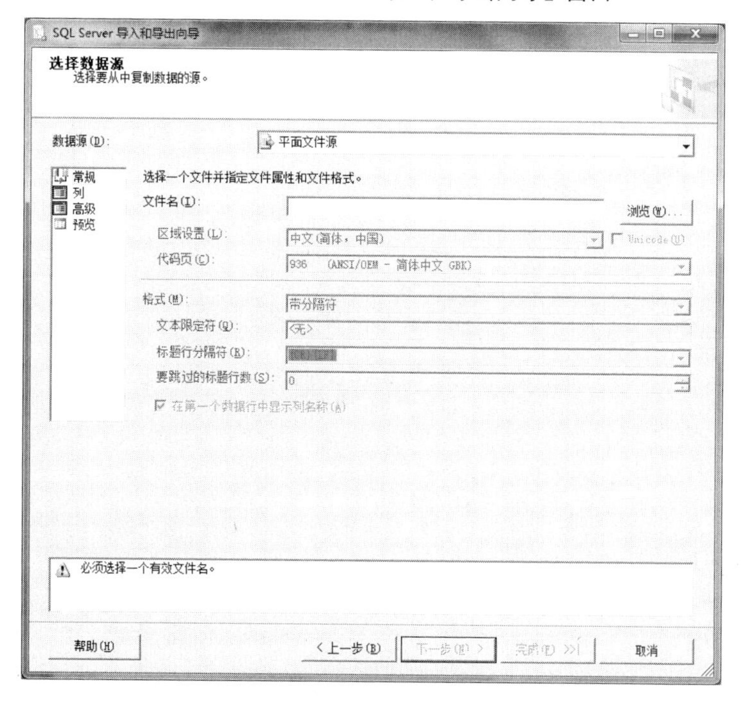

图 8.14 【选择数据源】对话框

(3) 单击【文件名】右侧的浏览按钮，选择需导入的文件 D:\sqldb\aaa.txt，该文件名及路径出现在文件名文本框中，同时查看格式，选中【在第一个数据行中显示列名称】复选框，单击数据源下面的列或预览页，查看数据源的显示格式和数据，如图 8.15 和图 8.16 所示。

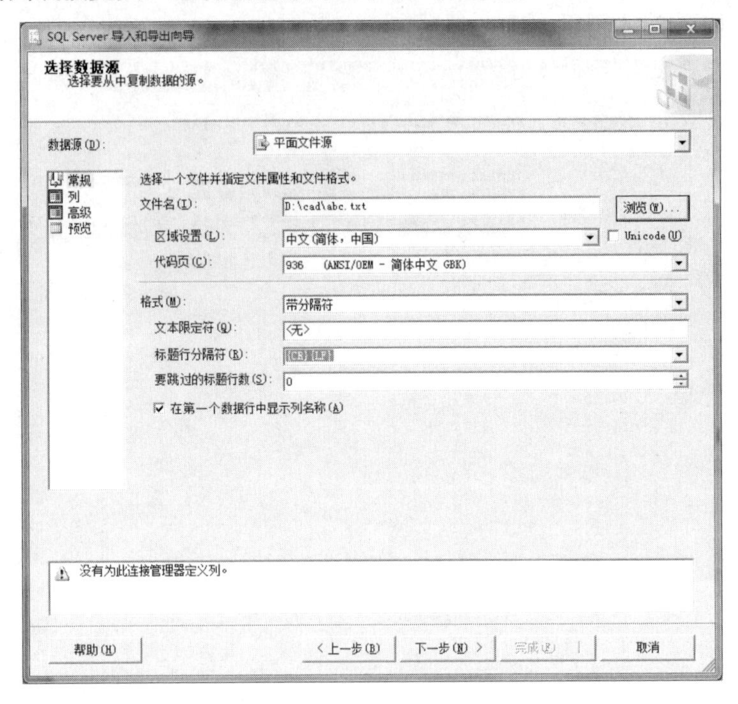

图 8.15 【选择数据源】对话框

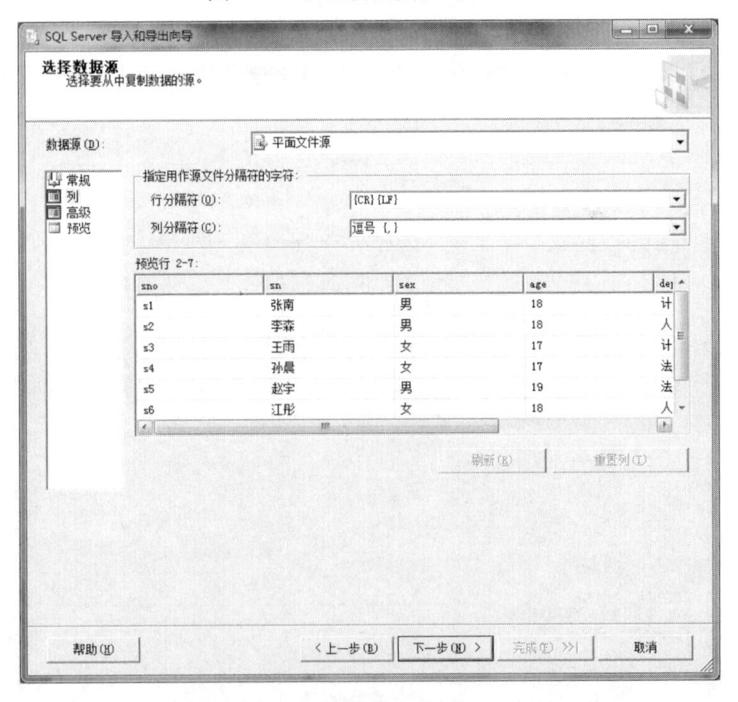

图 8.16 查看数据源的显示格式和数据

(4) 单击【下一步】按钮，打开【选择目标】对话框，指定要将文本文件复制到何处。在【目标】下拉列表对话框中选择 SQL Native Client，【服务器名称】中自动显示默认的本地服务器 USER-THINK，【身份验证】模式显示为默认的【使用 Windows 身份验证】，【数据库】中自动显示 Student_Course_Teacher，实现将文本文件导入到 Student_Course_Teacher 库中。若选择其他的数据库，则将文本文件导入到其他指定的数据库中，用户也可以新建一个数据库存放数据，界面如图 8.17 所示。

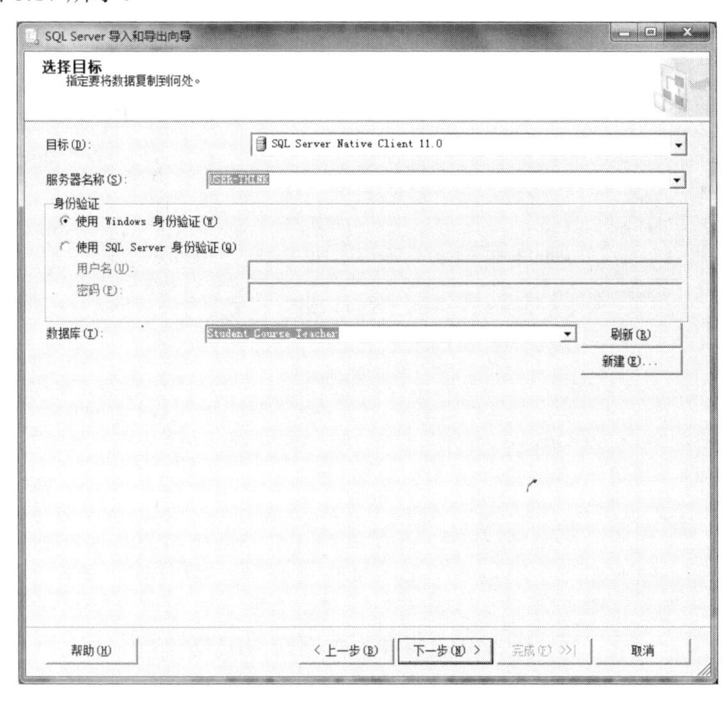

图 8.17 【选择目标】对话框

(5) 单击【下一步】按钮，打开【选择源表和源视图】对话框，如图 8.18 所示，在【源】复选框中选择数据源，单击【预览】按钮可以预览示例数据。

图 8.18 【选择源表和源视图】对话框

(6) 单击【下一步】按钮，打开【保存并执行包】对话框，界面如图 8.19 所示。

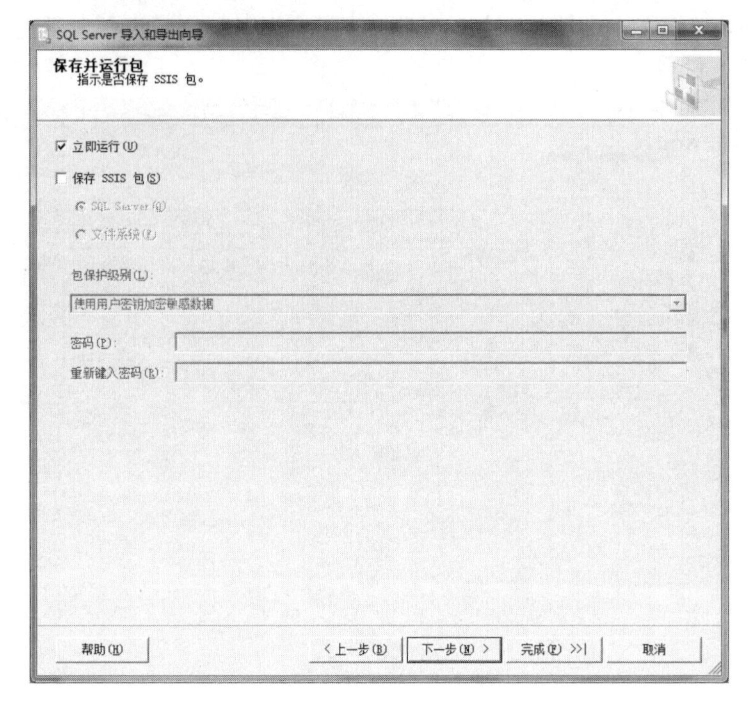

图 8.19 【保存并执行包】对话框

(7) 单击【下一步】按钮，打开【完成该向导】对话框，用户认真阅读对话框中的内容，显示设置的操作及过程，如图 8.20 所示。

图 8.20 【完成该向导】对话框

(8) 单击【完成】按钮，显示导入执行成功消息框，表示每一步的具体操作及标记，用户也可以单击报告，查阅具体执行内容，执行成功后显示界面如图 8.21 所示。

图 8.21 【执行成功】对话框

(9) 导入数据完成，用户回到数据库 Student_Course_Teacher，执行刷新操作，查看已经将文本文件 aaa.txt 导入到该库中，数据表名为 abc。

提示： 数据的导入和导出的数据操作对象是数据表，数据表中的数据与各种相同或不同的数据环境中数据进行导入和导出。而备份与恢复的数据管理对象是数据库，实现对数据库的完整复制。二者在操作对象上是不同的。在实现导入之前，需要存在需导入的数据源。

想一想：

什么格式的文本文件可以导入到数据库表中？在同一数据库系统中，实现数据在不同的数据库之间的复制该如何做？例如如何将 Student_Course_Teacher 中的学生表导出到数据库 aaa 中？

2. 数据导出

数据导出与导入向导过程相似，唯一的区别是数据源与目标与导入过程相反，数据导出是将一个数据表导出到其他数据环境中的操作，例如导出到其他数据库系统、文本文件或电子表格中。

利用 SQL Server 导出向导的导出过程如下，以将数据库 Student_Course_Teacher 中的数据表 c 导出到电子表格为例说明。

(1) 打开 SSMS，打开本地服务器的【数据库】文件夹，选中数据库 Student_Course_Teacher，右击鼠标，在弹出的快捷菜单中选择【任务】|【导出数据】命令，打开【SQL Server 导入和导出向导】窗口。

(2) 单击【下一步】按钮，打开【选择数据源】对话框，在【数据源】下拉列表框中选择默认数据源、【身份验证】模式使用默认的【使用 Windows 身份验证】，【数据库】中自动显示

“Student_Course_Teacher”，服务器为 USER-THINK，如图 8.22 所示。

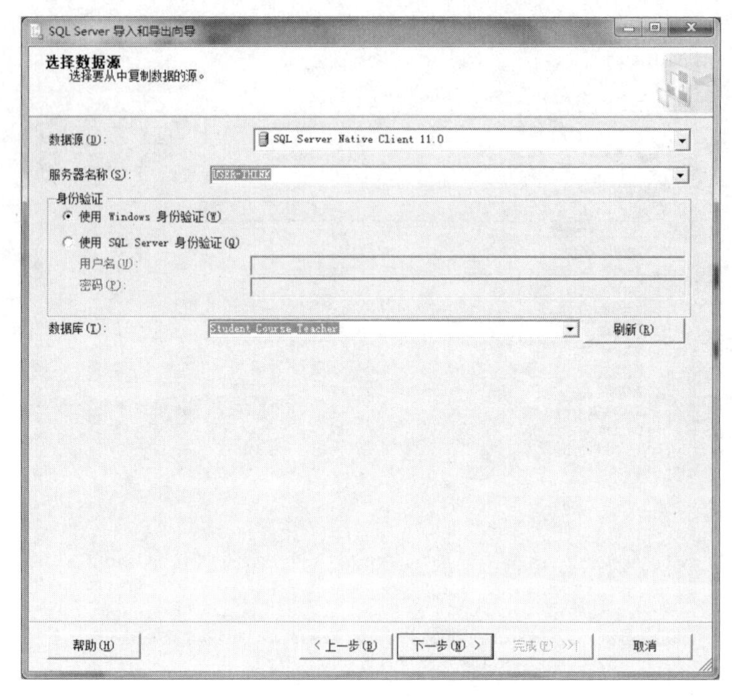

图 8.22 【SQL Server 导入和导出向导】窗口

(3) 单击【下一步】按钮，打开【选择目标】对话框，指定要将文件复制到何处。在【目标】下拉列表框中选取 Microsoft Excel，Excel 文件路径设置为 D:\cad\c.xls，选中复选框【首行包含列名称】，如图 8.23 所示。

图 8.23 【选择目标】对话框

(4) 单击【下一步】按钮，打开【选择源表和源视图】对话框，选中【复制一个或多个表或视图的数据】单选按钮，界面如图 8.24 所示。

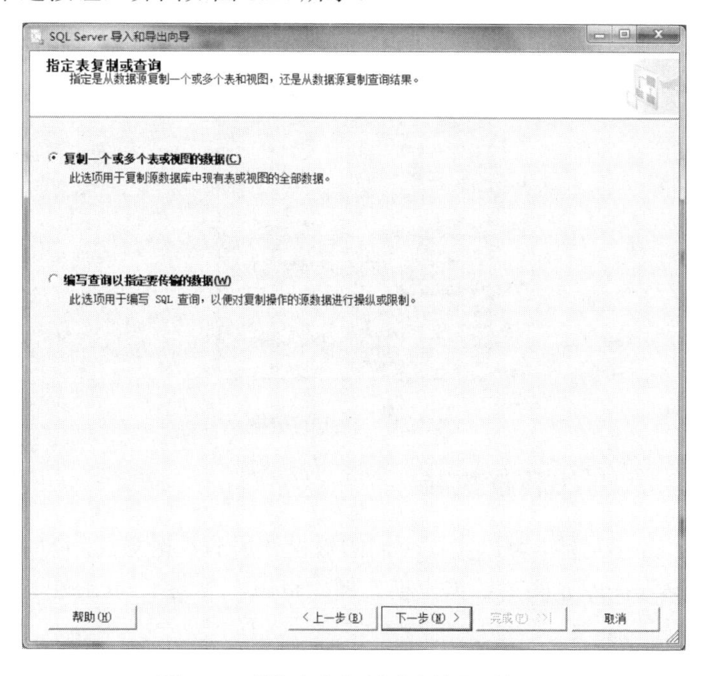

图 8.24 【指定表复制或查询】对话框

(5) 单击【下一步】按钮，打开【选择源表和源视图】对话框，制定一个或多个要复制的表或视图，选取数据表 C 表，如图 8.25 所示。

图 8.25 【选择源表和源视图】对话框

(6) 单击【下一步】按钮，打开【打开并执行包】对话框，选择【立即执行】，打开【完成向导】对话框，单击【完成】按钮，显示【执行成功】消息框，完成数据的导出。

(7) 打开 D:\cad\c.xls，导出的数据如图 8.26 所示。

提示： 在数据导出操作之前，需要现在指定位置建立目标文件，例如在 D 盘 sqldb 文件夹下建立文件 c1.xls，保障在导出设计过程中又可以接收数据的文件已经存在。

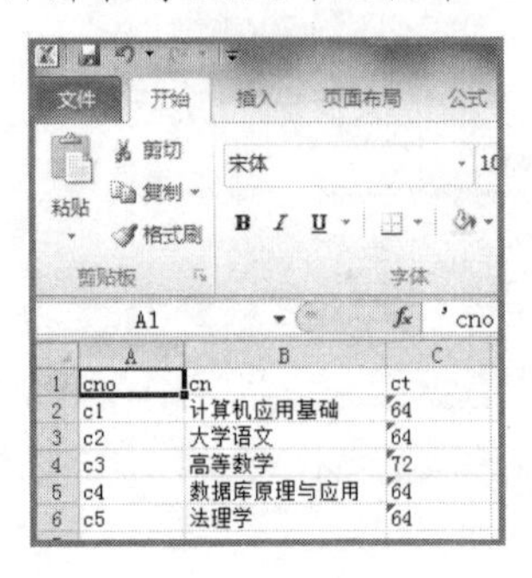

图 8.26　导出的数据

8.4.2　利用数据导入/导出转移数据

利用数据导入和导出功能，可以实现不同的数据环境的数据交换，同时也可以实现在同一数据库服务器上不同数据库之间的数据交换。例如将用户数据库 Student_Course_Teacher 中的学生表 s 导出到数据库 aaa 中。

利用 SSMS 完成上述功能的步骤如下。

(1) 打开 SSMS，打开本地服务器的【数据库】文件夹，右击数据库 Student_Course_Teacher，在弹出的快捷菜单中选择【任务】|【导出数据】命令，打开【SQL Server 导入和导出向导】对话框。

(2) 单击【下一步】按钮，打开【选择数据源】对话框，在【数据源】下拉列表框中选择默认数据源、【身份验证】模式使用默认的【使用 Windows 身份验证】，【数据库】中自动显示 Student_Course_Teacher，服务器为 USER-THINK，界面如图 8.27 所示。

图 8.27 【SQL Server 导入和导出向导】窗口

(3) 单击【下一步】按钮，打开【选择目标】对话框，在【数据库】中选择目标数据库 aaa，其余选项均为默认值，如图 8.28 所示。

图 8.28 【选择目标】对话框

(4) 单击【下一步】按钮，打开【指定表复制或查询】对话框，选中【复制一个或多个表或视图】单选项，如图 8.29 所示。

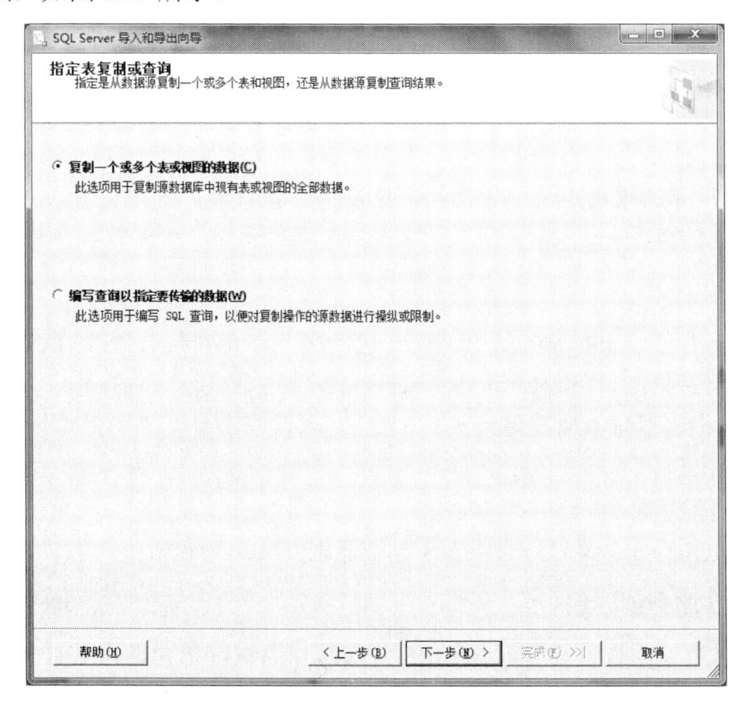

图 8.29 【指定表复制或查询】对话框

(5) 单击【下一步】按钮，打开【选择源表和源视图】对话框，从表和视图的类表中，选择需要导出的表，选择源表[dbo].[s]表，目标自动显示为[dbo].[s]，如图 8.30 所示。

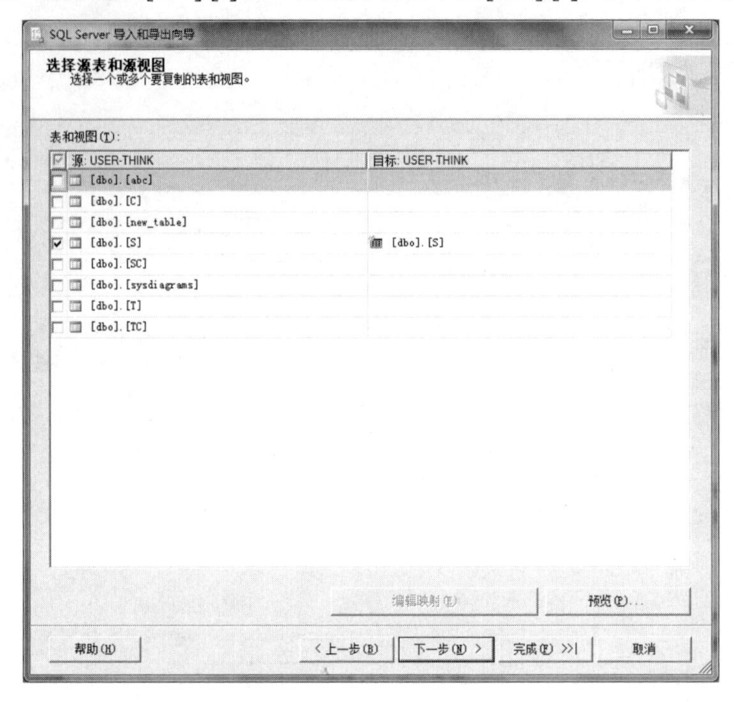

图 8.30 【选择源表和源视图】对话框

(6) 单击【下一步】按钮，打开【保存并执行包】对话框，选择【立即执行】，单击【下一步】按钮，实现导出，显示执行成功对话框，单击【关闭】按钮，完成导出。

(7) 用户回到 SSMS，查看用户数据库 aaa 下面导入的数据表 s。

8.4.3 利用 SSIS 服务实现数据库的转换

SSIS(SQL Server Integration Services，SQL Server 集成服务)以 DTS 为基础发展成为一个 ETL((解压缩、转换和加载包)平台，利用 SSIS 服务、设计器，通过创建项目、创建包、执行包可以实现数据库转换。

1. SSIS 服务

SSIS 集成服务是管理 Integration Services 包的服务，在安装 SSIS 时默认安装，并且自动启动。SSIS 服务运行期间，Integration Services 允许管理员执行下列操作。

(1) 启动和停止远程与本地存储包。

(2) 导入和导出包。

(3) 管理包存储器等。

可以使用 SQL Server 导入/导出、SSIS 设计器来继续运行包。

2. 利用 SSIS 服务创建包

包是一个经过组织的构件集合，是 SSIS 传输操作的执行单元，也是开发人员操纵数据的要素。在上一节中的数据导入和导出转移数据的过程中，实际上就形成了一个最简单的只包含数据源和目的地的包。本节介绍利用 SSIS 服务和 SSIS 设计器实现利用包完成数据转换。

基本过程为：首先创建项目，一个存放包的项目；再利用 SSIS 设计器创建包；SSIS 设计器中运行包，实现数据库的转换，具体步骤如下。

1) 创建项目

在创建包之前，首先创建存放包的项目，创建项目使用 SQL Server 2012 下的 BIDS(SQL Server Business Intelligence Development Studio)程序，打开 BIDS,在【文件】菜单中选择【新建】|【项目】命令，指定为 Integration Services 项目模板，定义项目的名称。

2) 使用 SSIS 设计器创建包

SSIS 设计器是用来创建包的图形工具，使用 SSIS 设计器创建新的 SSIS 包的过程与使用导入和导出向导创建数据转换中形成包的过程相似，按照 SSIS 设计器提供的几个选项卡，依次定义：添加项目、选择新建 SSIS 包、数据源、连接服务器、数据流类型、在数据流转换中自定义转换顺序，数据的目的地。

3) 在 SSIS 设计器中运行包

最常用的包运行方法是从 BIDS 的 SSIS 设计器构件中运行包，打开 SSIS 设计器，选中数据流，在解决方案资源管理器中选择利用设计器创建的包，单击执行包即可。

小　　结

本章首先介绍了数据库备份与恢复的基本含义，主要包括：①备份的定义：备份是将数据库存储与某种介质上的一种操作，主要的存储介质为磁盘；②备份的作用：当数据库系统出现各种故障时对数据的保护，以备数据遭到损坏时及时恢复；③备份的方式：完全备份、差异备份、事务日志备份、文件和文件组备份；④备份的方法：使用 SSMS 和 T-SQL。

本章又重点介绍了备份的具体过程：使用 SSMS 和 T-SQL 创建与管理备份设备；利用备份设备在同一数据库服务器上对数据库备份及备份设备的含义。

本章还重点介绍了还原的具体过程：使用 SSMS 和 T-SQL 还原数据库。

同时介绍了在不同数据库服务器间数据库的备份与恢复：分离与附加。分离数据库是指将数据库从当前数据库服务器分离，将数据库从 SQL Server 实例中删除，但使数据库在其数据文件和事务日志文件中保持不变；附加数据库是分离数据库的反过程，附加数据库可以使数据库的状态与分离时的状态完全相同，通过数据文件与日志文件的重新定位将数据库附加于数据库服务器上。分离与附加数据库的两种方法分别是利用 SSMS 和 T-SQL；分离命令是使用系统存储过程 sp_detach_db；附加命令是使用系统存储过程：sp_attach_db。

数据转换服务是将数据从一个数据环境传输到另外一个数据环境，其操作对象为数据表，备份与还原的操作对象是数据库。数据的转换包括导入和导出。

背 景 材 料

SQL Server 2000 中存在的许多的备份和恢复特性都同样保留在了 SQL Server 2012 中，但是有一些新的提高同样值得我们关注。这些新的提高主要体现在可以创建镜像备份、在线恢复等功能上。

1．镜像备份

SQL Server 2012 可以创建镜像备份。镜像备份允许为备份文件创建两个或者四个同样的备份，以防备其中的某一个集合损坏的情况。镜像具有同样的内容，所以可以在某个文件被损坏的时候修复这个文件。

因此当有镜像集合 1 和镜像集合 2，两个集合都有完全的备份和事务日志备份，如果镜像集合 1 的完全备份发生了损坏，就可以通过镜像集合 2 来进行恢复，然后对镜像集合 1 持续使用事务日志备份。

2．在线恢复

还可以进行在线恢复，从名字上看，似乎是可以在恢复的同时，完全保持数据库启动、运行和保证用户登录到数据库中，但是实际情况不是的。在线恢复允许在保持数据库在线的情况下恢复一个离线的文件组，所以可以保障数据库的大部分在工作，但是想要恢复的文件组必须是离线的。

但是注意：要运行这个特性，必须使用 SQL Server 2012 企业版，并且主要的文件组不能是离线的。另外，必须确保应用程序可以使文件组离线，并且仍然可以起作用。通过仔细的计划，这个特性是非常有用的，但是也许很多人不会使用这个功能。

3．只复制备份

备份一个很有用的特性就是只复制备份，它让你可以在备份过程中，在不打乱其他备份文件的顺序的情况下进行复制。使用 SQL Server 2000 的时候，如果在一天的中间运行了一个特殊的完全备份，为了恢复，必须使用完全备份和在完全备份之后发生的所有事务日志。这个新的特性允许创建一个只对备份的副本，然后使用正常的完全复制来达到恢复的目的。

对于不同的备份，在处理方式上没有任何的改变。对于事务日志备份，也可以只对备份进行复制——同样是不需要打乱其他备份文件的顺序。

4．部分备份

部分备份与差别备份是不一样的。部分备份是将所有的文件组，除了那些标记为只读的文件组之外(除非是指定的)，进行备份。对于只读数据库，只有基本文件组被备份。如果在只读文件组中有很多的静态数据，那么用这种方式来备份数据库就要快得多。

习　　题

一、填空题

1. SQL Server 2012 系统提供了 4 种方式进行数据库备份，分别是__________、__________、__________、__________。

2．数据库备份的方法有 3 种，分别是__________、__________、__________。

3．不同数据库服务器间数据的备份与恢复方法是__________和__________。

4．使用 T-SQL 语句备份数据库的命令是__________，使用 T-SQL 语句还原数据库的命令是__________。

5．备份与还原的操作对象是__________，数据导入/导出的操作对象是__________。

6．实现分离数据库的系统存储过程是__________，实现附加数据库的系统存储过程是__________。

7．数据转换服务中可以是实现不同数据环境下数据的导入和导出，列举 3 种不同的数据环境：__________、__________、__________。

二、简答题

1．数据库备份的含义。

2．数据库备份的作用及备份的方式。

3．如何创建与管理备份设备？

4．简述数据库备份与还原的方法。

5．简述数据转换服务的含义。

三、实训题

1．创建与管理备份设备。

(1) 分别利用 SSMS 和 T-SQL 语句创建两个备份设备，一个命名为 s1_bak，存储在系统默认路径下，另一个命名为 s2_bak，存储在 D:\sqldb 文件夹下。

(2) 利用 SSMS 查看两个备份设备的属性。

(3) 利用 SSMS 删除备份设备 s2_bak。

2．使用 SSMS 备份与还原数据库。

(1) 使用备份设备 s1_bak 完全备份数据库 LJ。

(2) 修改数据库 LJ 中的数据，再次备份，备份方式为差异备份。

(3) 删除数据库 LJ。

(4) 还原数据库。

3．使用 T-SQL 语句备份与还原数据库。

(1) 使用 T-SQL 语句创建一个新的备份设备 s3_bak。

(2) 使用 T-SQL 语句利用备份设备 s3_bak 完全备份数据库 aaa。

(3) 删除数据库 aaa，使用 T-SQL 语句还原数据库 aaa。

4．使用数据转换服务导入和导出数据。

(1) 在“D:\sqldb”文件夹下建立一个电子表格文件 s1.xls，输入 10 条记录，字段自定义。

(2) 将电子表格文件 s1.xls 中的记录导入到数据库 JL 中，数据表名为 s1。

(3) 将数据库 JL 中的学生表 s 中的数据导出到文本文件中，文件名与路径自定义。

第9章 数据库安全性的实现

教学目标

数据库系统最重要的特征就是安全性。像SQL Server的每一个版本一样，SQL Server 2012不仅具备以前版本的安全技术，而且它所包括的新特征使数据库系统更安全可靠。它从登录管理、用户管理、访问权限管理等多层次对数据库的访问进行安全控制，确保合法用户能够方便操作，而非法用户却不能访问到数据库中的数据。

教学要求

知识要点	能力要求	相关知识
安全管理概述	理解SQL Server 2012安全性的概念	SQL Server 2012的安全性
SQL Server 2012的登录验证模式	理解登录验证的概念及两类登录验证模式的特点	Windows身份验证、SQL Server身份验证
登录名管理	了解登录名的基本概念和类型、掌握管理登录名的方法	Windows登录名、SQL Server登录名；创建、修改、删除登录名
数据库用户管理	了解数据库用户的基本概念、掌握管理数据库用户的方法	创建数据库用户，修改、删除数据库用户
角色管理	了解角色的基本概念和类型、掌握两类角色的管理方法	服务器角色，数据库角色，新建、修改、删除角色，管理角色成员
访问许可管理	了解权限的基本概念和类型、掌握权限的管理方法	架构、主体、安全对象、权限，权限的授予、剥夺、拒绝

导读

瑞星网 2013 年上半年中国信息安全综合报告：2013 年 6 月，前美国中央情报局(CIA)雇员爱德华·斯诺登在香港露面，并向媒体披露了一些机密文件，致使包括“棱镜”项目在内的美国政府多个秘密情报监视项目遭到披露。据了解，“棱镜”项目涉及美国情报机构在互联网上对包括中国在内的多个国家 10 类主要信息进行监听，其包括电邮信息、即时消息、视频、照片、存储数据、语音聊天、文件传输、视频会议、登录时间、社交网络资料等细节。“棱镜”项目的曝光，无异于投入水中的一颗重磅炸弹，立刻激起全球范围内的强烈反对，同时也让日趋激烈的现代化信息战争全面爆发。

中国青年报 2013 年 10 月 22 日消息：网络上流传着一份名为“2000 万开房数据”的资料在各大论坛提供下载，随后有“查开房”网站出现并引发热议，大量网友“躺枪”，惊呼后脊梁“直冒冷汗”。北京青年报记者调查发现，“查开房”网站被封后不断复活，并陆续有类似网站出现。民间漏洞检测平台乌云网称泄密信息于今年中旬就已被盗取，泄露源无从查起。目前，国家互联网应急中心已就此事展开调查。

上述两则消息让我们知道数据安全上关乎国家，下关乎普通百姓，因此维护数据安全是每一个公民都应该重视的问题。数据是存储在数据库中的，为了保证数据的安全，SQL Server 2012 中增加了非常丰富的安全特性。通俗地讲，它大概设置了三道关口，只有通过了这三个关口的“安全检查”，一个用户才能访问数据库中的数据。在这一章中，首先介绍 SQL Server 2012 的安全机制，然后分层次介绍了各个关口的管理使用方法。通过本章的学习应掌握如何保证 SQL Server 2012 中数据的安全。

9.1　安全管理概述

为了保证数据库系统中数据的安全，需要充分利用数据库管理系统(DBMS)提供一系列的安全机制。在 SQL Server 2012 中，要想访问数据库中的数据，需要经过以下三个步骤：第一步，要有登录名，通过合法的登录名才能与数据库服务器建立可信连接；第二步，要有数据库用户，用户在特定的数据库内创建，只有拥有合法的数据库用户才能对数据库进行操作；第三步，要给数据库用户授权，从而使这个用户可以访问、操作数据库中的对象，但必须要与一个登录名关联。由此可见，访问数据库中的数据登录名与用户名缺一不可，二者各有分工。

提示：假设 SQL Server 2012 服务器是一座包含很多房间(每个房间代表一个数据库)的大厦，每个房间里各种资料可以代表不同数据库对象，则登录名就相当于进入大厦的钥匙，而用户名就是每个房间的钥匙，房间中的资料则是根据用户名的不同而有不同的权限。

9.2　SQL Server 2012 的登录验证模式

如前所述，在 SQL Server 2012 中，需要通过登录名与数据库服务器建立可信连接，那么如何去确定一个登录名是不是可信的呢？SQL Server 2012 有两种模式：Windows 身份验证模式和混合身份验证模式。

9.2.1 SQL Server 2012 验证模式

1. Windows 身份验证模式

当使用“Windows 身份验证模式”验证登录名是否合法时，Windows 将完全负责对登录名进行验证。在此模式下，只要用户通过了 Windows 平台的身份验证，就可以成功连接到 SQL Server 服务器。

2. SQL Server 和 Windows 混合验证模式

在此种模式下，允许以 SQL Server 身份验证或 Windows 身份验证模式来进行验证。用哪个模式取决于在最初的通信时使用的网络库。如果一个用户使用 TCP/IP Soctets 进行登录验证，则使用 SQL Server 身份验证模式；如果用户使用命名管道，则登录时将使用 Windows 验证模式。

9.2.2 配置登录验证模式

在安装 SQL Server 2012 时就可以选择登录验证模式，安装后也可以通过 SSMS 重新选择登录验证模式，具体步骤如下。

(1) 右击要设置登录验证模式的服务器，在弹出的快捷菜单中选择【属性】选项。

(2) 在服务器属性窗口中，选择【安全性】选项页，在服务器身份验证项中选择“Windows 身份验证模式”或“SQL Server 和 Windows 身份验证模式”，界面如图 9.1 所示。

配置改变后，用户必须停止并重新启动 SQL Server 服务，修改的设置才会生效。

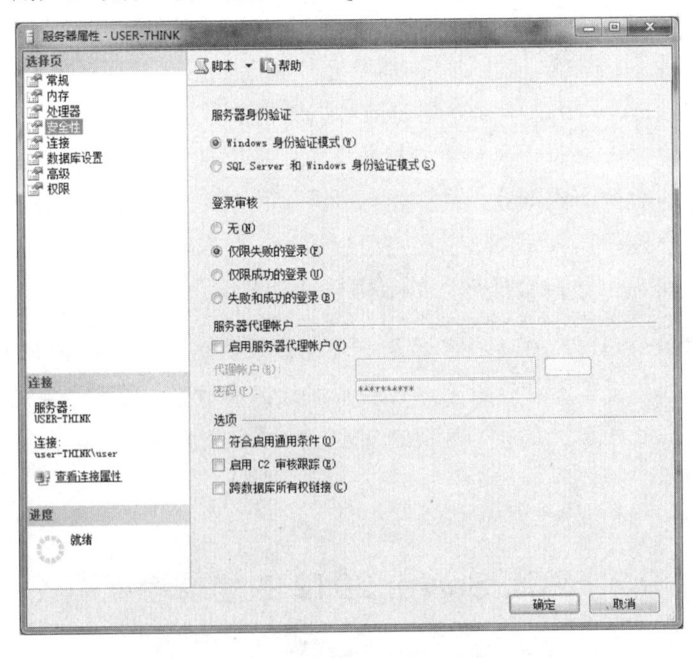

图 9.1 配置服务器身份验证模式选择页

想一想：

在 SQL Server 2012 中，如果我们配置的身份验证模式是“Windows 身份验证模式”，如果再使用标准 SQL Server 登录名与服务器建立连接时，能成功吗？如果不成功该怎么做？

9.3　登录名管理

9.2 节讨论了登录名的作用与用途，本节来讨论登录名的查看、创建、修改与删除的方法。

9.3.1　查看和创建登录名

1．查看服务器登录名

在 SSMS 中可以很方便地查看当前数据库服务器中的登录名，包括与 Windows 集成的登录名和 SQL Server 登录名，具体步骤如下。

(1) 在对象资源管理器中，展开要查看登录名的【服务器 USER-THINK】节点。

(2) 执行【服务器 USER-THINK】|【安全性】命令。

(3) 执行【安全性】|【登录名】命令。

在右侧的查询窗口中即可显示服务器中所有的登录名，内容包括从 Windows 映射的账户和 SQL Server 账户，每个账户信息占一行，包括账户名和创建日期两项内容，如图 9.2 所示。

图 9.2　查看服务器登录名窗口

2．新建服务器登录名

新建服务器登录名，包括新建 SQL Server 标准登录名和将 Windows 用户名映射为 SQL Server 登录名两项功能。前者需要用户提供新账户信息创建只属于 SQL Server 的登录名，后者是将已存在的 Windows 用户名映射成 SQL Server 的登录名。新建登录名可以通过执行 T-SQL 语句或在 SSMS 中完成。

提示： 启动 Windows 时，提示输入的用户名就是此处介绍的“Windows 用户名”，要想使一个 Windows 用户名变成一个可信的 SQL Server 登录名，需要进行二者之间的映射，方法请参见下文。

1) 在 SSMS 中创建登录名

(1) 新建 SQL Server 标准登录名。

在图 9.2 中，右击【登录名】或已经创建好的任意一个登录名，在弹出的快捷菜单中选择【新建登录名...】选项，则打开新建登录名窗口，在该窗口中的【常规】选择页中输入登录名，选择“SQL Server 身份验证”，输入“密码”和“确认密码”，选择“默认数据库”和“默认语言”即可，界面如图 9.3 所示。

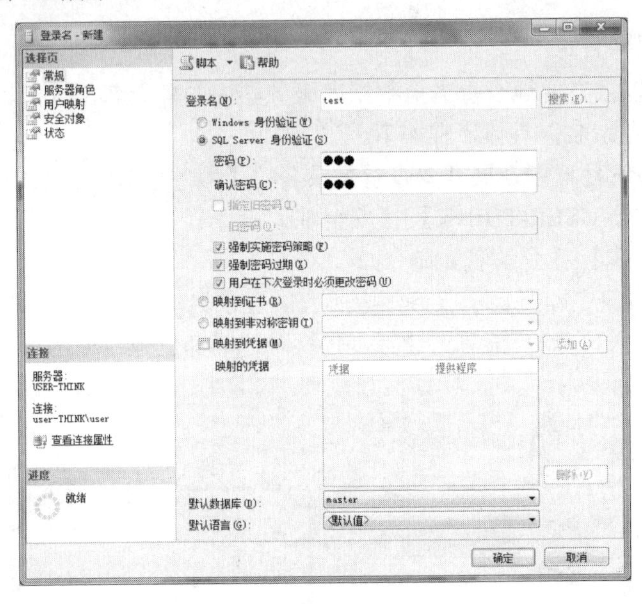

图 9.3　创建服务器登录名窗口

提示：① 密码与确认密码输入须相同。

② 默认数据库是指登录成功后所连接的数据库，默认语言为简体中文。

(2) 把 Windows 用户名映射为 SQL Server 登录名。

在图 9.3 中，选择 Windows 身份验证，并单击【搜索】按钮，即打开【选择用户或组】对话框，如图 9.4 所示。选择 Windows 用户名后，单击【确定】按钮，将该用户名添加为 Windows 身份登录。即通过此种方式可以实现 Windows 用户名与 SQL Server 登录名之间的映射。

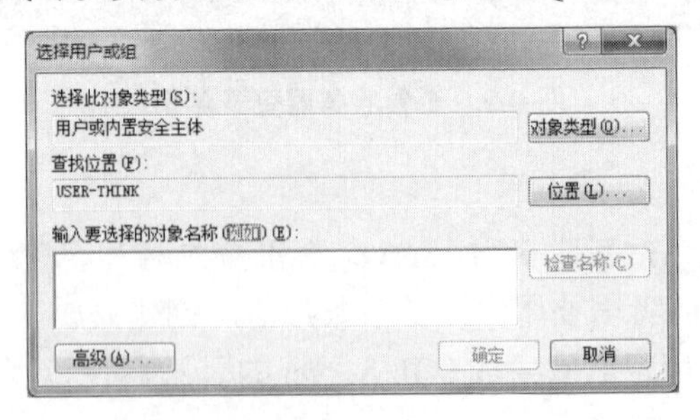

图 9.4　【选择用户或组】对话框

2) 使用 T-SQL 语句新建登录名

语法格式为:

```
CREATE LOGIN <登录名>{ WITH <选项表> | FROM WINDOWS
WITH <windows 选项> }
```

说明：

(1) 登录名：指定创建的登录名。

提示：如果要把 Windows 用户名映射为 SQL Server 登录名，则登录名必须用方括号“[]”括起来，且该用户名在 Windows 中必须存在。

(2) 选项表：选项主要有下列几项。

① PASSWORD = 'password'：指定登录名密码。

② DEFAULT_DATABASE = database ：指定登录名的默认数据库。

③ DEFAULT_LANGUAGE = language：指定登录名的默认语言。

(3) FROM WINDOWS：指定映射 Windows 登录名。

(4) WITH <windows 选项 >：指定 Windows 登录名选项，包括：

① DEFAULT_DATABASE = database ：指定登录名的默认数据库。

② DEFAULT_LANGUAGE = language：指定登录名的默认语言

【例 9-1】 创建带密码的 SQL Server 登录名。

```
USE student_course_teacher
CREATE LOGIN student WITH PASSWORD = '12345678'
GO
```

该命令创建了 SQL Server 登录名为 student，密码为 12345678。

提示：此命令未指定默认数据库及默认语言，两者会自动从系统获取。

【例 9-2】 从 Windows 域账户创建登录名。

```
USE student_course_teacher
CREATE LOGIN [ZYWORKS\MY] FROM WINDOWS
```

该命令将把 Windows 用户名 ZYWORKS\MY 映射为 SQL Server 登录名。

提示：使用命令创建 SQL Server 标准用户名时，登录名必须符合标识名的命名规则。如果映射 Windows 用户名，则用户名或工作组名前必须指定所属域名，并且是事先已经创建好的；如果是工作组名，则该工作组的所有成员都会成为 SQL Server 的合法登录名。

9.3.2　修改和删除登录名

已创建的登录名可以进行修改和删除。修改和删除登录名同样可以通过执行 T-SQL 语句或 SSMS 完成。

1．修改登录名

1) 使用 ALTER LOGIN 语句修改登录名

基本语法格式：

```
ALTER LOGIN <登录名>
{<状态选项> | WITH <设置选项> [ ,... ]}
```

说明：

(1) 登录名：指定要修改的登录名。

(2) <状态选项>位置可以是 ENABLE | DISABLE，用来启用或禁用此登录名。

(3) WITH <设置选项>：用来设置登录名选项，主要有下列几项。

```
PASSWORD = '口令'
DEFAULT_DATABASE = <数据库名>：指定登录名的默认数据库。
DEFAULT_LANGUAGE = <语言名>：指定登录名的默认语言。
NAME =<登录名>：对登录名重命名，指定登录名的新名称。
```

【例 9-3】 禁用登录名。

```
USE student_course_teacher
ALTER LOGIN student DISABLE
GO
```

该命令将禁用登录名 student。

提示：登录名被禁用时，登录名还存在，只是不能使用了，可以使用 ENABLE 启用登录名。

【例 9-4】 更改登录密码。

```
USE student_course_teacher
ALTER LOGIN student WITH PASSWORD = 'abcdefg';
GO
```

该命令将 student 登录密码更改为 abcdefg。

【例 9-5】 更改登录名称。

```
USE student_course_teacher
ALTER LOGIN student WITH NAME =teacher;
GO
```

该命令将 student 登录名称更改为 teacher。

提示：在 SQL Server 2012 之前的版本中，使用系统存储过程 sp_defaultdb 修改登录名的默认数据库，使用系统存储过程 sp_defaultlanguage 修改登录名的默认语言，使用系统存储过程 sp_password 修改登录名的密码。

2) 在 SSMS 中修改

在 SSMS 中修改 SQL Server 登录名的属性，与新建登录名类似，在图 9.2 中，右击要修改的登录名，在弹出的快捷菜单中选择【属性】选项，则打开【登录属性】窗口，如图 9.5 所示。在该窗口中可以修改登录名的属性设置。

2. 删除登录名

对于不使用的登录名，建议要及时删除，以避免产生非法的操作。删除登录名也有使用 T-SQL 语句和在 SSMS 中删除两种方法。

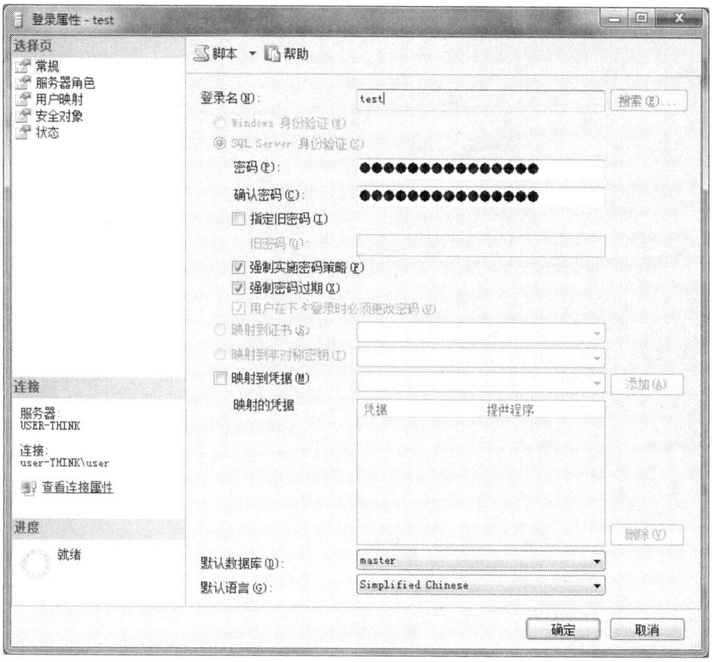

图 9.5 【登录属性】窗口

1) 使用 DROP LOGIN 语句删除登录名

基本语法格式：

```
DROP LOGIN <登录名>
```

说明：

登录名：指定要删除的登录名。

提示： 不能删除正在使用的登录名。

【例 9-6】 删除登录名。

```
USE student_course_teacher
DROP LOGIN student
GO
```

该命令将删除登录名 student。

在 SQL Server 2012 之前的版本中，使用系统存储过程 sp_droplogin 删除 SQL Server 创建的标准登录名，使用系统存储过程 sp_revokelogin 删除 Windows 映射的登录名。

提示： 删除 Windows 映射的登录名时，只是删除了 Windows 用户名到 SQL Server 登录名的映射，Windows 中这个用户并没有被真正删除，只是不能再以这个用户与 SQL Server 建立连接。

2) 在 SSMS 中删除

在 SSMS 中删除登录名与新建和修改登录名相似，在图 9.2 查看登录名的窗口中，右击要删除的登录名，在弹出的快捷菜单中选择【删除】项，则打开删除对象窗口，在该窗口中显示了要删除的对象，单击【确定】按钮即可完成删除，如图 9.6 所示。

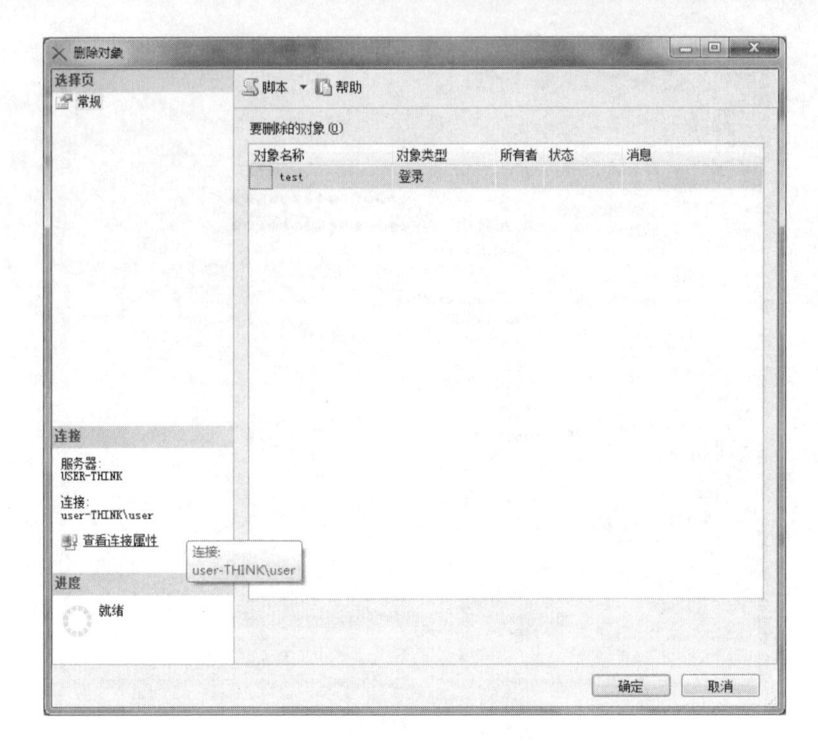

图 9.6 【删除对象】窗口

9.4 数据库用户管理

有了合法的登录名，即可与 SQL Server 服务器建立可信连接，但此时只取得了服务器的连接权限。要访问数据库，还必须是数据库的合法用户。每个数据库都可以有若干个合法的用户，可以由用户创建，也可以由系统自动创建。数据库在创建时会自动创建两个默认用户：一个是 DBO(DATABASE OWNER)，DBO 是数据库拥有者，其拥有数据库的最高权限；另外一个是 GUEST，在数据库中没有其他用户的时候，可以通过 GUEST 用户的权限访问数据库。GUEST 用户不能删除，但可以在数据库中执行 REVOKE CONNECT FROM GUEST 来撤销该用户的连接权限，从而禁用该用户；也可以通过授予 GUEST 用户 CONNECT 权限来启用该用户，如：GRANT CONNECT TO GUEST。一般情况下要禁用 GUEST 用户，否则容易成为数据库系统的安全隐患。

9.4.1 查看和创建数据库用户

1. 查看数据库用户

在 SSMS 中可以查看数据库的当前用户，包括默认的数据库用户和由用户创建的数据库用户，具体步骤如下。

(1) 在对象资源管理器中，展开要查看其登录名的【服务器】节点。

(2) 展开【服务器】下层的【数据库】节点，展开要查看其用户的数据库，如 Student_Course_Teacher。

(3) 展开【Student_Course_Teacher】|【安全性】节点。

(4) 单击【安全性】|【用户】。

在右侧的查询窗口中显示所查看的数据库中的所有用户，内容包括 SQL Server 默认用户和数据库管理员创建的用户，如图 9.7 所示。

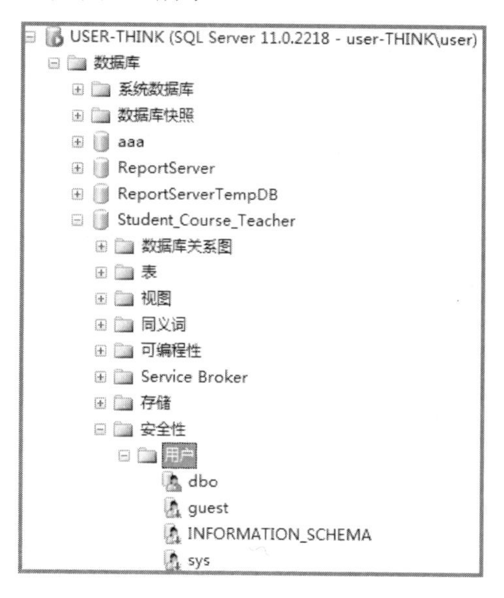

图 9.7　查看数据库用户窗口

提示： 除了 DBO 和 GUEST 两个默认用户外，在数据库用户目录中还有两个实体：INFORMATION_SCHEMA 和 SYS，这两个实体是 SQL Server 系统所必需的，用户不能修改或删除它们。

2. 创建数据库用户

创建数据库用户就是在当前数据库中创建新的用户，并授予他们访问数据库的权限。新建数据库用户可以通过执行 T-SQL 语句或在 SSMS 中完成。

(1) 使用 T-SQL 语句创建数据库用户的语法格式为：

```
CREATE USER <用户名> [ FOR LOGIN <登录名>]
[ WITH DEFAULT_SCHEMA =<架构名> ]
```

说明：

① 用户名：指定在此数据库中用于识别该用户的名称。

② FOR LOGIN <登录名>：指定要创建数据库用户的 SQL Server 登录名。登录名必须是服务器中有效的登录名。当此 SQL Server 登录名进入数据库时，它将获取正在创建的数据库用户的名称和 ID。如果缺省 FOR LOGIN，则新的数据库用户将被映射到同名的 SQL Server 登录名。

③ WITH DEFAULT_SCHEMA = <架构名>：指定此数据库用户的默认架构，为该用户所创建对象都属于这一架构。如果未定义 DEFAULT_SCHEMA，则数据库用户将使用 DBO 作为默认架构。

提示： 关于架构、角色与用户的含义及关系请参照本章最后的背景材料。

【例 9-7】 创建登录名及数据库用户。

```
CREATE LOGIN user1
WITH PASSWORD = 'mcy';
USE student_course_teacher
CREATE USER user1;
GO
```

创建名为 user1 且具有密码 mxf 的服务器登录名，然后在数据库 student_course_teacher 中创建对应的数据库用户 user1。

提示：在例 9-7 中创建用户的命令未指定与该用户关联的登录名，系统将取与用户名相同的登录名与之关联，所以这个用户将与新创建的登录名 user1 关联。

【例 9-8】 创建具有默认架构的数据库用户。

```
CREATE LOGIN login1
WITH PASSWORD = 'mcy';
USE student_course_teacher
CREATE USER user2 FOR LOGIN login1
WITH DEFAULT_SCHEMA = db_owner
```

首先创建名为 login1 且具有密码的服务器登录名，然后在数据库 student_course_teacher 中创建具有默认架构 db_owner 的对应数据库用户 user2。

(2) 在 SSMS 中创建数据库用户步骤如下。

在图 9.7 查看数据库用户的窗口中，右击【用户】或已经创建好的任意一个用户，在弹出的快捷菜单中选择【新建用户】选项，则打开新建数据库用户窗口，在该窗口中的【常规】选项页中输入所需内容，主要包括用户名、登录名及默认架构等，如图 9.8 所示。

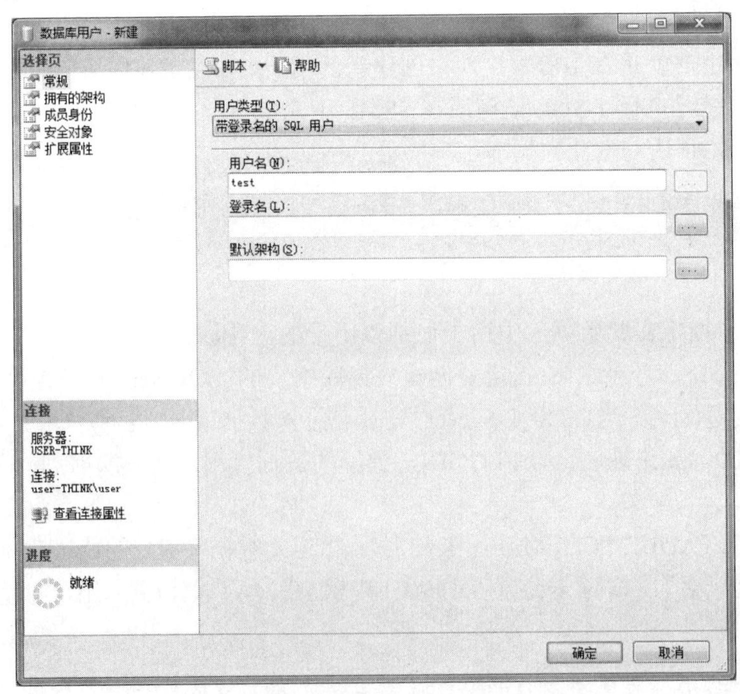

图 9.8 创建数据库用户窗口

说明：

① 用户名：输入所创建的用户名。

② 登录名：为所创建的新用户，从列表中选择一个映射到它的登录名。单击右侧的按钮可打开选择登录名对话框，界面如图 9.9 所示。

③ 默认架构：为所创建的用户指定默认架构。

④ 拥有的架构：选择此用户拥有的架构。一个架构只能由一个用户拥有，但一个用户可以拥有一个或几个架构。

⑤ 成员身份：在【成员身份】选项页中，可以从所有可用的数据库角色列表中为用户选择数据库角色成员身份。

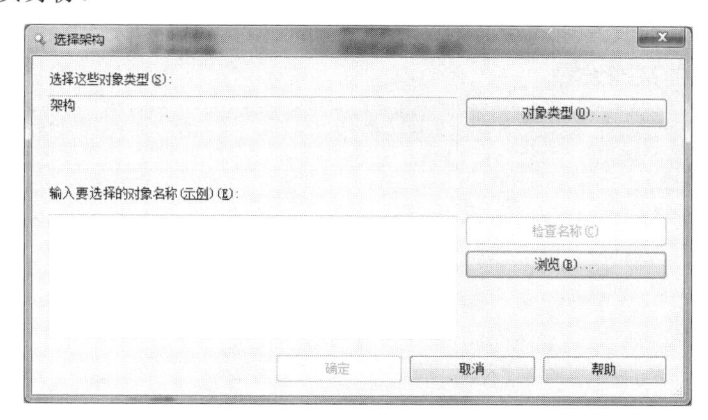

图 9.9　选择登录名对话框

全部内容输入完成后，单击【确定】按钮即可创建一个新的数据库用户。

9.4.2　修改和删除数据库用户

创建好的数据库用户也可以进行修改和删除。修改和删除数据库用户同样可以通过 T-SQL 语句或 SSMS 完成。

1. 修改数据库用户

1) 使用 ALTER USER 语句修改数据库用户

基本语法格式：

```
ALTER USER  <用户名> WITH NAME =<新用户名>
|DEFAULT_SCHEMA =<架构名>
```

其中：

(1) 用户名：指定在此数据库中要修改的用户的名称。

(2) NAME = <新用户名>：指定此用户的新名称。新名称不能是已存在于当前数据库中的用户名。

(3) DEFAULT_SCHEMA = <架构名>：指定此用户的默认架构。

【例 9-9】　更改数据库用户的名称。

```
USE student_course_teacher
ALTER USER user1 WITH NAME = abc
GO
```

将数据库用户 user1 的名称更改为 abc。

【例 9-10】 更改数据库用户的默认架构。

```
USE student_course_teacher
ALTER USER user1 WITH DEFAULT_SCHEMA = aaa
GO
```

将数据库用户 user1 的默认架构更改为 aaa。

2) 在 SSMS 中修改

在 SSMS 中修改数据库用户，与新建数据库用户相似，在图 9.7 查看数据库用户的窗口中，右击要修改的数据库用户，在弹出的快捷菜单中选择【属性】选项，则打开数据库用户属性窗口，此窗口的内容和含义与新建 SQL Server 登录名窗口是一致的，如图 9.10 所示。在该窗口中可以修改登录名的某些设置。

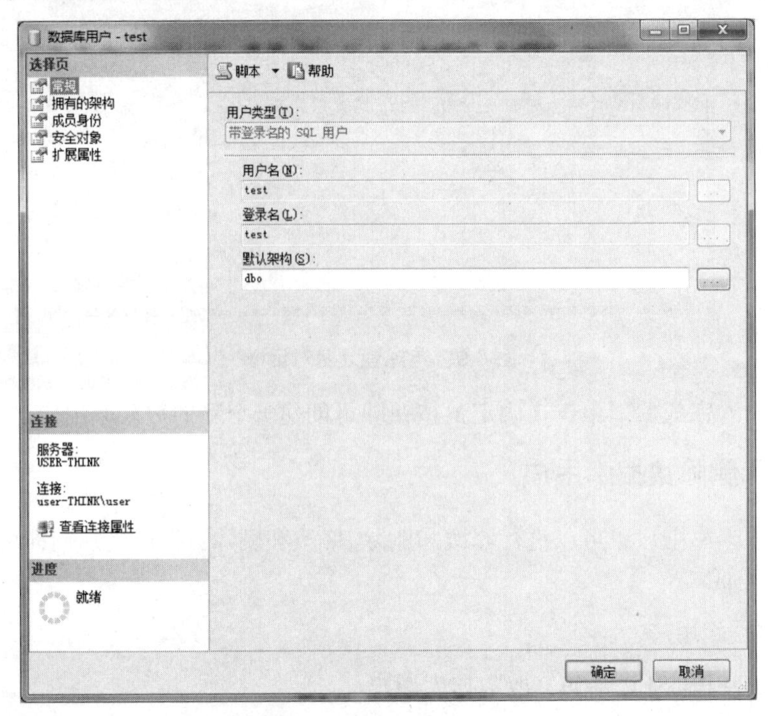

图 9.10 选择登录名窗口

提示：不能在此窗口中修改用户名及登录名。

2. 删除数据库用户

对于不再使用的数据库用户，建议要及时删除，以避免产生非法的操作。删除数据库用户可以使用 T-SQL 语句或 SSMS 去完成。

1) 使用 DROP USER 语句删除数据库用户

基本语法格式：

```
DROP USER <用户名>
```

说明：

用户名：指定要删除的数据库用户名。

【例 9-11】　删除数据库用户 user1。

```
USE student_course_teacher
DROP USER user1
GO
```

提示：在 SQL Server 2012 不能删除 guest 用户，但可在除 master 和 tempdb 之外的任何数据库中禁用 guest 用户，以消除数据库的安全隐患。想一想，为什么启用 guest 用户会使数据库存在安全隐患？

2) 在 SSMS 中删除数据库用户

打开 SSMS，找到数据库 student_course_teacher 用户 test，如图 9.11 所示，然后在 test 用户上右击，并在出现的快捷菜单中单击【删除】命令，即可删除用户 test。

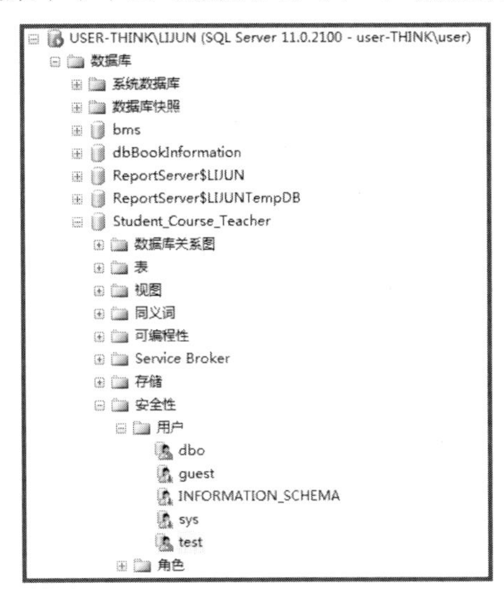

图 9.11　删除数据库用户窗口

9.5　角 色 管 理

为了更高效地管理登录名和数据库用户，在 SQL Server 中使用了角色的概念。所谓角色就是一些已经定义好操作权限的集合，角色的成员自动继承角色所拥有的操作权限。在 SQL Server 中角色分为两种类型：服务器角色和数据库角色。服务器角色的成员是登录名，数据库角色的成员是数据库用户。

提示：在 9.4、9.5 节介绍了登录名与用户名关联完成数据库的访问过程，在这个过程中，登录名的作用是与数据库服务器建立有效的连接，此处引入了服务器角色后，可以实现经登录名授权，即当某一登录名成为某一服务器角色后，当以这个登录名与数据库建立连接以后，将具有这个服务器角色的所有权限。

9.5.1　服务器角色管理

服务器角色是 SQL Server 服务器中定义的一系列用户组，登录名是这些组中的成员。在

SQL Server 中服务器角色是固定的，不可以进行增加或删除，只能对其中的成员进行修改，因此这些服务器角色称为固定服务器角色。

提示：在 SQL Server 2012 中设置服务器角色主要是为了简化对登录名的权限管理，如果没有服务器角色，数据库管理员需要对所有登录名的权限进行逐一地管理。通过设置服务器角色，可以将若干个登录名作为一组归入一个服务器角色，对该服务器角色的权限进行统一设置后，角色中的所有登录名就都自动拥有了角色所规定的权限。

1. 查看固定服务器角色

固定服务器角色共有 8 个，见表 9-1。

表 9-1 服务器角色

固定服务器角色	权 限
bulkadmin	有执行 BULK INSERT 语句权限
dbcreator	有执行 CREATE DATABASE 语句的权限
diskadmin	此角色的成员管理数据库的磁盘文件
processadmin	可以改变连接，终止 SQL Server 实例中运行的进程
securityadmin	管理登录名及权限
serveradmin	可以更改服务器范围的配置选项和关闭服务器
setupadmin	可以添加和删除服务器，并且也可以执行某些系统存储过程
sysadmin	可以在服务器中执行任何活动。默认情况下，Windows BUILTIN\Administrators 组(本地管理员组)的所有成员和 sa 账户被映射为系统管理员角色的成员

在 SSMS 中可以查看固定服务器角色，具体步骤如下。

(1) 在对象资源管理器中，展开要查看其登录名的【服务器 USER-THINK】节点。

(2) 展开【服务器 USER-THINK】|【安全性】节点。

(3) 单击【安全性】|【服务器角色】。在右侧的查询窗口中显示所查看的服务器中所有的固定服务器角色，每个角色占一行，如图 9.12 所示。

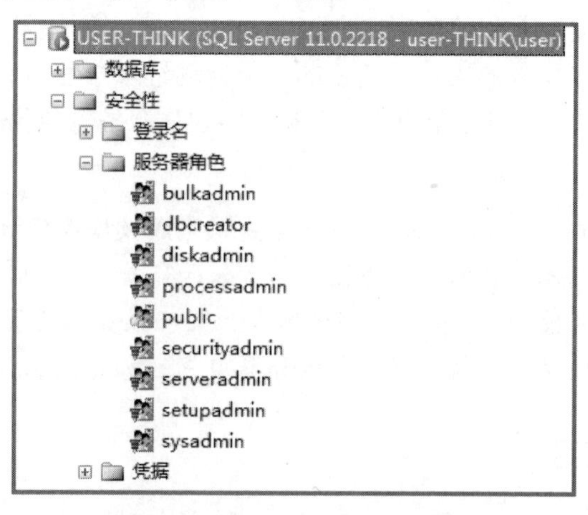

图 9.12 查看服务器角色窗口

2. 管理固定服务器角色的成员

SQL Server 提供了一系列的系统存储过程来管理服务器角色的成员，包括为角色添加成员、删除成员等。

1) 向服务器角色添加成员

基本语法格式如下：

```
sp_addsrvrolemember [ @loginame= ] '登录名', [ @rolename = ] '角色名'
```

其中：

[@loginame =] '登录名': 添加到固定服务器角色中的登录名。loginame 可以是 SQL Server 登录名或 Windows 登录名。

[@rolename =] '角色名'：要添加登录的固定服务器角色的名称。rolename 必须为 8 个固定服务器角色之一。在将登录添加到固定服务器角色时，该登录将得到与此角色相关的权限。

提示：此语句的登录名和角色名都需要用单引号引起来!

2) 删除服务器角色成员

基本语法格式如下：

```
sp_dropsrvrolemember [ @loginame = ] '登录名' , [ @rolename = ] '角色名'
```

其中：

[@loginame =] '登录名'：将要从固定服务器角色删除的登录名称。

[@rolename =] '角色名'：服务器角色的名称。

3. 在 SSMS 中管理固定服务器角色的成员

在 SSMS 中管理服务器角色的成员，在图 9.12 查看服务器角色窗口中，右击要查看的服务器角色，在弹出的快捷菜单中选择【属性】选项，则打开服务器角色属性窗口，如图 9.13 所示。

图 9.13　服务器角色属性窗口

在此窗口中列出了该服务器角色的所有成员，单击【添加】按钮可以向该角色添加成员，首先选择添加为其成员的登录名，如图 9.14 所示。

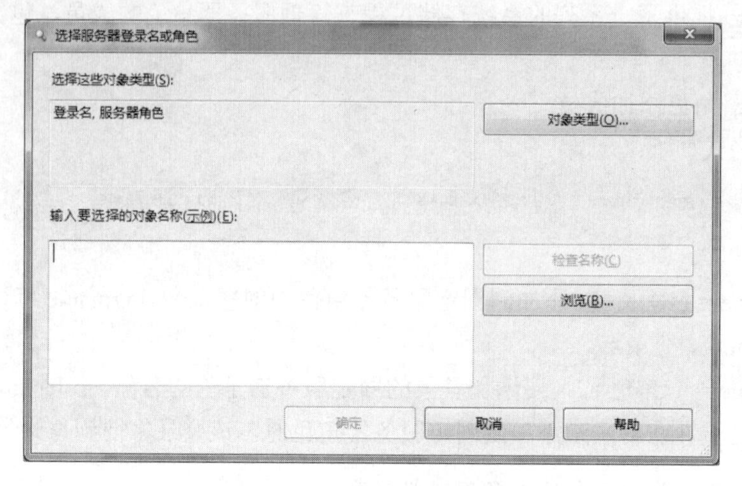

图 9.14 【选择服务器登录名或角色】对话框

在选择登录名窗口中，单击【浏览】按钮可以显示所有的登录名由用户选择，如图 9.15 所示。

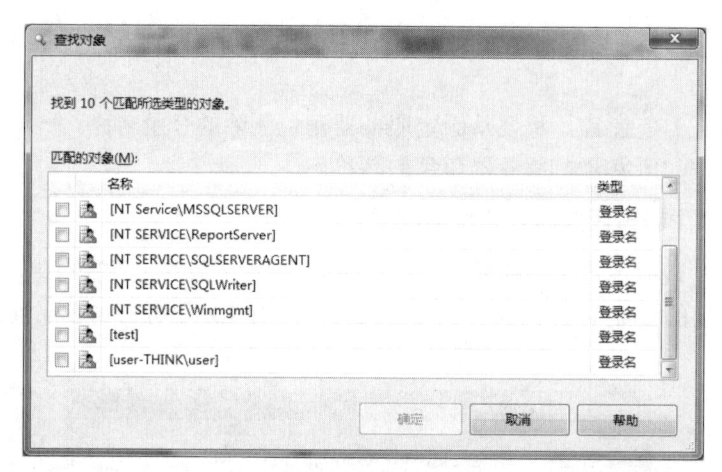

图 9.15 【查找对象】对话框

练一练：

上机练习管理服务器角色的成员。

在图 9.13 中单击服务器属性窗口中的【删除】按钮可以删除选定的服务器角色的成员。

9.5.2 数据库角色管理

数据库角色是 SQL Server 数据库中定义的一系列用户组，数据库用户是这些组中的成员。在 SQL Server 中数据库角色分为两种类型：一是固定数据库角色，二是自定义数据库角色。

提示： 在 SQL Server 2012 中设置服务器角色主要是为了简化对登录名的权限管理，而设置数据库角色主要是为了简化对数据库用户的权限管理。与服务器角色类似，通过设置数据库角色，可以将若干个数据库用户作为一组归入一个数据库角色，对该数据库角色的权限进行统一设置后，角色中的所有用户就都自动拥有了角色所规定的权限。比如：在数据库 Student_Course_Teacher 中，在将计算机系 30 名教师的用户名设置属于某一角色后，角色的权限就规定了这 30 名教师可以对数据库实施的操作。

1．固定数据库角色

固定数据库角色是在数据库系统预先定义的，并且存在于每个数据库中。固定数据库角色不能被添加、修改或删除。

固定数据库角色见表 9-2。

表 9-2　数据库角色

数据库角色名称	权　　限
db_accessadmin	可以为 Windows 登录名、Windows 组和 SQL Server 登录名添加或删除访问权限
db_backupoperator	可以备份该数据库
db_datareader	可以读取所有用户表中的所有数据
db_datawriter	可以在所有用户表中添加、删除或更改数据
db_ddladmin	可以在数据库中运行任何数据定义语言(DDL)命令
db_denydatareader	不能读取数据库内用户表中的任何数据
db_denydatawriter	不能添加、修改或删除数据库内用户表中的任何数据
db_owner	可以执行数据库的所有配置和维护活动
db_securityadmin	可以修改角色成员身份和管理权限
public	维持所有的默认权限。默认情况下，每个新添加的数据库用户都属于 public 数据库角色

在 SSMS 中可以很方便地查看数据库角色，包括固定数据库角色和由用户创建的数据库角色，具体步骤如下。

(1) 在对象资源管理器中，展开要查看其登录名的【服务器 USER-THINK】节点。

(2) 展开【服务器 USER-THINK】|【数据库】节点，展开要查看其用户的数据库 Student_Course_Teacher。

(3) 展开【Student_Course_Teacher】|【安全性】节点。

(4) 单击【安全性】|【角色】，在右侧的查询窗口中显示所查看的数据库角色，每个角色信息占一行，包括角色名、所有者和创建时间三项内容，界面如图 9.16 所示。

练一练：

上机查看数据库角色。

2．管理自定义数据库角色

很多时候，固定的数据库角色并不能满足需要，用户的权限并不总是能映射到一个固定的数据库角色。比如：数据库管理员要给一些用户设置相同的权限，但他没有管理 Windows NT 用户组的权限，不能将这些用户组织在一个 Windows NT 用户组中，这时可以通过自定义数据库角色统一管理这些用户的权限。

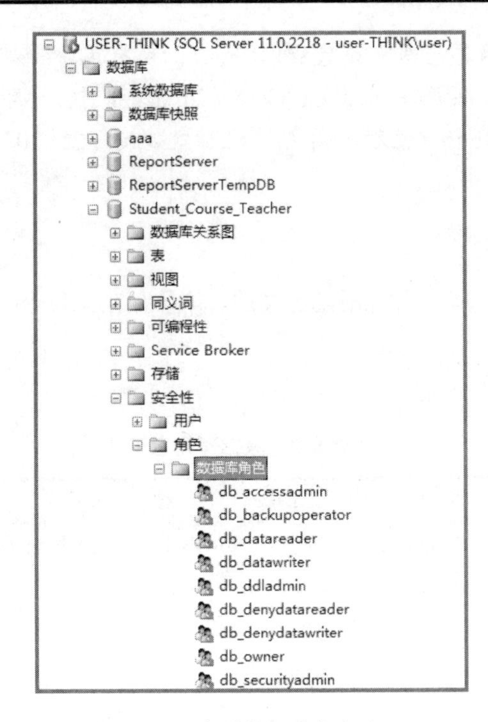

图 9.16　查看数据库角色窗口

1) 创建自定义数据库角色

在 SSMS 中创建自定义数据库角色步骤如下。

在图 9.16 查看数据库角色窗口中，右击【角色】或已经存在的任意一个角色，在弹出的快捷菜单中选择【新建数据库角色...】选项，则打开新建数据库角色窗口，在该窗口中的【常规】选择页中输入所需内容，主要包括角色名称、所有者、此角色拥有的架构，此角色的成员等，如图 9.17 所示，在此窗口中单击添加按钮可以直接向所创建的数据库角色添加成员。

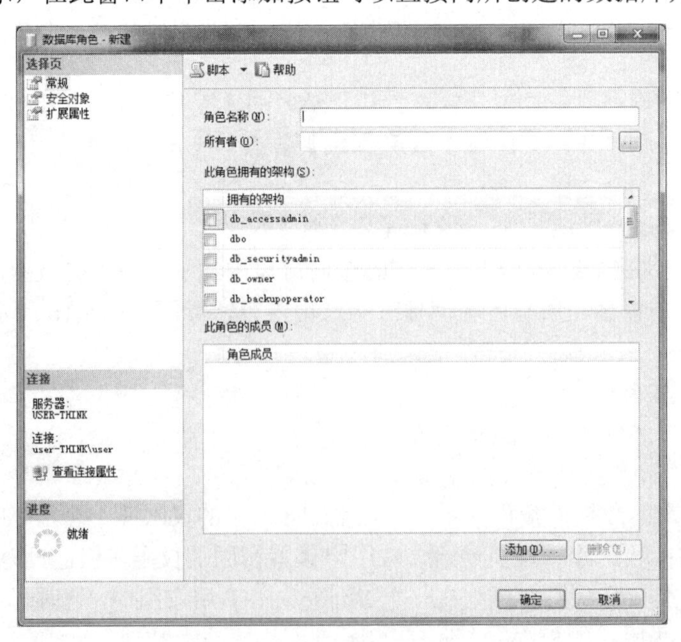

图 9.17　新建数据库角色窗口

新建数据库角色也可以通过执行系统存储过程 SP_ADDROLE 来实现。例如：要在 Student_Course_Teacher 数据库中添加新角色 ROLE1，可以使用如下代码：

```
USE student_course_teacher
EXEC SP_ADDROLE 'ROLE1'
```

2) 删除自定义数据库角色

在 SSMS 中删除自定义数据库角色步骤如下。

在图 9.16 查看数据库角色窗口中，右击需要删除的数据库角色，在弹出的快捷菜单中选择【删除】选项，则打开删除对象窗口，单击【确定】按钮即可删除，如图 9.18 所示。

删除数据库角色也可以通过执行系统存储过程 SP_DROPROLE 来实现。但不能删除一个有成员的数据库角色，在删除这样的角色之前，应先删除它的成员。

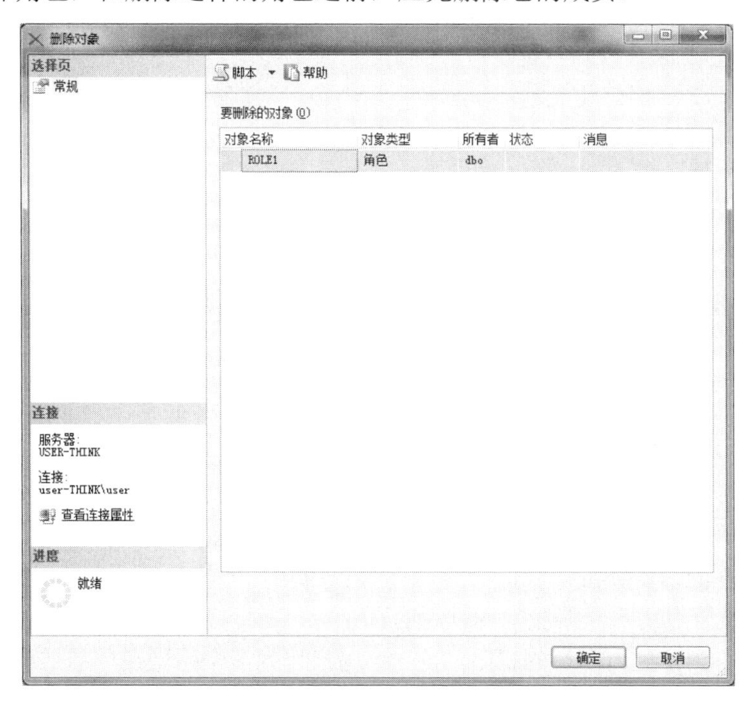

图 9.18　删除数据库角色窗口

3. 管理数据库角色的成员

对于已存在的数据库角色(包括固定数据库角色和自定义数据库角色)，可以随时向其中添加成员或删除该角色的成员。

在 SSMS 中增删数据库角色成员的步骤如下。

在图 9.16 查看数据库角色窗口中，右击要增删成员的数据库角色，在弹出的快捷菜单中选择【属性】选项，则打开【数据库角色属性】窗口，界面如图 9.19 所示。

在该窗口中单击【添加】按钮可以向该角色添加成员，单击【删除】按钮可以从该角色中删除选中的成员。

练一练：

上机练习管理数据库角色的成员。

添加角色成员也可以使用系统存储过程 SP_ADDROLEMEMBER 来完成，而删除角色成员可以使用系统存储过程 SP_DROPROLEMEMBER。

图 9.19 【数据库角色属性】窗口

9.6 访问许可管理

成为数据库的用户并不意味着可以对数据库进行任何操作，数据库用户要对数据库进行操作还要获得数据库的访问许可即获得权限，它用来控制用户可以对数据库中的哪些对象实施怎样的操作。一个数据库用户获得权限的途径有两个：一是直接分配到权限，另一个是作为一个角色的成员间接得到角色所拥有的权限。当一个用户作为多个不同角色的成员时，他可以从每个角色获得权限。

9.6.1 访问许可概述

用户的访问权限是通过授予获得的，在给用户授权时涉及安全对象、主体及权限 3 个主要概念。除此之外 SQL Server 2012 还显式地使用了架构的概念。

1. 架构

架构是数据库中若干个数据库实体的集合，架构中的每个元素都是一个数据库实体，可以是表、视图、函数、过程等各类数据库对象。

引入架构概念后数据库对象的完全的对象名称包含 4 部分：server.database.schema.object (服务器名.数据库名.架构名.对象名)。

提示： 引入了架构的概念后，数据库中的对象就分别归属于某个架构，而不是某个用户了，用户通过拥有架构间接地使用架构中的数据库对象。

2．安全对象

安全对象是由数据库系统控制对其进行访问的数据库资源的统称。简言之就是数据库用户要访问的、需要 SQL Server 数据库系统进行安全管理和控制的那些资源对象。安全对象主要包含在三大类对象之中：服务器、数据库和架构。

其中服务器对象范围主要包含登录名和服务器中的数据库等，而数据库对象范围主要包含数据库用户、角色、架构等，架构对象范围主要包含表、视图、过程、函数等。

提示：访问控制就是要授予用户对这些安全对象的访问权限。所以安全对象是安全管理的对象，不同的安全对象可授予的权限也不同。

3．主体

主体是进行访问控制时获得权限或被剥夺权限的实体。例如，Windows 登录名就是一个主体。主体主要分为 Windows 级别的主体、SQL Server 级别的主体和数据库级别的主体。

Windows 级别的主体主要是指 Windows 登录名。SQL Server 级别的主体主要是指 SQL Server 登录名。数据库级别的主体主要包括数据库用户、数据库角色、应用程序角色。

想一想：

数据库中的安全对象和主体间有什么关系？

4．权限

每个 SQL Server 2012 安全对象都有可以授予主体的相关权限。权限主要包含两类：一是执行特定功能或语句的权限，二是对特定对象的操作权限。

(1) 执行特定功能或语句的权限主要包括以下几种。

① CONTROL：CONTROL 权就是对安全对象具有所有权限。

② ALTER：授予更改指定安全对象的属性的权限。

③ ALTER ANY <安全对象>：授予创建、更改或删除安全对象的权限。

④ TAKE OWNERSHIP：允许被授权者获取所授予的安全对象的拥有权。

⑤ CREATE <安全对象>：授予被授权者创建安全对象的权限。

(2) 对特定对象的操作权限主要包括以下几种。

① SELECT：查询权，适用于表和列，视图和列等对象。

② UPDATE：修改权，适用于表和列，视图和列等对象。

③ INSERT：插入权，适用于表和列，视图和列等对象。

④ DELETE：删除权，适用于表和列，视图和列等对象。

⑤ EXECUTE：执行权，适用于过程或函数。

⑥ REFERENCES：参照权，适用于表或视图。

⑦ ALTER：修改属性权，适用于表、视图、过程或函数。

提示：对以上这两类权限的管理方法有所不同，在使用时要注意区分。

9.6.2　通过 T-SQL 语句实施访问控制

SQL Server 2012 主要通过三条 T-SQL 语句完成访问控制的，分别是授权(GRANT)、剥夺(REVOKE)和拒绝(DENY)。

1. 使用 GRANT 语句授权

GRANT 语句实现将对某一安全对象的权限授予某个主体的功能。以下是 GRANT 语句基本语法格式，当安全对象不同时此语句的语法格式也不同。

基本语法格式如下：

```
GRANT  ALL  | <权限> [ ( <列名> [ ,...n ] ) ] [ ,...n ]
     [ ON   <安全对象> ] TO <主体> [ ,...n ]
     [ WITH GRANT OPTION ]
```

说明：

(1) ALL：使用 ALL 参数相当于授予关于该安全对象的全部权限。

(2) 权限：指明所授予的权限的名称。

(3) 列名：指定表中将授予其权限的列的名称。需要使用括号“()”将列名括起来。

(4) 安全对象：指定将授予其权限的安全对象。

(5) TO <主体>：指定将被授予权限的主体的名称。

(6) WITH GRANT OPTION：指示被授权者在获得指定权限的同时还可以将指定权限授予其他主体。

【例 9-12】 将对数据库 student_course_teacher 的用户 USER1 的 CONTROL 权限授予用户 ABC。

```
USE student_course_teacher
GRANT CONTROL ON USER1 TO ABC
GO
```

【例 9-13】 授予用户 USER1 在数据库 student_course_teacher 中 CREATE TABLE 的权限。

```
USE student_course_teacher
GRANT CREATE TABLE TO USER1
GO
```

【例 9-14】 授予用户 USER1 对 student_course_teacher 数据库的 CREATE VIEW 权限以及为其他主体授予 CREATE VIEW 的权限。

```
USE student_course_teacher
GRANT CREATE VIEW TO USER1 WITH GRANT OPTION
GO
```

【例 9-15】 授予用户 USER1 对 student_course_teacher 数据库中表 SC 的 SELECT 权限。

```
USE student_course_teacher
GRANT SELECT ON SC TO USER1
GO
```

【例 9-16】 授予名为 RUN1 的应用程序角色对存储过程 DBO.AAA 的 EXECUTE 权限。

```
USE student_course_teacher
GRANT EXECUTE ON DBO.AAA  TO RUN1
GO
```

【例 9-17】 使用 GRANT OPTION 授予用户 USER1 对视图 S1 的 SNO 列的 REFERENCES 权限。

```
USE student_course_teacher
GRANT REFERENCES (SNO) ON S1
    TO USER1 WITH GRANT OPTION
GO
```

2. 使用 REVOKE 语句剥夺权限

REVOKE 语句取消以前授予的权限。某个主体的权限被剥夺后就不拥有这一权限了，当然也不能再进行相应的操作，除非主体是某个组或角色的成员，而这个组或角色拥有相应的权限。

基本语法格式如下：

```
REVOKE [ GRANT OPTION FOR ]
       ALL  | 权限 [ ( 列名 [ ,...n ] ) ] [ ,...n ]
       [ ON 安全对象 ]
       FROM  主体 [ ,...n ]
       [ CASCADE]
```

说明：

REVOKE 语句参数中与 GRANT 语句同名的参数也具有和它相同的意义，其中不同的有以下两点。

GRANT OPTION FOR：指示将撤销授予指定权限的能力。

CASCADE：指示当前正在撤销的权限也将从其他被该主体授权的主体中撤销。使用 CASCADE 参数时，还必须同时指定 GRANT OPTION FOR 参数。

【例 9-18】 剥夺用户 USER1 对 student_course_teacher 数据库中表 SC 的 SELECT 权限。

```
USE student_course_teacher
RECOKE SELECT ON SC FROM USER1
GO
```

【例 9-19】 剥夺名为 RUN1 的应用程序角色对存储过程 DBO.AAA 的 EXECUTE 权限。

```
USE student_course_teacher
REVOKE EXECUTE ON DBO.AAA  FROM RUN1
GO
```

【例 9-20】 使用 CASCADE 剥夺用户 USER1 对视图 S1 的 SNO 列的 REFERENCES 权限。

```
USE student_course_teacher
REVOKE REFERENCES (SNO) ON S1
FROM USER1 CASCADE
```

3. 使用 DENY 语句拒绝权限

拒绝授予主体权限。拒绝权限后不仅主体不能执行相应的操作，主体也不能通过其组或角色成员身份继承权限，即拒绝比剥夺具有更高的级别。

基本语法格式如下：

```
DENY { ALL }
     | <权限>[ (<列名>[ ,...n ] ) ] [ ,...n ]
```

```
    [ ON <安全对象> ] TO <主体> [ ,...n ]
    [ CASCADE] [ AS <主体>]
```

说明：其中各项含义与前两条语句相同。

【例 9-21】 拒绝用户 USER1 对 student_course_teacher 数据库中表 SC 的 SELECT 权限。

```
USE student_course_teacher
DENY SELECT ON SC FROM USER1
GO
```

【例 9-22】 拒绝用户 ABC 对数据库 student_course_teacher 的用户 USER1 的 CONTROL 权限。

```
USE student_course_teacher
DENY CONTROL ON USER1 TO ABC
GO
```

9.6.3 通过 SSMS 实施访问控制

通过 SSMS 实施访问控制有两条途径：一是通过对安全对象进行设置完成，二是通过对主体进行设置完成。

1. 对安全对象进行访问控制

以数据库 student_course_teacher 为例，要对这个数据库进行访问控制，首先在对象资源管理器的目录树中找到该数据库，右击 student_course_teacher，在弹出的快捷菜单中单击【属性】菜单项，打开【数据库属性】窗口。在选择页中选中【权限】，右侧显示了该数据库的用户或角色的名称。在上面窗格中选择一个用户，则在下面的窗格中可以对该用户对数据库的权限进行设置，单击【有效权限】按钮可以查看该用户的有效权限。单击【添加】按钮可以向该数据库增加授予的主体，单击【删除】按钮可以删除该数据库授权的主体，界面如图 9.20 所示。

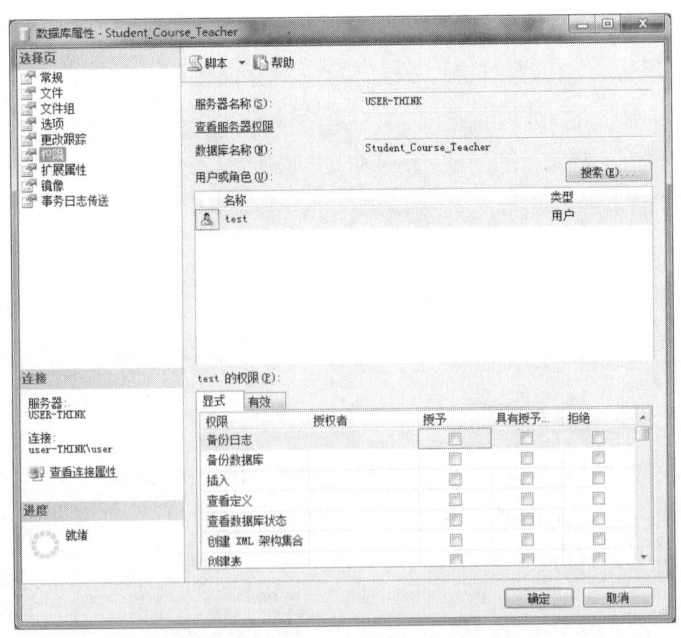

图 9.20 设置数据库用户权限

练一练：

在 SSMS 中练习设置数据库用户权限，对于不同的用户要授予不同的权限。

当然也可以对其他安全对象进行用户授权和权限设置，如图 9.21 所示即通过表 C 的属性对 C 进行用户授权和权限设置。可以看到，当安全对象不同时可以授予的权限也不同。

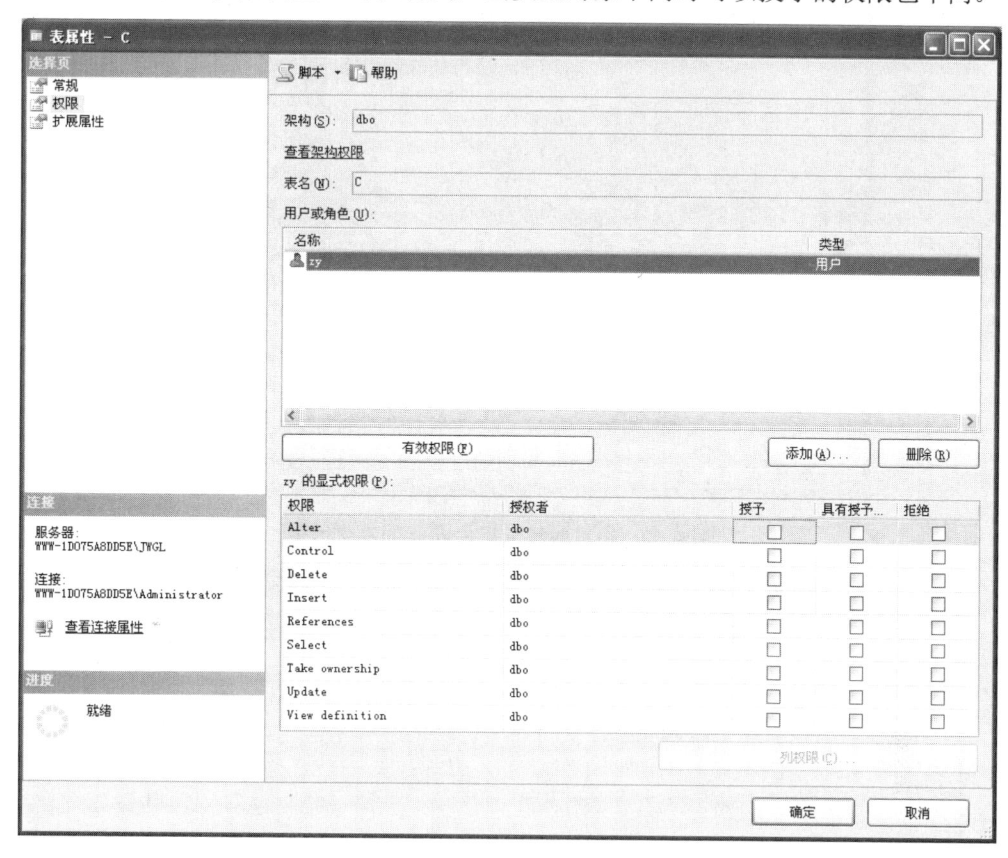

图 9.21　设置表 C 权限

2. 对主体进行权限控制

数据库中不同的主体都可以进行权限控制，以数据库 student_course_teacher 的用户 test 为例，在对象资源管理器的目录树中找到数据库 student_course_teacher 的用户 test，右击 test，在弹出的快捷菜单中单击【属性】菜单项，打开【数据库用户】窗口。在选择页中单击【安全对象】，右侧显示了安全对象窗格。在这一选择页中可以通过单击【添加】按钮为用户 test 添加安全对象，同时可以设置 test 对该安全对象的权限，界面如图 9.22 所示。

也可以为其他主体设置安全对象，图 9.23 所示是对登录名进行安全对象的设置。可以看到，当主体不同时可以授予的安全对象和权限也不同。

练一练：

在 SSMS 中练习设置数据库用户和登录名的安全对象。

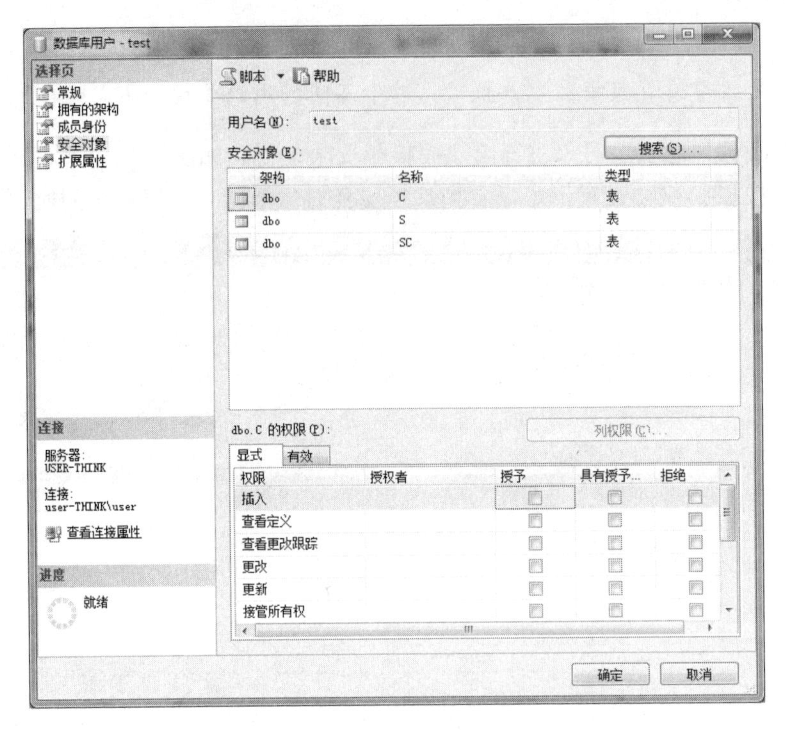

图 9.22　设置数据库用户 test 的安全对象

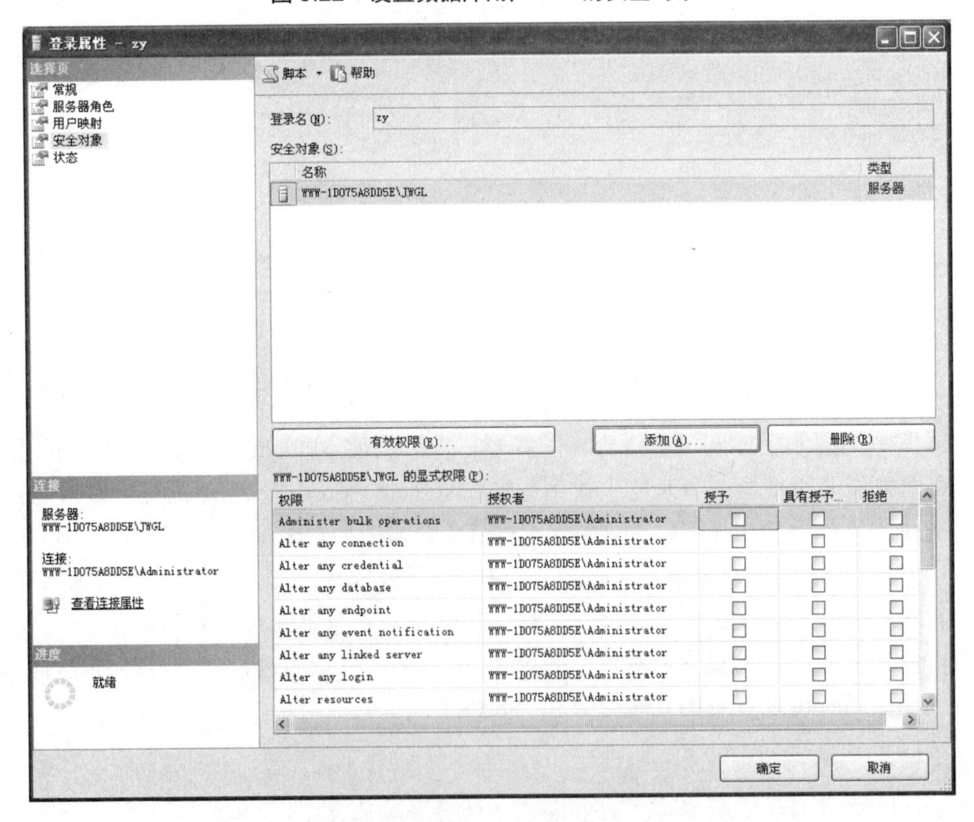

图 9.23　设置登录名 zy 的安全对象

小　　结

本章首先介绍了数据库安全性的概念、SQL Server 2012 的安全机制以及登录验证模式，然后详细讲解了安全管理的 4 个方面：登录名管理、数据库用户管理、角色管理和访问许可管理的概念和方法。每种管理都介绍了使用 T-SQL 语句和在 SSMS 中两种管理手段。

本章的重点是掌握安全管理的 4 个主要环节。登录名是进入 SQL Server 数据库的第一关，理解其概念和类别，掌握创建、修改、删除登录名的两种方法。数据库用户是访问 SQL Server 数据库的第二关，理解数据库用户的概念及其与登录名之间的映射关系，掌握创建数据库用户，修改、删除数据库用户的两种方法。为了方便对登录名和数据库用户的管理，SQL Server 提出了服务器角色和数据库角色和概念。理解角色的概念和作用，掌握新建、修改、删除角色，管理角色成员的方法。访问 SQL Server 数据库的最后一关是访问控制，理解与访问控制有关的概念：架构、主体、安全对象、权限，掌握授予或取消主体对某一安全对象的权限的两种方法。

背 景 材 料

在这部分内容中，我们希望能从实用的角度把 SQL Server 2012 中的数据库对象、架构、用户、登录名和角色这几个复杂概念及它们的关系阐述清楚。

首先，数据库对象是比较容易懂的。在数据库中所有的表、视图、存储过程、触发器都称为数据库对象。

可以拿一个网站来做类比。一个网站包含很多的网页、图片、脚本文件，我们可以称它为网站对象。

显然，我们不可能把所有的网站对象都放到一个文件夹下面，同样道理，如果把数据库看成一个大的容器的话，数据库对象也不可能都杂乱无章地放在数据库里。对于网站，我们通常会把不同模块的文件放在不同的子文件夹下；对于数据库，更小的容器就是架构，架构就相当于网站中的文件夹。

如果我们把数据库服务器想象成一个图书馆，而把其中的数据库想象成一个个图书室，数据库对象看成是一本本书，架构就是图书室中的一个个书架。一个数据库可以有若干个架构，就好比一个图书室可以有多个书架一样，而一个数据库对象只能属于一个架构，就像一本书只能存放于一个书架上一样。数据库的用户就好比图书室的读者，那么读者如何使用图书馆中的图书呢？图书馆的管理员又是如何保证图书不会发生丢失、损坏等问题呢？

在 SQL Server 2012 中主要设置了三道关卡来解决这一问题，第一就是连接权关。在图书馆的入口设置一名管理员，读者想进入图书馆，需要先提供合法的图书证，否则就会被拒之门外。同样道理，想要连接到数据库服务器，需要提供合法的登录名，否则也会被拒绝连接。第二关是访问权关。在每个图书室的入口也设置一名管理员，再次验证读者的合法身份。对于数据库来说，只有拥有合法的数据库用户名才能对数据库进行操作，相当于可以进入图书室了。那么进入图书室的读者就可以使用任何一本书吗？可以在图书室阅读，还是可以借阅呢？这些就是下一步要管理的问题。也就是数据库的第三关：权限关。

进入图书室的不同读者还要根据其不同的身份决定是否可以借阅以及可以借阅哪些书。具体在 SQL Server 2012 中是通过权限设置进行这一管理的，也就是通过权限设置需要规定每个数据库用户可以对哪个数据库对象进行何种操作。

为了简化对数据库对象逐一进行管理，SQL Server 2012 中引入了架构的概念，可以以架构为单位对用户设置权限，就相当于不是规定某一本书的权限，而是规定读者对某个书架的权限，一个读者可以对多个书架拥有权限，而在数据库中就好比一个用户可以拥有多个架构。这就解决了数据库对象太多不容易管理的问题。

如果数据库中的用户很多，一个人进行管理也是很麻烦的事，有没有更高效的方法呢？在 SQL Server 2012 中角色就是解决这一问题的，数据库的众多用户被分配到若干个不同的用户组(即角色)中，而以角色为单位规定其所拥有的架构，就不需要对每个用户进行权限设置了。就相当于将图书馆的读者分为教师、学生、研究生等不同的读者群，然后规定哪个读者群可以对哪几个书架上的书进行使用，这样就不需要对每个人分别规定了。

综上所述，服务器连接权、数据库的访问权、对数据库对象的访问权限是保证数据库中数据安全的三道关卡。为了管理上的方便，架构的概念使得针对每个数据库对象的权限管理变成了以架构为单位的权限管理。角色的概念使得对每个数据库用户的权限管理变成了以角色为单位的权限管理。

习　题

一、填空题

1. SQL Server 2012 数据库的安全管理主要是两级访问权限机制：第一级为__________级的，即要取得__________权；第二级为__________级的，即__________权。

2. 在 SQL Server 2012 中有两类登录名：__________和__________。

3. 在 SQL Server 2012 中可以设置两种不同的登录验证模式：__________模式以及__________模式。

4. 在 SQL Server 2012 中使用__________语句新建登录名，使用__________语句修改登录名，使用__________语句删除登录名。

5. 每个数据库在创建时就会自动创建两个默认用户：__________和__________。

6. 在 SQL Server 2012 中使用__________语句新建数据库用户，使用__________语句修改数据库用户，使用__________语句删除数据库用户。

7. 在 SQL Server 中数据库角色分为两种类型：一是__________，二是__________。

8. SQL Server 2012 主要是通过三条 T-SQL 语句来完成访问控制的，分别是授权__________、剥夺__________和拒绝__________。

9. 安全对象主要包含在三大类对象之中：__________、__________和__________。

二、选择题

1. (　　)不是 SQL Server 2012 中安全机制的内容。

　A．操作系统级　　　　B．数据库服务器级
　C．用户级　　　　　　D．数据库对象级

2. (　　)是系统安装时自动创建的 SQL Server 登录名。

　A．sa　　B．guest　　C．dbo　　D．user

3. SQL Server 2012 的登录账户除了 SQL Server 登录名外，还有(　　)。

A. 数据库登录名　　B. 应用程序登录名
C. Windows 的用户名　　D. 安全账户

4. (　　)不能管理登录名。

A. CREATE LOGIN　　B. ALTER LOGIN
C. DROP LOGIN　　D. UPDATE LOGIN

5. (　　)不是固定服务器角色的成员。

A. dbcreator　　B. diskadmin　　C. processadmin　　D. useradmin

6. (　　)不是固定数据库角色的成员。

A. private　　B. db_owner　　C. db_datareader　　D. db_datawriter

7. (　　)条语句不能实施权限控制。

A. GRANT　　B. CREATE　　C. DENY　　D. REVOKE

8. (　　)是创建数据库时系统自动创建的用户。

A. USER　　B. LOGIN　　C. GUEST　　D. DATABASE

9. (　　)是删除数据库用户的语句。

A. CREATE USER　　B. ALTER USER
C. DROP USER　　D. DELETE USER

三、名词解释

数据库安全性　　登录账户　　权限　　服务器角色
架构　　主体　　安全对象

四、简答题

1. 简述数据库用户的作用及其与服务器登录名的关系。
2. 一个用户取得某种访问权限有几条途径？
3. 假设在 Windows NT 域 dbdomain 中有 user 用户，使用 T-SQL 语句将其添加为 SQL Server 2012 的登录名 dbdomain\user。
4. 对用户权限的剥夺和拒绝有什么不同？
5. 在 SQL Server 2012 中怎样禁用或启用一个登录名？
6. 简述 guest 用户的作用和弊端。一般对其如何处理？

五、实训题

1. 在服务器 USER-THINK 中建立几个不同的服务器登录名，为登录名指定不同的服务器角色。
2. 把登录名映射为数据库 student_course_teacher 的用户。
3. 在数据库 student_course_teacher 中创建数据库角色。
4. 对数据库用户及登录名授予不同的权限。
5. 对数据库中的表及其他数据库对象设置权限。

第10章 SQL Server数据库程序开发

教学目标

本章首先介绍通过应用程序访问数据库的方法，接下来介绍以.NET 平台上 SQL Server 2012 数据库程序的开发。

教学要求

知 识 要 点	能 力 要 求	相 关 知 识
数据库访问过程	掌握数据库访问过程及技术	接口、了解 ODBC、ADO、ADO.NET 等访问数据库的技术
在.NET 中使用 ADO.NET 访问数据库	掌握 ADO.NET 技术的使用方法	ADO.NET 的 5 个对象的使用方法及应用
在 VB6.0 中使用 ODBC 访问数据库	掌握 ODBC 技术及其在 VB6.0 中的使用方法	ODBC 数据源的建立方法、Adodc 控件、DataGrid 控件的使用方法及应用

导读

在银行中，每一位储户的账户信息均存储于银行的数据库中，当存取款后，都会通过客户端程序(营业员操作的软件)修改数据库中对应的账户信息，那么，这个过程是怎么实现的呢？

在本章中，首先介绍通过应用程序访问数据库中数据的过程及方法，接下来介绍如何利用这些技术访问 SQL Server 2012 数据库中的数据。本章重点在于掌握访问数据库中数据的方法。

10.1 数据库访问

通过前面的学习，我们知道通过 SSMS 或 T-SQL 语句可以对数据库中的数据实现增删查改。那么如何通过应用程序访问数据库中数据呢？

10.1.1 数据库访问过程

通过第 9 章的学习我们知道要访问数据库中的数据，需要把合法的登录名与合法的用户名关联起来才可以实现。同样道理，应用程序要想访问数据库中的数据也需要通过同样的验证。为了完成这个任务，应用程序需要通过“接口”这个工具与数据库之间建立有效的连接，从而访问数据库中的数据，如图 10.1 所示。

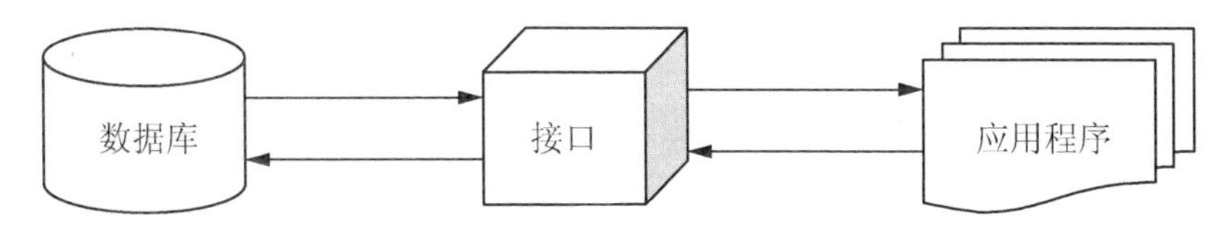

图 10.1 应用程序访问数据库的过程

提示： 什么是接口呢？现在有两条粗细不同的水管，要想两条水管能连通，就需要一个接头，也正是因为这两个接头使得两条水管贯通。同样道理，“应用程序”与“数据库”中的接口就相当于这样一个“接头”，它可以让数据在应用程序与数据库之间流动，即通过接口可以实现应用程序与数据库的通信。

10.1.2 数据库访问技术

随着计算机技术的不断发展和计算机应用的普及，应用程序中所使用的数据库访问方式(图 10.1 中的接口)也在不断发展，现在常用的技术包括 ODBC、JDBC、ADO 和 ADO.NET。

1. ODBC

ODBC(Open Database Connectivity，开放数据库互连)是微软公司开放服务结构(WOSA，Windows Open Services Architecture)中有关数据库的一个组成部分，它建立了一组规范，并提供了一组对数据库访问的标准 API(应用程序编程接口)。这些 API 利用 SQL 来完成其大部分任务。ODBC 本身也提供了对 SQL 语言的支持，用户可以直接将 SQL 语句送给 ODBC。

一个完整的 ODBC 由应用程序(Application)、驱动程序管理器(Driver Manager)、ODBC 驱动程序、数据源 4 个部件组成，各个部件之间的关系如图 10.2 所示。

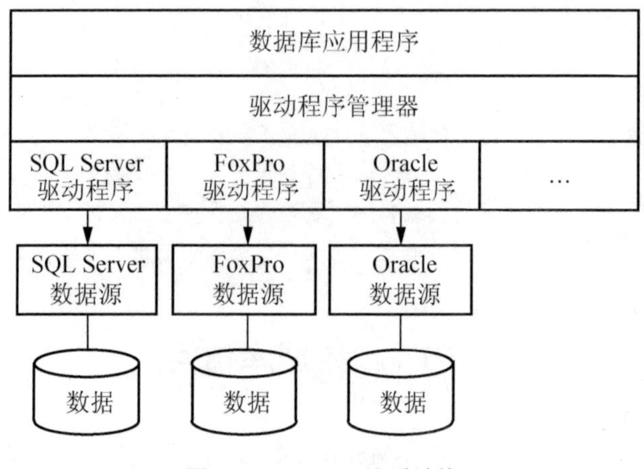

图 10.2　ODBC 体系结构

应用程序要访问一个数据库，首先必须用 ODBC 管理器注册一个数据源，管理器根据数据源提供的数据库位置、数据库类型及 ODBC 驱动程序等信息，建立起 ODBC 与具体数据库的联系。这样，只要应用程序将数据源名提供给 ODBC，ODBC 就能建立起与相应数据库的连接。

2．ADO

ADO(ActiveX Data Objects)是 Microsoft 提出的应用程序接口(API)用以实现访问关系或非关系数据库中的数据。例如，如果您希望编写应用程序从 SQL Server 或 Oracle 数据库中向网页提供数据，可以将 ADO 程序包括在网页中。当用户从网站请求网页时，返回的网页也包括了数据中的相应数据，这些是由于使用了 ADO 代码的结果。

提示： 微软介绍说，与其同 IBM 和 Oracle 提倡的那样，创建一个统一数据库，不如提供一个能够访问不同数据库的统一接口，ADO 就是这样的一个接口。

3．ADO.NET

ADO.NET 也是应用程序访问数据库的一个接口，它是.NET Framework 中用以操作数据库的类库的总称。ADO.NET 是专门为.NET 框架而设计的，它是 ADO 的升级版本。ADO.NET 模型中包含了能够有效管理数据的组件类。

ADO.NET 与 ADO 既有相似也有区别，它们都能够编写对数据库服务器中的数据进行访问和操作的应用程序，并且易于使用、高速度、低内存支出和占用磁盘空间较少，支持用于建立基于客户端/服务器和 Web 的应用程序的主要功能。但是 ADO 使用 OLE DB 接口并基于微软的 COM 技术，而 ADO.NET 拥有自己的 ADO.NET 接口并且基于微软的.NET 体系架构。众所周知，.NET 体系不同于 COM 体系，ADO.NET 接口也就完全不同于 ADO 和 OLE DB 接口，这也就是说 ADO.NET 和 ADO 是两种数据访问方式。

要使用 ADO.NET，需要了解 ADO.NET 中的 5 个对象。

1) Connection 对象

Connection 对象主要是开启应用程序和数据库之间的连接。没有这个连接，是无法从数据库中取得数据的。

2) Command 对象

Command 对象主要用于执行一个 SQL 语句或存储过程，这个对象是架构在 Connection 对象上。

3) DataAdapter 对象

DataAdapter 对象主要是在数据源以及 DataSet 之间执行数据传输的工作，它可以透过 Command 对象下达命令后，将取得的数据放入 DataSet 对象中。这个对象是架构在 Command 对象上。

4) DataSet 对象

DataSet 这个对象可以视为一个暂存区(Cache)，可以把从数据库中所查询到的数据保留起来，甚至可以将整个数据库显示出来。

5) DataReader 对象

当我们只需要循序的读取数据而不需要其他操作时，可以使用 DataReader 对象。DataReader 对象只是一次一笔向下循序地读取数据源中的数据，而且这些数据是只读的，并不允许作其他的操作。因为 DataReader 在读取数据的时候限制了每次只读取一笔，而且只能只读，所以使用起来不但节省资源而且效率很好。使用 DataReader 对象除了效率较好之外，因为不用把数据全部传回，故可以降低网络的负载。

提示： 在 ADO.NET 中，4 个对象之间分工不同。为了实现把数据从数据库中传输到应用程序中处理，Connection 对象为在河两岸的数据库与应用程序之间建立一座桥梁，Command 对象会把应用程序的需求(用 T-SQL 语句或存储过程表达)送达到数据库服务器并执行，然后使用 DataAdapter 对象这个小车把操作结果运回来，并暂存到 DataSet 对象中供应用程序使用。

10.2　开发 SQL Server 数据库程序

以上介绍了访问数据库的过程及技术，接下来就通过实例来说明不同技术的使用方法。

10.2.1　在.NET 中使用 ADO.NET 访问数据库

【例 10-1】　编写 Windows 应用程序，使用 ADO.NET 技术通过应用程序查询所有学生的个人信息。

1. 界面设计

(1) 启动 Visual Studio 2012，执行【文件】|【新建】|【项目】命令。

(2) 打开【新建项目】对话框，依次选择 Visual C# |【Windows 应用程序】选项，并指定解决方案的【名称】和【位置】，界面如图 10.3 所示。

(3) 单击【确定】按钮，进入 Windows 程序设计界面，按图 10.4 和表 10-1 进行程序界面设计。

图 10.3　新建 Sample 项目

图 10.4　新建 Sample 项目界面

表 10-1　界面中添加的控件的属性设置

控 件 名	属 性 名 称	属 性 值	功 能
Button	Text	查询所有学生信息	进行查询
	Name	btnShow	设置按钮名称
DataGridView	Name	myDataGridView	显示查询结果

2. 编写代码

完成本任务的主要操作是要通过 ADO.NET 连接数据库，并对数据库中的信息进行查询，关键代码如下：

```
private void btnShow_Click(object sender, EventArgs e)
{
string strConnection = @"Data Source=USER-THINK\LIJUN;Initial Catalog=
```

```
Student_Course_Teacher;Persist Security Info=True;User ID=test;Password=123";
    SqlConnection myConnection = new SqlConnection(strConnection);
    //创建 SqlConnection 对象
    try
    {
         myConnection.Open();
         //通过 SqlConnection 对象，使用连接字符串与数据库建立连接
    }
    catch (Exception)
     {
          MessageBox.Show("数据库连接错误！");
     }
          string strCommand = " select sno 学号,sn 姓名,sex 性别,department 系别 from s ";
          //构建访问数据库的 SQL 语句
           SqlDataAdapter myDataAdapter = new SqlDataAdapter(strCommand, myConnection);
          //创建 SqlDataAdapter 对象用于数据的传输
           DataSet myDataSet = new DataSet();
           //创建 DataSet 用于暂存数据
           myDataAdapter.Fill(myDataSet, "s");
           //把 SqlDataAdapter 对象传输过来的数据暂存于 DataSet
           myDataGridView.DataSource = myDataSet;
           //指定 myDataGridView 控件的数据源
           myDataGridView.DataMember = "s";
     }
```

3．运行结果

程序运行结果如图 10.5 所示。

图 10.5　运行结果

10.2.2　在 VB6.0 中使用 ODBC 访问数据库

10.2.1 节说明了 ADO.NET 的使用方法，本节来说明 ODBC 数据源的使用方法。在使用 ODBC 数据源之前，先介绍 ODBC 的建立方法。

1．建立 ODBC 数据源

(1) 执行【控制面板】|【管理工具】|【ODBC 数据源】命令。

(2) 打开【ODBC 数据源管理器】对话框，选择【系统 DSN】选项卡，如图 10.6 所示。

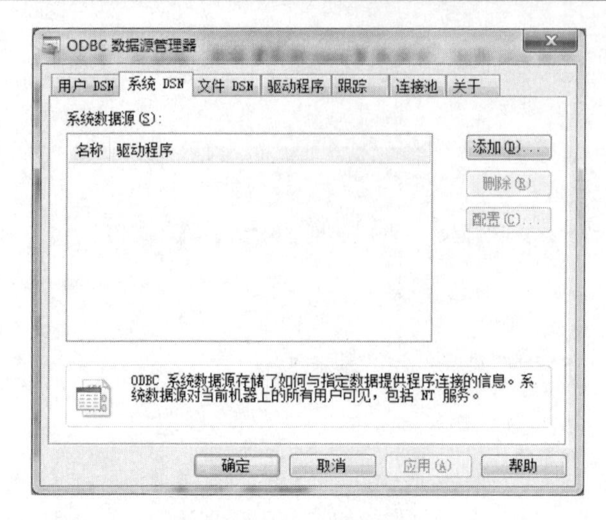

图 10.6 【系统 DSN】选项卡

(3) 单击【添加】按钮，打开【创建新数据源】对话框，选择 SQL Server 项，如图 10.7 所示。

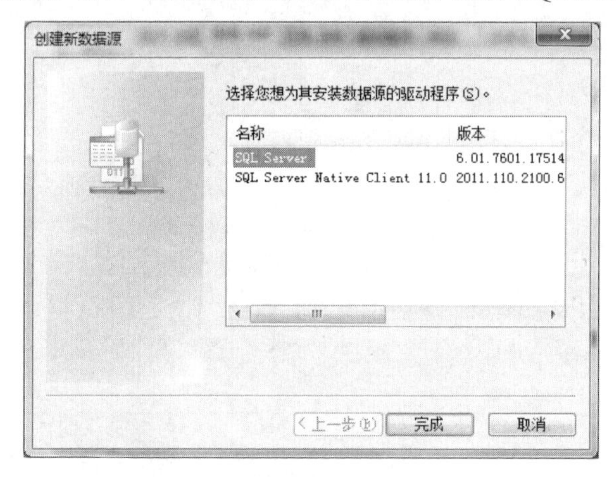

图 10.7 【创建新数据源】对话框

(4) 单击【完成】按钮，打开【创建到 SQL Server 的新数据源】对话框，输入数据源名称 myODBC、数据源的描述和要连接的服务器，如图 10.8 所示。

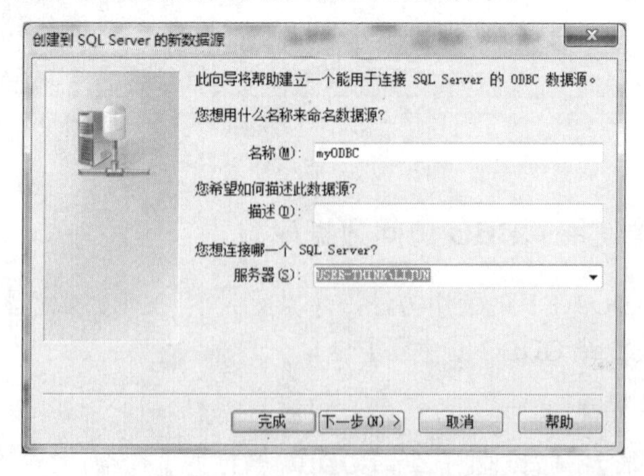

图 10.8 【创建到 SQL Server 的新数据源】对话框

提示： 数据源的描述用于对要创建的数据源进行描述说明的，可以省略，接下来选择服务器名称，如果是本地主机，也可以输入“.”。

(5) 单击【下一步】按钮，打开 SQL Server 验证对话框，选择登录方式，如图 10.9 所示。

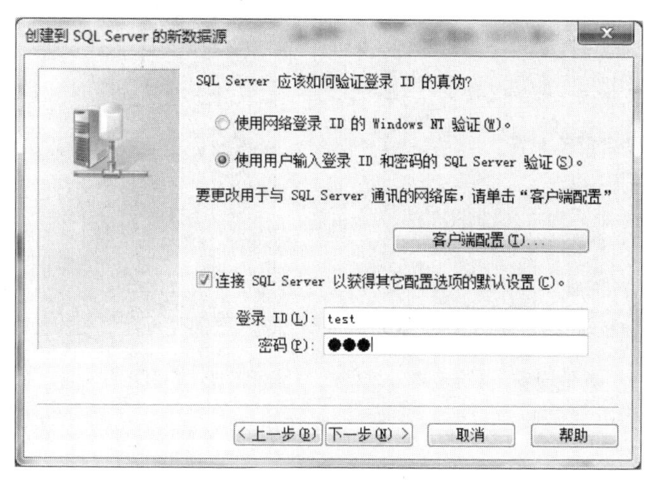

图 10.9　身份验证

提示： 此处的登录名与密码用于身份验证，所以此处的登录名与密码必须是合法的 SQL Server 登录名和密码。

(6) 单击【下一步】按钮，打开更改默认的数据库对话框，选择数据库服务器上的 student_course_teacher 数据库，如图 10.10 所示。

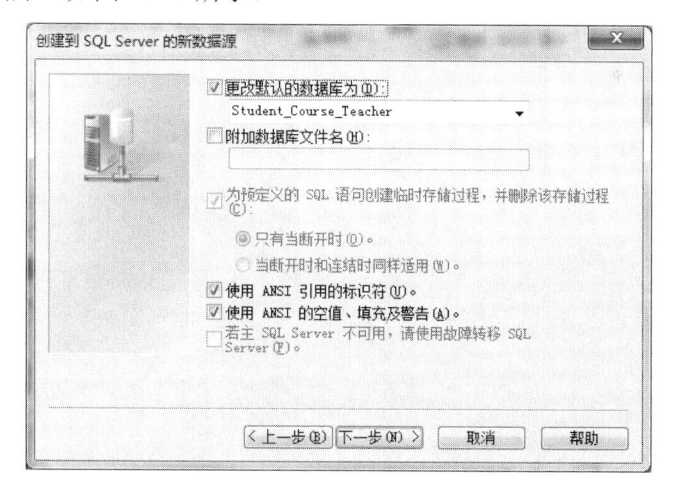

图 10.10　更改默认的数据库

(7) 单击【下一步】按钮，打开其他设置对话框，选择数据库服务器上的 student_course_teacher 数据库，界面如图 10.11 所示。

(8) 单击【完成】按钮，打开【ODBC Microsoft SQL Server 安装】对话框，可以查看数据源的设置，如图 10.12 所示。

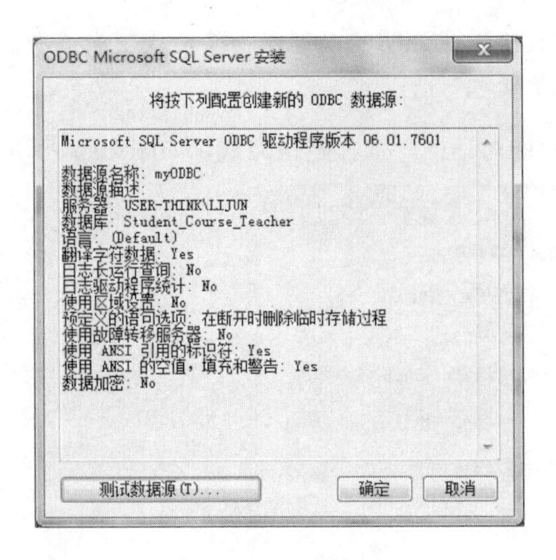

图 10.11　其他设置

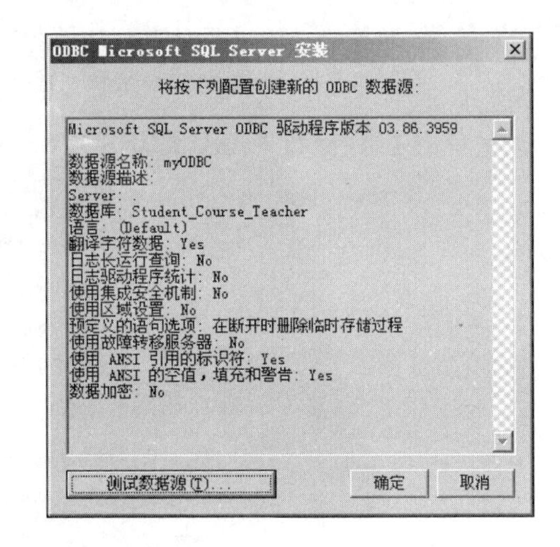

图 10.12 【ODBC Microsoft SQL Server 安装】对话框

(9) 单击【测试数据源】按钮，打开【ODBC Microsoft SQL Server 数据源测试】对话框，返回测试结果，如图 10.13 所示。

到此为止，一个名为 myODBC 的数据源已经创建完成，接下来介绍这个数据源如何使用。

2. 在程序设计中使用 ODBC 数据源

【例 10-2】　编写 Windows 应用程序，使用 ODBC 技术通过应用程序查询所有学生的个人信息。

(1) 启动 Visual Basic 6.0，执行【文件】|【新建工程】命令，如图 10.14 所示。

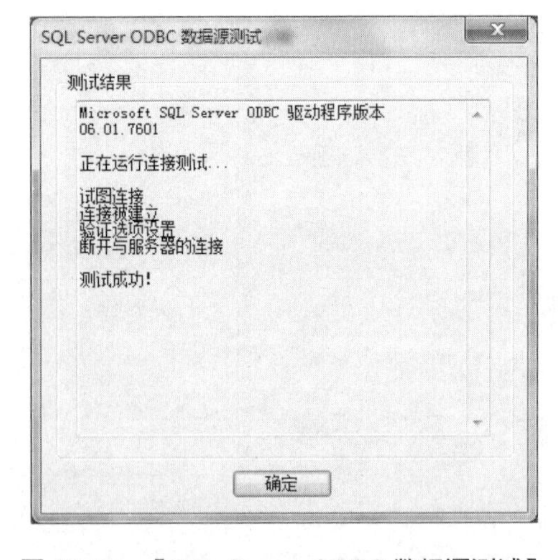

图 10.13 【SQL Server ODBC 数据源测试】对话框

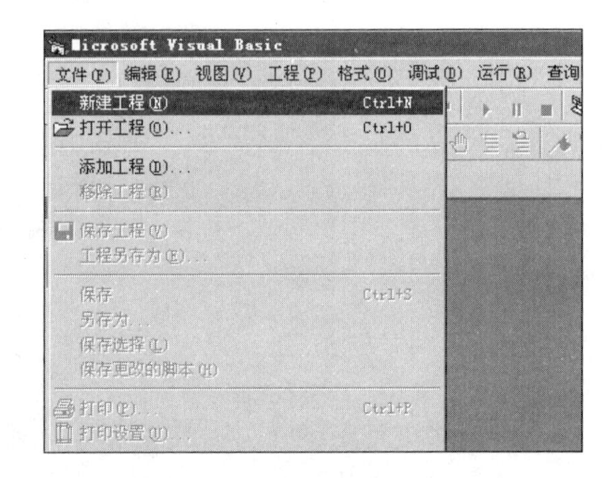

图 10.14　新建项目

(2) 打开【新建工程】对话框，如图 10.15 所示，选择【标准 EXE】项，单击【确定】按钮，进入 Windows 程序设计界面。

(3) 新工程的界面设计如图 10.16 所示，界面上的控件及其属性设置见表 10-2。

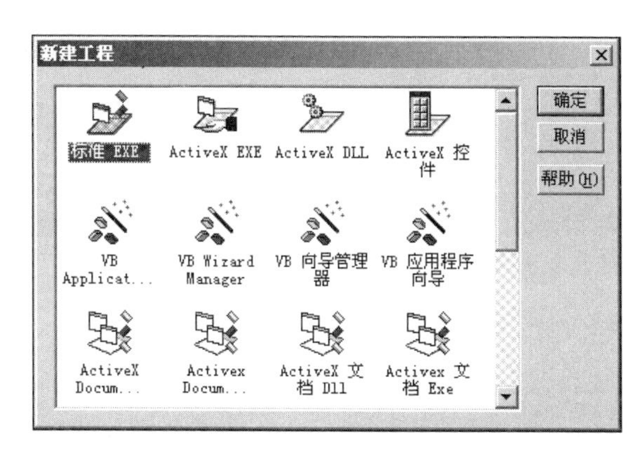

图 10.15 【新建工程】对话框

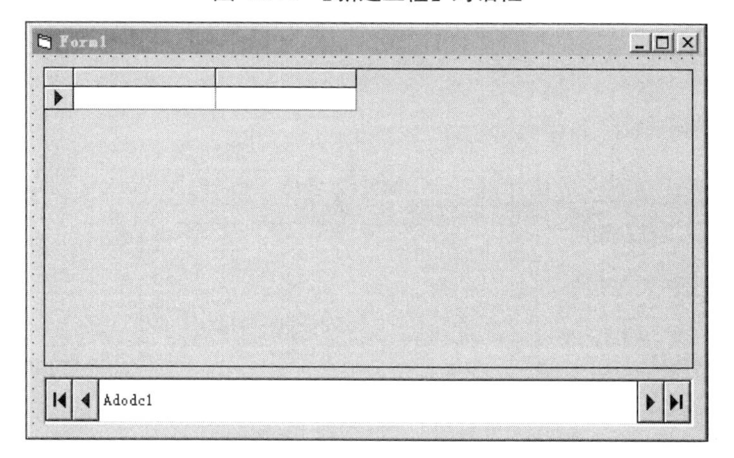

图 10.16　新建工程界面

表 10-2　窗口中添加的控件的属性设置

控　件　名	属 性 名 称	属　性　值	功　　能
Adodc	Name	Adodc1	设置按钮名称
	ConnectionString	DSN=myODBC	数据源为 myODBC
	Password	User Name=sa；Password=123	设置如图 10.17
	RrcordSource	select * from s	查询表 s 的所有记录的 SQL 语句
DataGrid	Name	myDataGrid	显示查询结果
	DataSource	Adodc1	Adodc 控件名
Form	Caption	使用 ODBC 访问数据库示例	程序的主窗体

在设置 Adodc 的 Password 属性时会出现如图 10.17 所示的对话框，依次输入用户名 sa，密码 123。

在设置 RrcordSource 的属性时会出现如图 10.18 所示的对话框，输入 SELECT * FROM S。

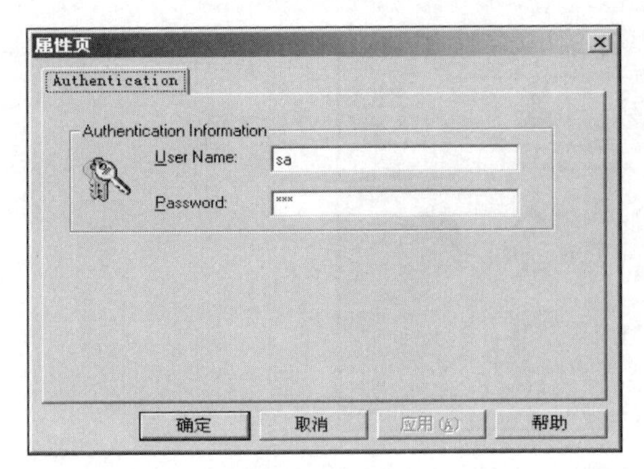

图 10.17　属性页

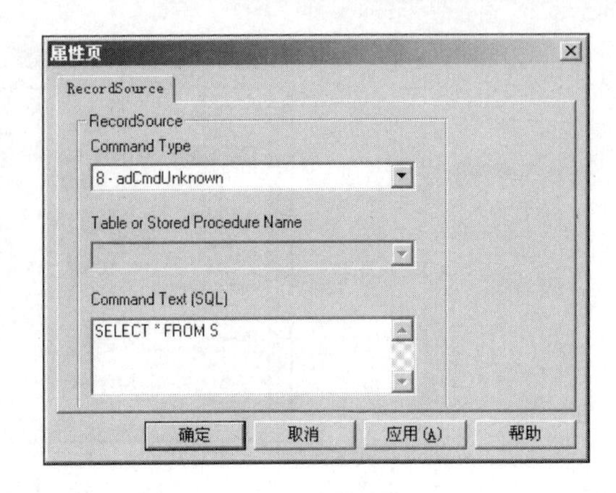

图 10.18　新建工程界面

3. 运行结果

程序运行结果如图 10.19 所示。

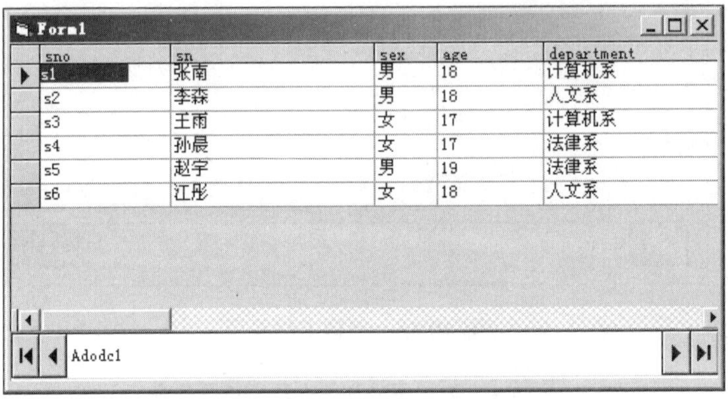

Form1

sno	sn	sex	age	department
s1	张南	男	18	计算机系
s2	李森	男	18	人文系
s3	王雨	女	17	计算机系
s4	孙晨	女	17	法律系
s5	赵宇	男	19	法律系
s6	江彤	女	18	人文系

Adodc1

图 10.19　程序运行结果

小　　结

本章首先介绍了数据库访问的过程及技术，接下来介绍了使用相关技术的方法，最后用示例演示了 ODBC 与 ADO.NET 技术的应用。

本章的重点是理解数据库访问的过程与方法，并掌握 ODBC 与 ADO.NET 的使用方法。

背 景 材 料

如何快速理解 ADO.NET 的常用对象

在 ADO.NET 中，我们可以通过 Connection、Command、DataAdapter 和 DataSet，连接到数据库，并执行 SQL 语句，进而实现数据在应用程序与数据库之间的流动。为方便初学者对以上对象的理解，可做以下类比。

Connection 对象会在数据库与应用程序之间架起一座桥，当桥搭建完成后，我们可以使用

DataAdapter 这个小车把 SQL 命令送到数据库服务器并执行，执行结束后还可以通过这个小车把生成的结果从数据库服务器运回来，并可以暂存在 DataSet 这个容器中，为用户在需要的时候使用。以课本中的代码为例，我们以类比形式重新注解。

```
    private void btnShow_Click(object sender, EventArgs e)
    {
    stringstrConnection = @"Data Source=USER-THINK\LIJUN;Initial Catalog=Student_
Course_Teacher;Persist Security Info=True;User ID=test;Password=123";
    //一般在一个服务器上,只会安装一个版本的 sql server 数据库,比如 sql server2008、sql
server2012 等,安装一个 sql server 数据库的过程中,会产生一个数据库实例,所以一般的数据库服务器
上只会有一个数据库实例,正因为如此,上面的 Server 或者 Data Source 都只赋予了数据库服务器名(IP
地址),它们连接的就是那个数据库实例。但是如果一个服务器上由于安装了多个版本的 sql server 数据库
而产生了多个数据库实例,或者同一个版本的数据库安装了多个数据库实例,那么在连接数据库的时候,上面
的 Server 或者 Data Source 就会被赋予数据库服务器名(IP 地址\实例名)
    SqlConnectionmyConnection = new SqlConnection(strConnection);
    //创建 SqlConnection 对象
    try
    {
    myConnection.Open();
          //通过 SqlConnection 对象,使用连接字符串与数据库建立连接,这时候将在应用程序与数
据库服务器搭建一座临时桥用于数据传输
    }
    catch (Exception)
     {
    MessageBox.Show("数据库连接错误!");
     }
          string strCommand = "select sno 学号,sn 姓名,sex 性别,department 系别 froms ";
          //构建访问数据库的 SQL 语句,这个语句用于查询表 S 中数据
    SqlDataAdaptermyDataAdapter = new SqlDataAdapter(strCommand, myConnection);
          //创建 SqlDataAdapter 对象用于数据的传输,一方面它把 strCommand 这个字符串传到数
据库服务器,同时还会把查询结果运回到应用程序
    DataSetmyDataSet = new DataSet();
          //创建 DataSet 用于暂存数据
    myDataAdapter.Fill(myDataSet, "s");
          //把 SqlDataAdapter 对象传输过来的数据暂存于 DataSet
    myDataGridView.DataSource = myDataSet;
         //指定 myDataGridView 控件的数据源,进而通过 DataGridView 控件显示 SqlDataAdapter
运回来的数据
    myDataGridView.DataMember = "s";
     }
```

习　　题

一、填空题

1．ADO.NET 有 4 个核心组件，分别为 Connection、__________、__________和__________。

2．在 ADO.NET 中，用于执行 T-SQL 命令或存储过程的对象是__________。

3．目前，数据库访问技术有 ADO、__________、__________和__________等。

4．要把 DataAdapter 对象传输过来的数据暂存于 DataSet 中，需要使用 DataAdapter 的__________方法。

5．在 ADO.NET 中，__________对象用于建立 DataSet 与数据源之间的桥梁。

二、简答题

1. 如果应用程序中的连接数据库的字符串为:“Server=61.129.133.12\\TestDB; User id=test; Pwd=xfm; Database=bcpl;”，请说明每一部分的含义。

2．试比较 DataSet 与 DataReader 的异同。

3．试比较 ODBC 与 ASP.NET 的异同。

4．简述 ADO.NET 中 4 个对象 Connection、Command、DataAdapter 及 DataSet 的分工与功用。

5．创建 ODBC 数据源的时候，为什么要事先知道 SQL Server 2012 中的登录名和密码？如果 SQL Server 2012 中身份验证模式不是混合验证模式，还使用 SQL Server 登录名和密码，数据源创建能成功吗？

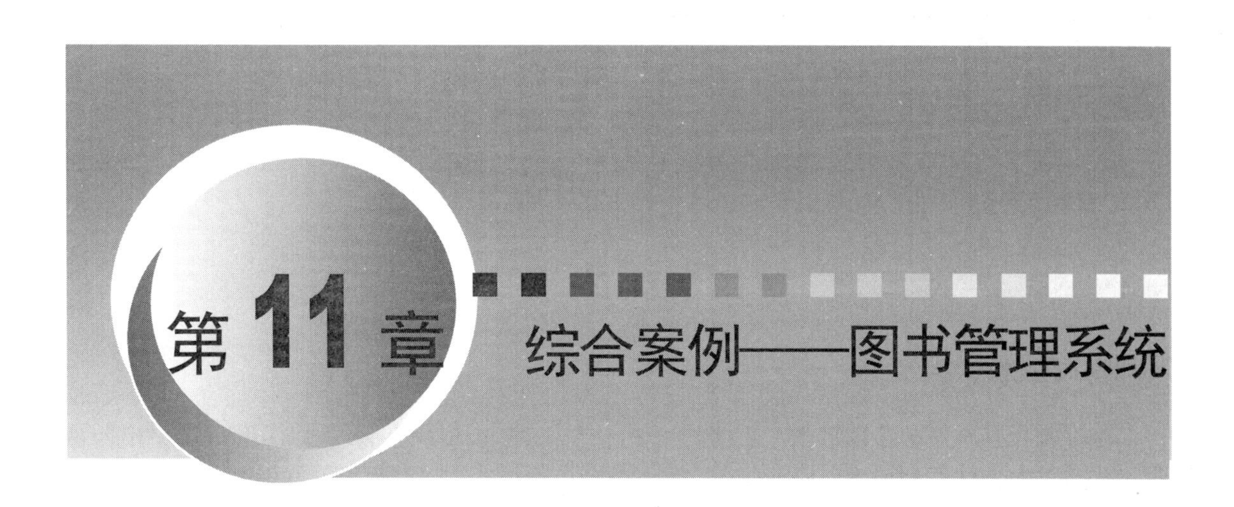

第11章 综合案例——图书管理系统

教学目标

图书管理系统是一个很复杂的信息管理系统，它包括很多分类、检索等方面的内容。本章将利用一个简化的图书管理系统来展示一个管理信息系统的开发过程。

导读

本章将通过一个简化的图书管理系统来展示一个管理信息系统的开发过程，开发工具使用 Visual Studio 2010，数据库管理系统使用 SQL Server 2012。

11.1 系统分析

11.1.1 开发背景

图书管理是各个院校图书馆工作中的重要一环，涉及大量的人力、物力和财力。采用计算机进行图书管理能节约成本，减少劳动，大大提高工作效率。随着我国信息化建设进程的不断推进，各个院校都建设了自己的图书管理系统。

11.1.2 需求分析

一个图书管理系统至少应包含信息录入、数据修改与删除及查询与统计等功能。

1. 信息录入功能

(1) 添加读者信息，包括登记读者信息和读者种类信息。

读者信息包括的数据项有读者编号、读者姓名、读者种类、读者性别、工作单位、家庭住址、电话号码、电子邮件地址、办证日期、备注等。

读者种类信息，包括的数据项有种类编号、种类名称、借书数量、借书期限、有效期限、备注等。

(2) 添加新图书信息。当图书馆收藏新图书时，需要添加以下两方面的信息。

书籍类别信息，包括的数据项有类别编号、类别名称、关键词、备注信息等。

书籍信息，包括的数据项有书籍编号、书籍名称、书籍类别、作者姓名、出版社名称、出版日期、书籍页数、关键词、登记日期、备注信息等。

(3) 借阅信息，包括的数据项有借阅信息编号、读者编号、读者姓名、书籍编号、书籍名称、借书日期、还书日期、备注信息等。

2. 数据修改和删除功能

(1) 修改和删除图书信息。图书被借出时，系统需要更新图书信息的可借数量，当可借数量为 0 时，表示该图书已被全部借出；当输入的图书信息有错误或需要进行必要的更新时，可以修改图书信息；当一种图书的所有馆藏书都已损毁或遗失并且不能重新买到时，该图书信息需要删除。

(2) 修改和删除读者信息。当读者的自身信息发生变动，如部门间调动或调离本单位，或者违反图书馆规定需要限制其可借阅图书数量的，需要修改读者信息。

(3) 还书处理。读者归还图书时，更新图书借阅信息表中的归还日期、读者信息表中的已借数量及 ISBN 类别信息表中该图书的可借数量。

3. 查询和统计功能

图书查询功能：根据图书的各种已知条件查询图书的详细信息，对书名、作者、出版社、ISBN 书号等支持模糊查询。

读者信息查询：输入读者的借书证号、姓名、工作部门等信息查询读者的基本信息。对查询到的每一个读者，能够显示其未归还的图书编号和书名。

查询所有到期未归还的图书信息：要求结果显示图书编号、书名、读者姓名、借书证号、借出日期等信息。

统计指定的读者一段时间内某类图书或所有类别图书借阅的次数及借阅总次数。

11.2 系统设计

11.2.1 系统功能分析及模块设计

系统开发的总体任务是实现各种信息的系统化、规范化和自动化。

1．系统功能分析

系统功能分析是在系统开发的总体任务的基础上完成。图书馆管理信息系统需要完成的功能主要有以下几项。

(1) 有关读者种类标准的制定、种类住处的输入，包括种类编号、种类名称、借书数量、借书期限、有效期限、备注等。

(2) 读者种类信息的修改、查询等。

(3) 读者基本信息的输入，包括读者编号、读者姓名、读者种类、读者性别、工作单位、家庭住址、电话号码、电子邮件地址、办证日期、备注等。

(4) 读者基本信息的查询、修改，包括读者编号、读者姓名、读者种类、读者性别、工作单位、家庭住址、电话号码、电子邮件地址、办证日期、备注等。

(5) 书籍类别标准的制定、类别信息的输入，包括类别编号、类别名称、关键词、备注信息等。

(6) 书籍信息的输入，包括书籍编号、书籍名称、书籍类别、作者姓名、出版社名称、出版日期、书籍页数、关键词、登记日期、备注信息等。

(7) 借书信息的输入，包括借书信息编号、读者编号、读者姓名、书籍编号、书籍名称、借书日期、备注信息等。

(8) 借书信息的查询、修改，包括借书信息编号、读者编号、读者姓名、书籍编号、书籍名称、借书日期、备注信息等。

(9) 还书信息的输入，包括还书信息编号、读者编号、读者姓名、书籍编号、书籍名称、借书日期、还书日期、备注信息等。

(10) 还书信息的查询和修改，包括还书信息编号、读者编号、读者姓名、书籍编号、书籍姓名、借书日期、还书日期、备注信息等。

2．系统功能模块设计

对上述各功能进行集中、分块，按照结构化程序设计的要求，得到系统功能模块。

11.2.2 开发环境选择

开发与运行环境的选择会影响到数据库设计，本例的图书管理系统开发与运行环境选择如下。

开发环境：Windows 7

开发工具：Visual Studio 2010

数据库管理系统：SQl Server 2012

11.2.3 数据库设计

数据库系统设计时应该首先充分了解用户各个方面的需求,包括现有的以及将来可能增加的需求。数据库设计一般包括如下 4 个步骤：①数据库需要分析；②数据库概念结构设计；③数据库逻辑结构设计；④数据库物理结构设计。

1. 数据库需求分析

用户的需求具体体现在各种信息的提供、保存、更新和查询，这就要求数据库结构能充分满足各种信息的输出和输入，收集基本数据、数据结构以及数据处理的流程，组成一份详尽的数据字典，为以后具体设计打下基础。

仔细分析调查有关图书馆管理信息需求的基础上，将得到本系统所处理的数据流程。

针对一般图书馆管理信息系统的需求，通过对图书馆管理工作过程的内容和数据流程分析，设计如下数据项和数据结构。

(1) 读者种类信息，包括的数据项有种类编号、种类名称、借书数量、借书期限、有效期限、备注等。

(2) 读者信息，包括的数据项有读者编号、读者姓名、读者种类、读者性别、工作单位、家庭住址、电话号码、电子邮件地址、办证日期、备注等。

(3) 书籍类别信息，包括的数据项有类别编号、类别名称、关键词、备注信息等。

(4) 书籍信息，包括的数据项有书籍编号、书籍名称、书籍类别、作者姓名、出版社名称、出版日期、书籍页数、关键词、登记日期、备注信息等。

(5) 借阅信息，包括的数据项有借阅信息编号、读者编号、读者姓名、书籍编号、书籍名称、借书日期、还书日期、备注信息等。

有了上面的数据结构、数据项和数据流程，我们就能进行下面的数据库设计。

2. 数据库概念结构设计

得到上面的数据项和数据结构以后，就可以设计出能够满足用户需求的各种实体集，以及它们之间的联系，为后面的逻辑结构设计打下基础。

根据数据库需求分析规划出的实体集有：读者类别信息实体集、读者信息实体集、书籍类别信息实体集、书籍信息实体集、借阅信息实体集。各个实体集具体的描述 E-R 图及系统全局 E-R 图如下。

(1) 读者类别信息实体集 E-R 图如图 11.1 所示。

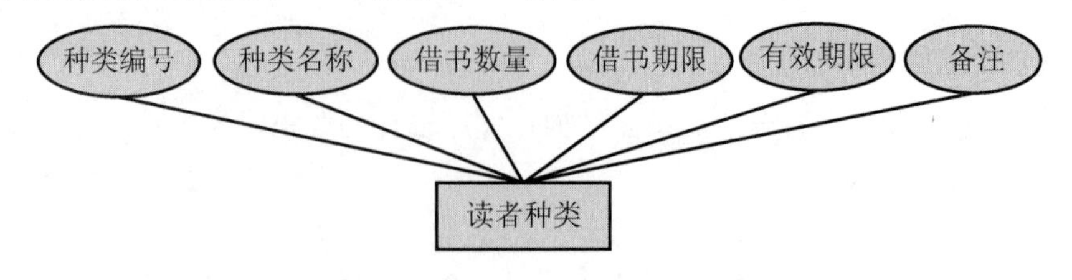

图 11.1 读者种类实体集 E-R 图

(2) 读者信息实体集 E-R 图如图 11.2 所示。

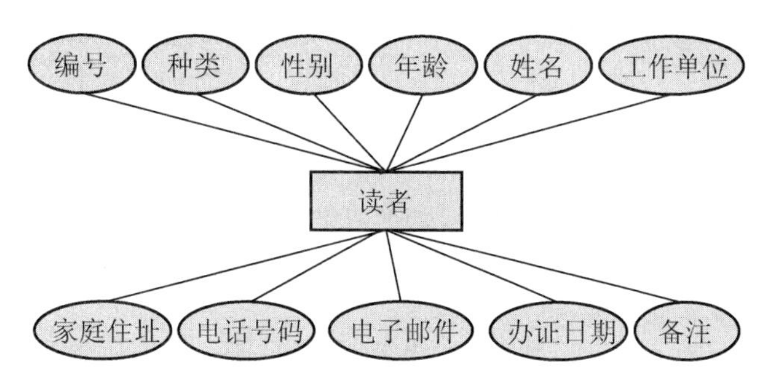

图 11.2　读者实体集 E-R 图

(3) 书籍类别信息实体集 E-R 图如图 11.3 所示。

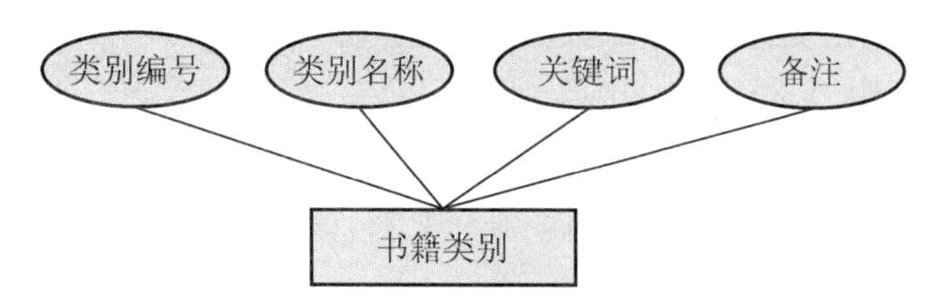

图 11.3　书籍类别实体集 E-R 图

(4) 书籍信息实体集 E-R 图如图 11.4 所示。

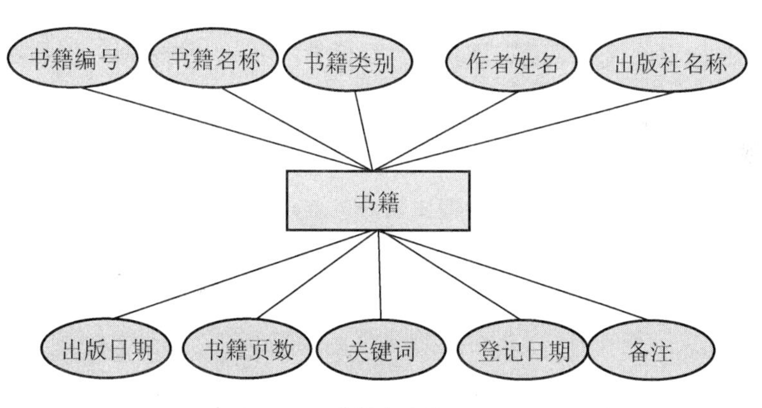

图 11.4　书籍实体集 E-R 图

(5) 借阅信息实体集 E-R 图如图 11.5 所示。

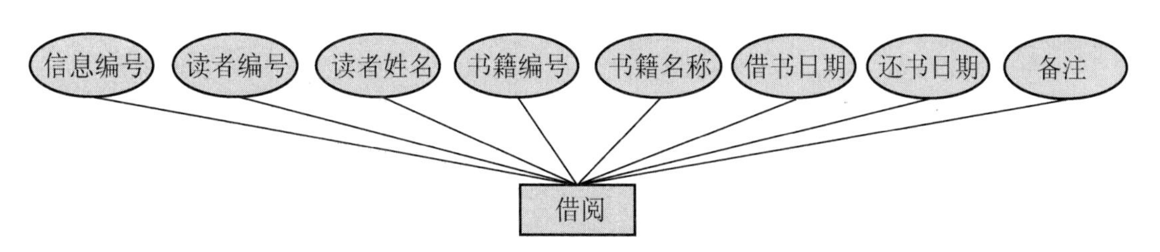

图 11.5　借阅信息实体集 E-R 图

(6) 实体集之间相互关系的 E-R 图如图 11.6 所示。

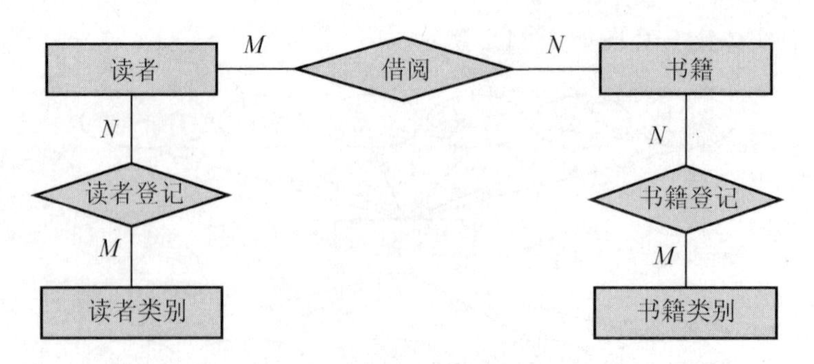

图 11.6 系统全局 E-R 图

3. 数据库逻辑结构设计

逻辑结构设计的任务就是把概念结构设计阶段设计好的基本 E-R 图，转换为与选用的具体机器上的 DBMS 产品所支持的数据模型相符合的逻辑结构。

E-R 图向关系模型转换的结果如下。

(1) 读者类别表(种类编号、种类名称、借书数量、借书期限、有效期限、备注)。

(2) 读者信息表(读者编号、读者姓名、读者种类、读者性别、工作单位、家庭住址、电话号码、电子邮件地址、办证日期、备注)。

(3) 书籍类别表(类别编号、类别名称、关键词、备注)。

(4) 书籍信息表(书籍编号、书籍名称、书籍类别、作者姓名、出版社名称、出版日期、书籍页数、关键词、登记日期、备注)。

(5) 借阅信息表(借阅信息编号、读者编号、读者姓名、书籍编号、书籍名称、借书日期、还书日期、备注)。

4. 数据库物理结构设计

现在需要将上面的数据库概念结构转化为 SQL Server 2012 数据库系统所支持的实际数据模型，也就是数据库的逻辑结构。

图书馆管理信息系统数据库中各个表格的设计结果见表 11-1～表 11-5。每个表格表示在数据库中的一个表。

表 11-1 读者类别信息表

列　　名	数 据 类 型	可 否 为 空	说　　明
Typeno	Varchar	NOT NULL	种类编号
Typename	Varchar	NOT NULL	种类名称
Booknumber	Numeric	NULL	借书数量
Bookdays	Numeric	NULL	有效期限
Userfullife	Numeric	NULL	有效期限
Memo	Text	NULL	备注

表 11-2　读者信息表

列　　名	数 据 类 型	可 否 为 空	说　　明
Readerno	Varchar	NOT NULL	读者编号
Readername	Varchar	NOT NULL	读者姓名
Readersex	Varchar	NULL	读者性别
Readertype	Varchar	NULL	读者种类
Readerdep	Varchar	NULL	工作单位
Adderss	Varchar	NULL	家庭地址
Readertel	Varchar	NULL	电话号码
Email	Varchar	NULL	电子邮件地址
Checkdate	Datetime	NULL	登记日期
Readermemo	Varchar	NULL	备注

表 11-3　书籍类别信息表

列　　名	数 据 类 型	可 否 为 空	说　　明
Booktypeno	Varchar	NULL	类别编号
Typename	Varchar	NOT NULL	类别名称
Keyword	Varchar	NOT NULL	关键词
Memo	Text	NOT NULL	备注

表 11-4　书籍信息表

列　　名	数 据 类 型	可 否 为 空	说　　明
Bookid	char	NOT NULL	书籍编号
Bookname	Varchar	NOT NULL	书籍名称
BookSortID	char	NOT NULL	书籍类别
BookAutor	Varchar	NOT NULL	书籍作者
BookPublish	Varchar	NULL	出版社名称
BookPubDate	smalldatetime	NULL	出版日期
BookPrice	Numeric	NULL	书籍定价
BookSummary	Text	NULL	关键词
BookRealNum	int	NULL	登记日期
BookLendNum	int	NULL	是否被借出
BookResDate	smalldatetime	NULL	备注

表 11-5　借阅信息表

列　　名	数 据 类 型	可 否 为 空	说　　明
Borrowno	Varchar	NOT NULL	借阅编号
Readerid	Varchar	NOT NULL	读者编号
Readername	Varchar	NOT NULL	读者姓名
Bookid	Varchar	NOT NULL	书籍编号
Bookname	Varchar	NOT NULL	书籍名称
Borrowdate	Datetime	NULL	出借日期
Returndate	Datetime	NULL	还书日期
Memo	Text	NULL	备注信息

11.3　系 统 实 现

基本的数据库设计完成之后，就可以进行数据库应用系统的程序开发了。本系统采用 C/S 架构，用客户端程序完成系统的功能，数据存放于数据库服务器上。

因篇幅有限及本门课程的定位，在本章只介绍在“图书管理系统”中如何实现表的创建与管理以及数据的查询、更新与删除，“图书管理系统”业务功能及流程不再展开。

11.3.1　创建数据库和表

1．创建数据库

在对图书管理系统逻辑结构和物理结构设计后，接下来就需要在 SQL Server 2012 中创建一个数据库 dbBookInformation，如图 11.7 所示。

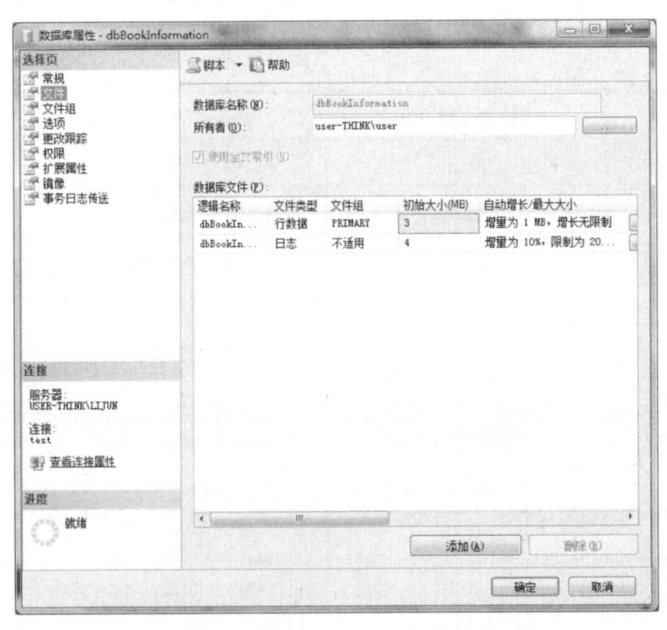

图 11.7　创建数据库 dbBookInformation

2. 创建表

依据数据库的物理设计，在数据库 dbBookInformation 中分别创建表 tbBookInformation、tbReaderInformation 等表。此处只列举了表 tbBookInformation 的设计截图，如图 11.8 所示。其他表不再赘述。

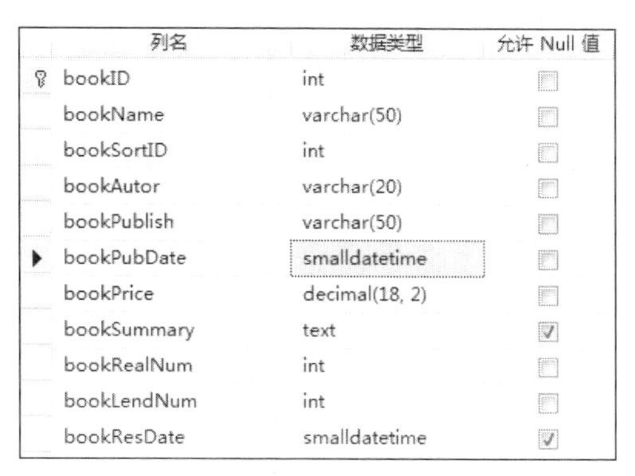

列名	数据类型	允许 Null 值
bookID	int	☐
bookName	varchar(50)	☐
bookSortID	int	☐
bookAutor	varchar(20)	☐
bookPublish	varchar(50)	☐
bookPubDate	smalldatetime	☐
bookPrice	decimal(18, 2)	☐
bookSummary	text	☑
bookRealNum	int	☐
bookLendNum	int	☐
bookResDate	smalldatetime	☑

图 11.8 创建表 tbBookInformation

11.3.2 图书信息系统主程序设计与实现

1. 创建项目

启动 Visual Studio 2010，并选择创建一个“Windows 窗体应用程序”项目，将项目命名为“简易图书管理系统”，项目文件保存为“简易图书管理系统.sln”，界面如图 11.9 所示。

图 11.9 在 VS2010 中创建简易图书管理系统项目

2. 简易图书管理系统窗体设计

在项目中系统会默认生成一个窗体，在窗口中分别增加 4 个 Button 控件和一个 DataGridView 控件，布局如图 11.10 所示。

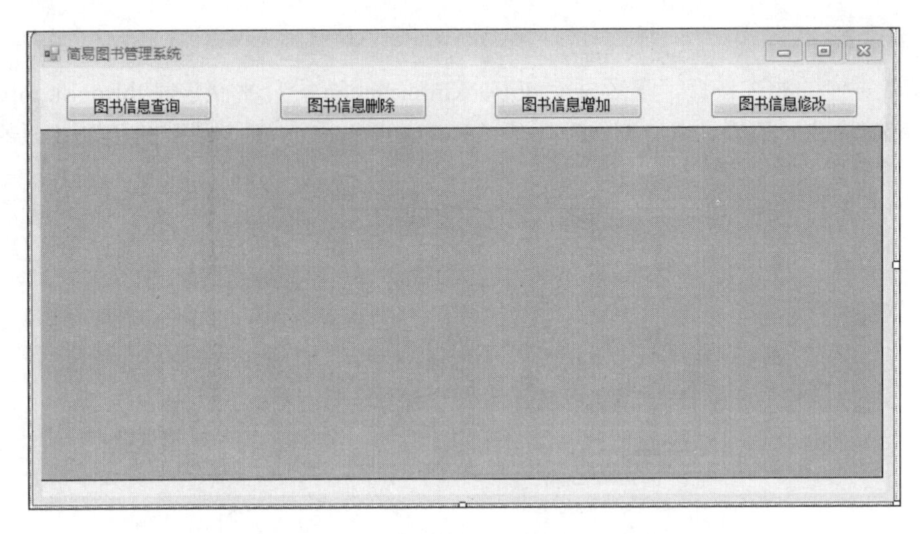

图 11.10　简易图书管理系统项目主界面

3. 控件属性设置

外观设计完成后，对相应控件做如下设置，见表 11-6，未设置的参数取系统默认值。

表 11-6　窗口中添加的控件的属性设置

控件名	属性名称	属性值	功能
Form	Text	简易图书管理系统	
	Name	fmShow	
Button	Name	btnShow	
	Text	图书信息查询	
Button	Name	btnDelete	
	Text	图书信息删除	
Button	Name	btnAdd	
	Text	图书信息增加	
Button	Name	btnUpdate	
	Text	图书信息修改	
DataGridView	Name	myDataGridView	显示图书信息的查询结果

11.3.3 图书信息查询模块设计与实现

1. 窗体及控件设计

本模块和项目主窗体使用同一窗口，查询结果显示通过 DataGridView 控件实现。

2. 实现代码

```
private void btnShow_Click(object sender, EventArgs e)
     {

         SqlConnection myConnection = new
```

```
SqlConnection(pubString.strConnection);
                //创建 SqlConnection 对象
                try
                {
                    myConnection.Open();
                    //通过 SqlConnection 对象，使用连接字符串与数据库建立连接
                }
                catch (Exception)
                {
                    MessageBox.Show("数据库连接错误！");
                }
                pubString.strCommand = "select bookID 图书编号,bookName 图书名称,
bookAuthor 作者,bookPublish 出版社,bookPrice 定价,bookRetDate 还书时间 from
tbBookInformation";
                //构建访问数据库的 SQL 语句
                SqlDataAdapter myDataAdapter = new
SqlDataAdapter(pubString.strCommand, myConnection);
                //创建 SqlDataAdapter 对象用于数据的传输
                DataSet myDataSet = new DataSet();
                //创建 DataSet 用于暂存数据
                myDataAdapter.Fill(myDataSet, "tbBookInformation");
                //把 SqlDataAdapter 对象传输过来的数据暂存于 DataSet
                myDataGridView.DataSource = myDataSet;
                //指定 myDataGridView 控件的数据源
                myDataGridView.DataMember = "tbBookInformation";
            }
```

代码添加完成后，单击【保存】按钮，及时保存代码。在 Visual Studio 2010 中单击【启用调试】按钮或按 F5 键对项目进行调试，在运行的窗口中单击【显示所有图书信息】按钮，结果如图 11.11 所示。

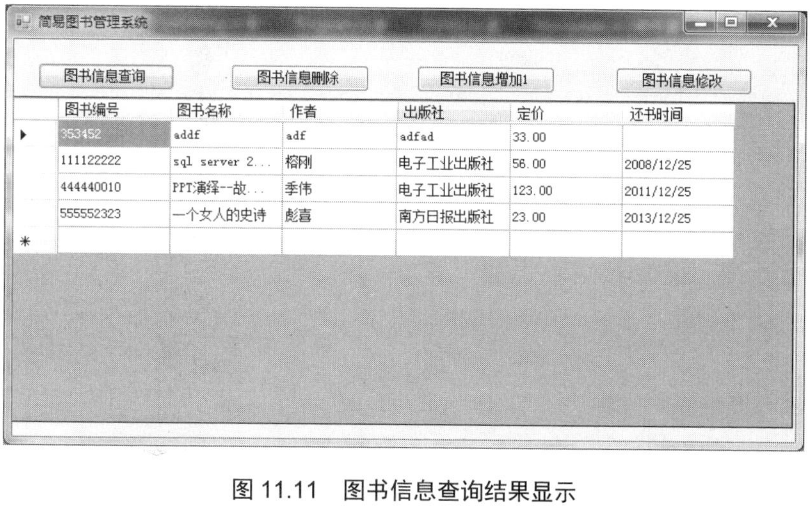

图 11.11　图书信息查询结果显示

提示： 在本模块的实现过程中，关键在于两个方面：一方面要求数据库的配置要正确，另一方面在于连接数据库的字符串的书写要正确。为保证连接字符串的正确无误，这里介绍一个方便的方法。

打开“简易图书管理系统”项目，单击【数据】菜单并选择【添加新数据源】命令，会打开【数据源配置向导】窗口，界面如图 11.12 所示。

图 11.12 【数据源配置向导】窗口

在图 11.12 中选择“数据库”窗口，并单击【下一步】按钮，会打开【选择数据库模型】窗口，界面如图 11.13 所示。

图 11.13 数据源配置向导——选择数据库模型

在图 11.13 中选择“数据集”，并单击【下一步】按钮，会打开【选择您的数据连接】窗口，如图 11.14 所示。

图 11.14　数据源配置向导——选择数据连接

在图 11.14 中单击【新建连接】按钮，会出现【添加连接】窗口，如图 11.15 所示，在该窗口中，选择【服务器名】为 USER-THINK\LIJUN，其中 USER-THINK 为数据库服务器名称，LIJUN 为实例名称；接下来选择“使用 SQL Server 身份验证”，并输入正确的用户名和密码；第三步选择数据库为 dbBookInformation，如图 11.15 所示。最后单击【测试连接】按钮，如果操作正确无误，会出现【测试连接成功】提示对话框，如图 11.16 所示。至此连接字符串也已经自动生成。

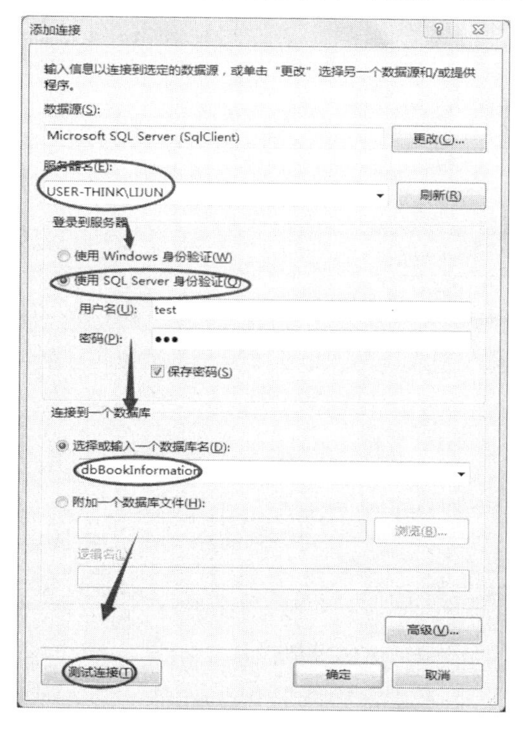

图 11.15　添加连接

图 11.16　测试连接成功

此时在【选择您的数据连接】窗口中，选择【是，在连接字符串包含敏感数据】，并单击【连接字符串】之前的“+”，即可看到一个连接字符串：“Data Source=USER-THINK\LIJUN;Initial Catalog=dbBookInformation;User ID=test;Password=123”，这个字符串就是一个正确无误的连接字符串，可直接在代码中使用。

11.3.4 图书信息删除模块设计与实现

1. 窗体及控件设计

在简易图书管理系统中，当单击【图书信息删除】按钮时，可打开【图书信息删除】窗口，外观如图 11.17 所示。

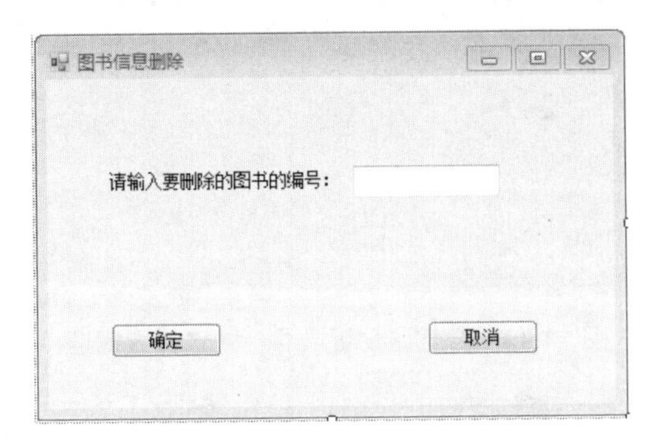

图 11.17 【图书信息删除】窗口

外观设计完成后，对相应控件做如下设置，见表 11-7。

表 11-7 窗口中添加的控件的属性设置

控 件 名	属 性 名 称	属 性 值	功 能
Form	Text	图书信息删除	
	Name	fmDelete	
Button	Name	BtnConfirm	
	Text	确定	
Button	Name	btnConcel	
	Text	取消	

在这里首先要输入要删除的图书的编号，输入完成以后，单击【确定】按钮即可删除指定的记录。

2. 实现代码

```
private void btnConfirm_Click(object sender, EventArgs e)
{
  SqlConnection myConnection = new SqlConnection(pubString.strConnection);
  //创建 SqlConnection 对象
  pubString.strCommand = "delete from tbBookInformation where bookID =' " +
txtBookId.Text.Trim() +"'";
    //构建访问数据库的 SQL 语句
    SqlCommand cmd = new SqlCommand(pubString.strCommand, myConnection);
```

```
    try
    {
        myConnection.Open();
        //通过 SqlConnection 对象，使用连接字符串与数据库建立连接
    }
    catch (Exception)
    {
        MessageBox.Show("数据库连接错误！");
    }
        cmd.ExecuteNonQuery();
  }
```

在以上代码中，strConnection 是连接数据库服务器的字符串，它的值在系统的 pubString 类中定义，代码如下：

```
public class pubString
{
    public static string strConnection = "";
    public static string strCommand = "";
}
```

在以下代码中赋值：

```
private void fmShow_Load(object sender, EventArgs e)
{
pubString.strConnection= @"Data Source=USER-THINK\LIJUN;Initial Catalog=
dbBookInformation; Persist Security Info=True;User ID=test;Password=123";
}
```

由于这个字符串定义为 public 变量，因此这个变量可以在其他模块中使用。

11.3.5 图书信息增加模块设计与实现

1. 窗体及控件设计

在简易图书管理系统中，当单击【图书信息增加】按钮时，可打开【图书信息增加】窗口，此窗口的外观如图 11.18 所示。

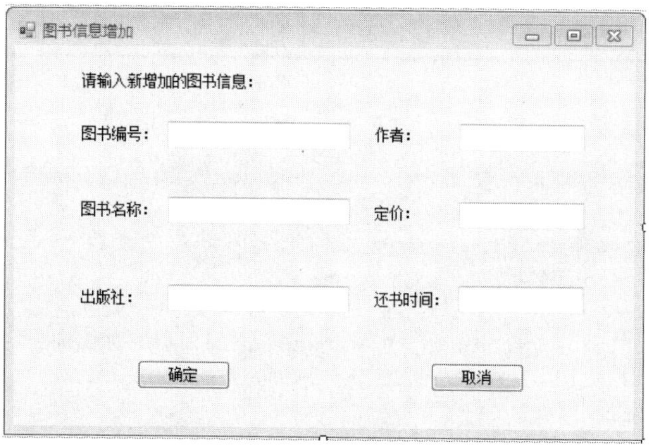

图 11.18 【图书信息增加】窗口

外观设计完成后，对相应控件做如下设置，见表 11-8。

表 11-8　窗口中添加的控件的属性设置

控 件 名	属 性 名 称	属 性 值	功 能
Form	Text	图书信息增加	
	Name	fmAdd	
Button	Name	BtnConfirm	
	Text	确定	
Button	Name	btnConcel	
	Text	取消	
Label	Name	Label5	
	Text	请输入新增加的图书信息	
TextBox	Name	txtBookId	
Label	Name	Label1	
	Text	图书名称	
TextBox	Name	txtName	
Label	Name	Label2	
	Text	作者	
TextBox	Name	TxtAuthor	
Label	Name	Label3	
	Text	出版社	
TextBox	Name	TxtPublish	
Label	Name	Label4	
	Text	定价	
TextBox	Name	txtPrice	

2. 实现代码

```
private void btnConfirm_Click(object sender, EventArgs e)
{
SqlConnection myConnection = new SqlConnection(pubString.strConnection);
//创建 SqlConnection 对象
pubString.strCommand = "insert into tbBookInformation(bookID,bookname,bookprice,
bookpublish,bookAuthor) values ( '" + txtBookId.Text.Trim() + "','" + txtName.
Text.Trim() + "'," + txtPrice.Text.Trim() + ",'" + txtPublish.Text.Trim() + "', '"
+ txtAuthor.Text.Trim() + "')";
//构建访问数据库的 SQL 语句
SqlCommand cmd = new SqlCommand(pubString.strCommand, myConnection);
```

```
    try
    {
          myConnection.Open();
          //通过 SqlConnection 对象，使用连接字符串与数据库建立连接
     }
      catch (Exception)
     {
            MessageBox.Show("数据库连接错误！");
     }
           cmd.ExecuteNonQuery();
     }

     private void btnConcel_Click(object sender, EventArgs e)
     {
          this.Close();
     }
```

11.3.6　图书信息修改模块设计与实现

1. 窗体及控件设计

在简易图书管理系统中，当单击【图书信息修改】按钮时，即可打开【图书信息修改】窗口，此窗口的外观如图 11.19 所示。

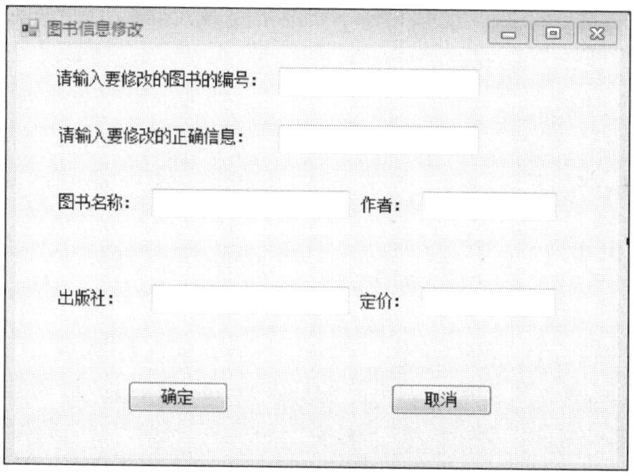

图 11.19　图书信息修改窗口

外观设计完成后，对相应控件做如下设置，见表 11-9。

表 11-9　窗口中添加的控件的属性设置

控 件 名	属 性 名 称	属 性 值	功　能
Form	Text	图书信息修改	
	Name	fmAdd	
Button	Name	BtnConfirm	
	Text	确定	
Button	Name	btnConcel	
	Text	取消	

续表

控 件 名	属 性 名 称	属 性 值	功 能
Label	Name	Label5	
	Text	请输入要修改的图书的编号	
TextBox	Name	TxtBookId	
Label	Name	Label6	
	Text	请输入要修改的正确信息	
Label	Name	Label1	
	Text	图书名称	
TextBox	Name	TxtName	
Label	Name	Label2	
	Text	作者	
TextBox	Name	TxtAuthor	
Label	Name	Label3	
	Text	出版社	
TextBox	Name	TxtPublish	
Label	Name	Label4	
	Text	定价	
TextBox	Name	TxtPrice	

2. 实现代码

```
    private void btnConfirm_Click(object sender, EventArgs e)
        {
            SqlConnection myConnection = new SqlConnection(pubString.strConnection);
            //创建 SqlConnection 对象

            pubString.strCommand = "update tbBookInformation set bookname='" +
txtName.Text.Trim() + "'," + "bookprice='" + txtPrice.Text.Trim() + "'," +
"bookpublish='" + txtPublish.Text.Trim() + "'" + " where bookID ='" +
txtBookId.Text.Trim() + "'";
            //构建访问数据库的 SQL 语句
            SqlCommand cmd = new SqlCommand(pubString.strCommand, myConnection);
            try
            {
                myConnection.Open();
                //通过 SqlConnection 对象，使用连接字符串与数据库建立连接
            }
            catch (Exception)
            {
                MessageBox.Show("数据库连接错误！");
            }
            cmd.ExecuteNonQuery();
        }

        private void btnConcel_Click(object sender, EventArgs e)
```

```
    {
        this.Close();
    }
```

11.3.7 数据库服务器配置

在数据库应用程序的开发过程中，经常会出现"SQL Server 2012 出现未开启远程连接的错误"，出现这个错误的时候应该对数据库服务器做如下配置。

1. 修改服务器的登录身份验证模式

打开 SSMS，并以 Windows 身份验证方式登录，界面如图 11.20 所示。

图 11.20 【连接到服务器】对话框

登录后，右击选择【属性】命令。左侧选择【安全性】，选中右侧的【SQL Server 和 Windows 身份验证模式】以启用混合登录模式，界面如图 11.21 所示。

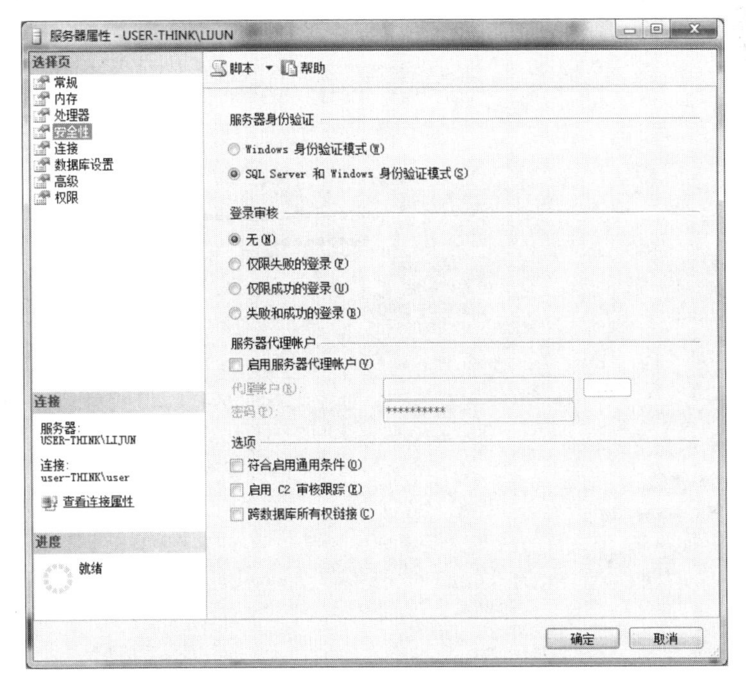

图 11.21 身份验证模式选择窗口

接下来选择【连接】项，勾选【允许远程连接此服务器】复选框，如图 11.22 所示，并单击【确定】按钮。

2．设置登录名的登录密码

如图 11.23 所示，展开【安全性】和【登录名】节点。

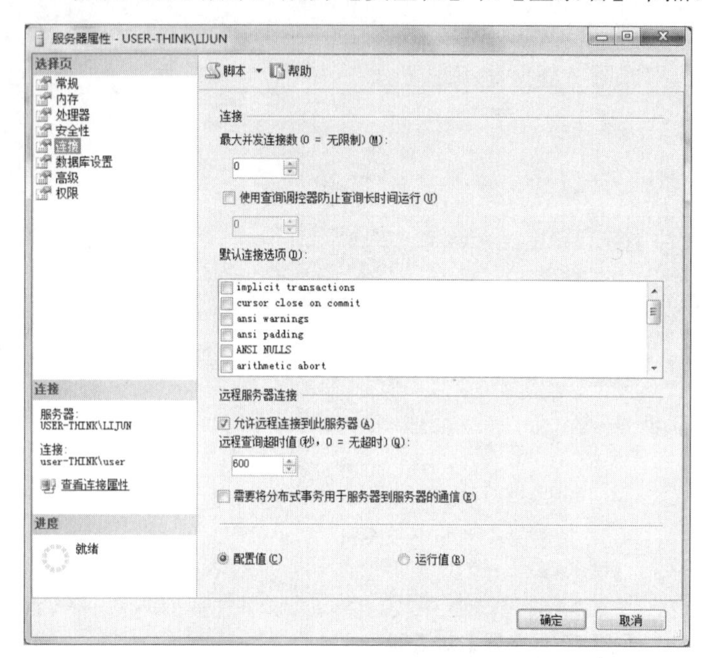

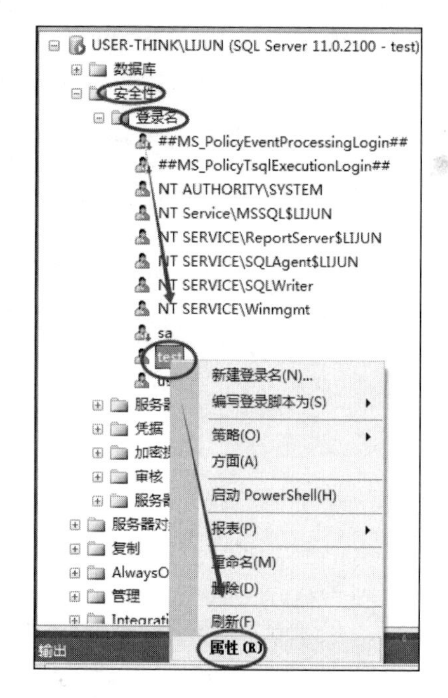

图 11.22　允许远程连接到服务器　　　　图 11.23　打开登录名属性窗口

在图 11.23 中，右击 test 项，选择【属性】，会打开【登录属性】窗口，如图 11.24 所示，在这个窗口设置登录的密码 123，并请记住。

图 11.24　设置登录密码

至此 SSMS 已设置完毕，先退出，再选择“SQL Server 验证方式”模式，并使用登录名 test，密码 123，登录，如图 11.25 所示。如果登录成功即表示 test 账户已经可以正常使用。

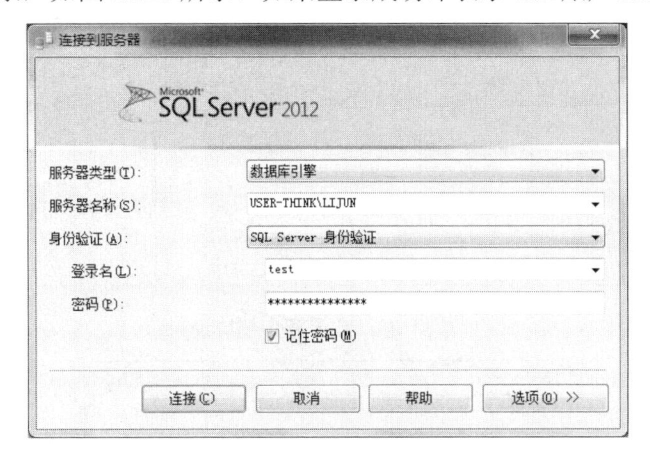

图 11.25　使用新登录名和密码登录

3．配置 SQL Server 2012 的服务与协议

为保证能远程连接到数据库服务器，需要启用 SQL Server 2012 的服务，并对协议进行正确的配置，下面介绍配置方法。首先打开【SQL Server 配置管理器】，界面如图 11.26 所示。

下面开始配置 SSCM，选中左侧的【SQL Server 服务】，确保 SQL Server、SQL Server Browser 两个服务正在运行，如图 11.27 所示。如果没有运行就右击服务，在出现的快捷菜单中选择【运行】命令运行该服务。此处需要注意的是服务后面括号中的名称应该是当前电脑的数据库实例名称。

图 11.26　打开 SQL Server 配置管理器

图 11.27　启动“SQL Server”“SQL Server Browser”服务

客户端协议配置：确认将“客户端协议”TCP/IP 及 Shared Memory 同时启用，如图 11.28 所示。并同时保证 TCP/IP 协议的 1433 端口是打开的，如图 11.29 所示。

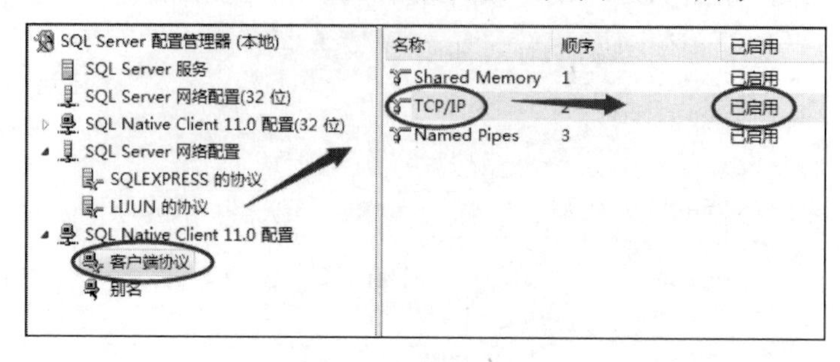

图 11.28　启用客户端协议

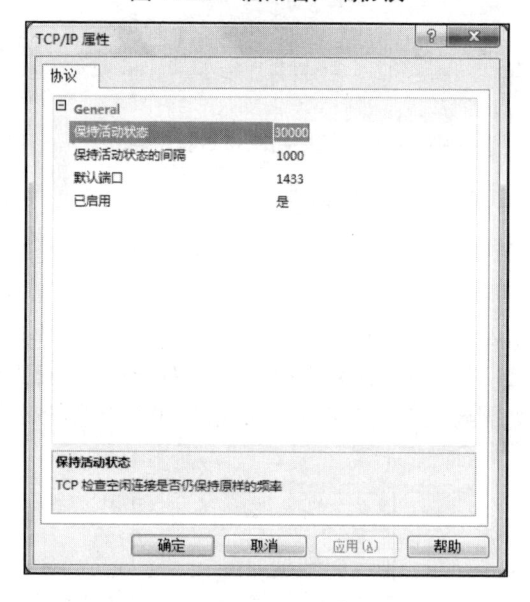

图 11.29　启用客户端协议端口号

服务器端协议配置：确认协议 TCP/IP 及 Shared Memory 同时启用，如图 11.30 所示。

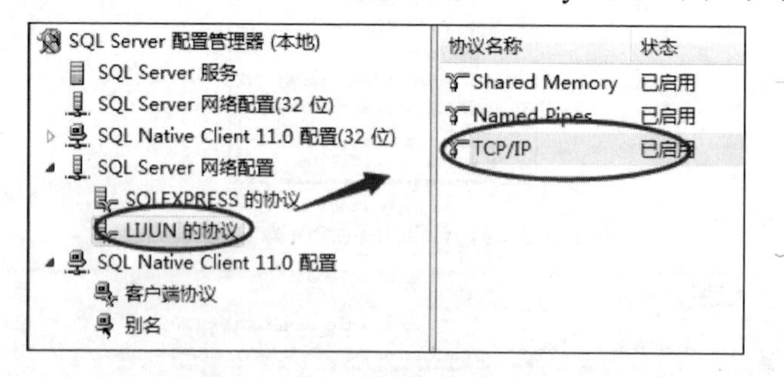

图 11.30　启用服务器端协议

为保证能远程连接到数据库服务器，我们已进行相关设置，在实践中如发生远程连接错误的提示，可依照如上所述，对服务器的设置进行检查。

习　　题

简答题

1．在本系统的开发过程，分析标准模块功能，试着理解代码的作用。

2．如果数据库服务器名为：Sample，数据库名为：book_borrow_reader，用户 ID 为 abc，密码为 abc，试写出在 VS2010 中连接数据库的字符串。

参 考 文 献

[1] 萨师煊，王珊．数据库系统概论[M]．北京：高等教育出版社，2003．
[2] Microsoft Official Course. Implementing a Microsoft SQL Server 2008 Database[M]. Microsoft|Learning, 2008.
[3] 俞榕刚，等．SQL Server 2012 实施与管理实战指南[M]．北京：电子工业出版社，2013．
[4] 王亚楠，张志平．SQL Server 2012 从零开始学[M]．北京：清华大学出版社，2012．
[5] [美]Abraham Silberschatz，等．数据库系统概念(第 5 版)[M]．杨冬青，等译．北京：机械工业出版社，2012．
[6] [英]Robin Dewson．SQL Server 2005 基础教程[M]．董明，译．北京：人民邮电出版社，2006．
[7] 周洪斌，温一军．C#数据库应用程序开发技术与安全教程[M]．北京：机械工业出版社，2012．
[8] 马桂婷，等．数据库原理及应用(SQL Server 2008 版)[M]．北京：北京大学出版社，2010．
[9] 沈大林．SQL Server 2005 案例教程[M]．北京：中国铁道出版社，2010．
[10] 贾铁军．数据库原理应用与实践——SQL Server 2012[M]．北京：科学出版社，2012．
[11] 邵顺增．SQL Server 2005 项目实现教程[M]．北京：北京大学出版社，2010．

全国高职高专计算机、电子商务系列教材推荐书目

【语言编程与算法类】

序号	书号	书名	作者	定价	出版日期	配套情况
1	978-7-301-15476-2	C 语言程序设计(第 2 版)(2010 年度高职高专计算机类专业优秀教材)	刘迎春	32	2013 年第 3 次印刷	课件、代码
2	978-7-301-14463-3	C 语言程序设计案例教程	徐翠霞	28	2008	课件、代码、答案
3	978-7-301-20879-3	Java 程序设计教程与实训(第 2 版)	许文宪	28	2013	课件、代码、答案
4	978-7-301-13570-9	Java 程序设计案例教程	徐翠霞	33	2008	课件、代码、习题答案
5	978-7-301-13997-4	Java 程序设计与应用开发案例教程	汪志达	28	2008	课件、代码、答案
6	978-7-301-22587-5	C#程序设计基础教程与实训(第 2 版)	陈　广	40	2013	课件、代码、视频、答案
7	978-7-301-14672-9	C#面向对象程序设计案例教程	陈向东	28	2012 年第 3 次印刷	课件、代码、答案
8	978-7-301-16935-3	C#程序设计项目教程	宋桂岭	26	2010	课件
9	978-7-301-15519-6	软件工程与项目管理案例教程	刘新航	28	2011	课件、答案
10	978-7-301-24776-1	数据结构(C#语言描述)(第 2 版)	陈　广	38	2014	课件、代码、答案
11	978-7-301-14463-3	数据结构案例教程(C 语言版)	徐翠霞	28	2013 年第 2 次印刷	课件、代码、答案
12	978-7-301-23014-5	数据结构(C/C#/Java 版)	唐懿芳等	32	2013	课件、代码、答案
13	978-7-301-18800-2	Java 面向对象项目化教程	张雪松	33	2011	课件、代码、答案
14	978-7-301-18947-4	JSP 应用开发项目化教程	王志勃	26	2011	课件、代码、答案
15	978-7-301-19821-6	运用 JSP 开发 Web 系统	涂　刚	34	2012	课件、代码、答案
16	978-7-301-19890-2	嵌入式 C 程序设计	冯　刚	29	2012	课件、代码、答案
17	978-7-301-19801-8	数据结构及应用	朱　珍	28	2012	课件、代码、答案
18	978-7-301-19940-4	C#项目开发教程	徐　超	34	2012	课件
19	978-7-301-20542-6	基于项目开发的 C#程序设计	李　娟	32	2012	课件、代码、答案
20	978-7-301-19935-0	J2SE 项目开发教程	何广军	25	2012	素材、答案
21	978-7-301-24308-4	JavaScript 程序设计案例教程(第 2 版)	许　旻	33	2014	课件、代码、答案
22	978-7-301-17736-5	.NET 桌面应用程序开发教程	黄　河	30	2010	课件、代码、答案
23	978-7-301-19348-8	Java 程序设计项目化教程	徐义晗	36	2011	课件、代码、答案
24	978-7-301-19367-9	基于.NET 平台的 Web 开发	严月浩	37	2011	课件、代码、答案
25	978-7-301-23465-5	基于.NET 平台的企业应用开发	严月浩	44	2014	课件、代码、答案
26	978-7-301-13632-4	单片机 C 语言程序设计教程与实训	张秀国	25	2014 年第 5 次印刷	课件
27		软件测试设计与实施(第 2 版)	蒋方纯			

【网络技术与硬件及操作系统类】

序号	书号	书名	作者	定价	出版日期	配套情况
1	978-7-301-14084-0	计算机网络安全案例教程	陈　昶	30	2008	课件
2	978-7-301-23521-8	网络安全基础教程与实训(第 3 版)	尹少平	38	2014	课件、素材、答案
3	978-7-301-18564-3	计算机网络技术案例教程	宁芳露	35	2011	课件、答案
4	978-7-301-21754-2	计算机系统安全与维护	吕新荣	30	2013	课件、素材、答案
5	978-7-301-09635-2	网络互联及路由器技术教程与实训(第 2 版)	宁芳露	27	2012	课件、答案
6	978-7-301-15466-3	综合布线技术教程与实训(第 2 版)	刘省贤	36	2012	课件、答案
7	978-7-301-14673-6	计算机组装与维护案例教程	谭　宁	33	2012 年第 3 次印刷	课件、答案
8	978-7-301-13320-0	计算机硬件组装和评测及数码产品评测教程	周　奇	36	2008	课件
9	978-7-301-12345-4	微型计算机组成原理教程与实训	刘辉珞	22	2010	课件、答案
10	978-7-301-16736-6	Linux 系统管理与维护(江苏省省级精品课程)	王秀平	29	2013 年第 3 次印刷	课件、答案
11	978-7-301-22967-5	计算机操作系统原理与实训（第 2 版）	周　峰	36	2013	课件、答案
12	978-7-301-16047-3	Windows 服务器维护与管理教程与实训(第 2 版)	鞠光明	33	2010	课件、答案
13	978-7-301-14476-3	Windows2003 维护与管理技能教程	王　伟	29	2009	课件、答案
14	978-7-301-18472-1	Windows Server 2003 服务器配置与管理情境教程	顾红燕	24	2012 年第 2 次印刷	课件、答案
15	978-7-301-23414-3	企业网络技术基础实训	董宇峰	38	2014	课件
16	978-7-301-24152-3	Linux 网络操作系统	王　勇	38	2014	课件、代码、答案

【网页设计与网站建设类】						
序号	书号	书名	作者	定价	出版日期	配套情况
1	978-7-301-15725-1	网页设计与制作案例教程	杨森香	34	2011	课件、素材、答案
2	978-7-301-21777-1	ASP .NET动态网页设计案例教程(C#版)(第2版)	冯　涛	35	2013	课件、素材、答案
3	978-7-301-21776-4	网站建设与管理案例教程(第2版)	徐洪祥	31	2013	课件、素材、答案
4	978-7-301-17736-5	.NET桌面应用程序开发教程	黄　河	30	2010	课件、素材、答案
5	978-7-301-19846-9	ASP .NET Web应用案例教程	于　洋	26	2012	课件、素材
6	978-7-301-20565-5	ASP.NET动态网站开发	崔　宁	30	2012	课件、素材、答案
7	978-7-301-20634-8	网页设计与制作基础	徐文平	28	2012	课件、素材、答案
8	978-7-301-20659-1	人机界面设计	张　丽	25	2012	课件、素材、答案
9	978-7-301-22532-5	网页设计案例教程(DIV+CSS版)	马　涛	32	2013	课件、素材、答案
10	978-7-301-23045-9	基于项目的Web网页设计技术	苗彩霞	36	2013	课件、素材、答案
11	978-7-301-23429-7	网页设计与制作教程与实训(第3版)	于巧娥	34	2014	课件、素材、答案

【图形图像与多媒体类】						
序号	书号	书名	作者	定价	出版日期	配套情况
1	978-7-301-21778-8	图像处理技术教程与实训(Photoshop版)(第2版)	钱　民	40	2013	课件、素材、答案
2	978-7-301-14670-5	Photoshop CS3图形图像处理案例教程	洪　光	32	2010	课件、素材、答案
3	978-7-301-13568-6	Flash CS3动画制作案例教程	俞　欣	25	2012年第4次印刷	课件、素材、答案
4	978-7-301-18946-7	多媒体技术与应用教程与实训(第2版)	钱　民	33	2012	课件、素材、答案
5	978-7-301-17136-3	Photoshop 案例教程	沈道云	25	2011	课件、素材、视频
6	978-7-301-19304-4	多媒体技术与应用案例教程	刘辉珞	34	2011	课件、素材、答案
7	978-7-301-24103-5	多媒体作品设计与制作项目化教程	张敬斋	38	2014	课件、素材
8	978-7-301-24919-2	Photoshop CS5图形图像处理案例教程(第2版)	李　琴	41	2014	课件、素材

【数据库类】						
序号	书号	书名	作者	定价	出版日期	配套情况
1	978-7-301-13663-8	数据库原理及应用案例教程(SQL Server版)	胡锦丽	40	2010	课件、素材、答案
2	978-7-301-16900-1	数据库原理及应用(SQL Server 2008版)	马桂婷	31	2011	课件、素材、答案
3	978-7-301-15533-2	SQL Server数据库管理与开发教程与实训(第2版)	杜兆将	32	2012	课件、素材、答案
4	978-7-301-25674-9	SQL Server 2012 数据库原理与应用案例教程(第2版)	李　军	35	2015	课件、代码、答案
5	978-7-301-16901-8	SQL Server 2005数据库系统应用开发技能教程	王　伟	28	2010	课件
6	978-7-301-17174-5	SQL Server数据库实例教程	汤承林	38	2010	课件、答案
7	978-7-301-17196-7	SQL Server 数据库基础与应用	贾艳宇	39	2010	课件、答案
8	978-7-301-17605-4	SQL Server 2005应用教程	梁庆枫	25	2012年第2次印刷	课件、答案
9	978-7-301-18750-0	大型数据库及其应用	孔勇奇	32	2011	课件、素材、答案

【电子商务类】						
序号	书号	书名	作者	定价	出版日期	配套情况
1	978-7-301-12344-7	电子商务物流基础与实务	邓之宏	38	2010	课件、答案
2	978-7-301-12474-1	电子商务原理	王　震	34	2008	课件
3	978-7-301-12346-1	电子商务案例教程	龚　民	24	2010	课件、答案
4	978-7-301-25404-2	电子商务概论（第3版）	于巧娥等	33	2015	课件、答案

【专业基础课与应用技术类】						
序号	书号	书名	作者	定价	出版日期	配套情况
1	978-7-301-13569-3	新编计算机应用基础案例教程	郭丽春	30	2009	课件、答案
2	978-7-301-16046-6	计算机专业英语教程(第2版)	李　莉	26	2010	课件、答案
3	978-7-301-19803-2	计算机专业英语	徐　娜	30	2012	课件、素材、答案

如您需要更多教学资源如电子课件、电子样章、习题答案等，请登录北京大学出版社第六事业部官网 www.pup6.cn 搜索下载。

如您需要浏览更多专业教材，请扫下面的二维码，关注北京大学出版社第六事业部官方微信（微信号：pup6book），随时查询专业教材、浏览教材目录、内容简介等信息，并可在线申请纸质样书用于教学。

感谢您使用我们的教材，欢迎您随时与我们联系，我们将及时做好全方位的服务。联系方式：010-62750667，liyanhong1999@126.com，pup_6@163.com，lihu80@163.com，欢迎来电来信。客户服务 QQ 号：1292552107，欢迎随时咨询。